Hanus

Drahtlos schalten, steuern und übertragen
in Haus und Garten

Bo Hanus

Drahtlos schalten, steuern und übertragen in Haus und Garten

Lampen, Leuchten und Haushaltsgeräte aller Art drahtlos
schalten – PC-Tastatur, Drucker, Audiogeräte und
Heimwetterstationen drahtlos steuern und schalten – Audio,
Video- und Sensorsignale drahtlos übertragen

Mit 124 Abbildungen

Die Deutsche Bibliothek – CIP-Einheitsaufnahme

Ein Titeldatensatz für diese Publikation ist bei der
Deutschen Bibliothek erhältlich

© 2000 Franzis´ Verlag GmbH, 85586 Poing

Die meisten Produktbezeichnungen von Hard- und Software sowie Firmennamen und
Firmenlogos, die in diesem Werk genannt werden, sind in der Regel gleichzeitig auch
eingetragene Warenzeichen und sollten als solche betrachtet werden. Der Verlag folgt
bei den Produktbezeichnungen im wesentlichen den Schreibweisen der Hersteller.

Satz: Fotosatz Pfeifer, 82166 Gräfelfing
Druck: Offsetdruck Heinzelmann, München
Printed in Germany · Imprimé en Allemagne.

ISBN 3-7723-4184-5

Vorwort

Jeder, der einen Fernseher besitzt, schätzt und liebt die Fernbedienung. Wer noch dazu eine Autogarage mit fernbedientem elektrischen Torantrieb hat, dem muß man ganz bestimmt nicht erklären, daß so eine Vorrichtung einen großen Beitrag zum allgemeinen seelischen Wohlbefinden leistet.

Wenn sich heutzutage jemand ein Einfamilienhaus bauen läßt und ein kleines Vermögen für die aufwendige Unterputz-Installation der Klingelanlage ausgibt, verschleudert er unnötig viel Geld. Ein Funk-Türklingel-Set ist inzwischen preiswerter, als die einzelnen Bauteile einer etwas "dekorativen" traditionellen Klingel. Dasselbe gilt auch für Alarmanlagen, Überwachungsanlagen, interne Kommunikations-Geräte (Baby-Überwachung) oder Fernbedienungen und Fernübertragungen aller Art.

Viele dieser Geräte sind noch zu unbekannt, und so mancher "potentielle Anwender" kann sich nicht zufriedenstellend deutlich vorstellen, was sich mit ihnen machen läßt und wozu sie gut sein könnten. Das dürfte sich nach einem kurzen Durchlesen dieses Buches schnell ändern.

Einige der hier beschriebenen Produkte sind (noch) nicht überall erhältlich oder vorrätig. Viele Fachhändler kennen sich da auch noch nicht so richtig aus, aber sind oft gerne bereit für den Kunden das Gesuchte zu bestellen (auch unverbindlich).

Viel Spaß beim Lesen dieses Buches und beim eventuellen Experimentieren mit den hier beschriebenen Geräten und Schaltungen!

Wie bei allen meinen anderen Fachbüchern hat auch hier meine Ehefrau und Co-Autorin *Hannelore Hanus-Walther* intensiv mit mir an dem Manuskript zusammengearbeitet und darauf geachtet, daß sich alles gut lesen und leicht begreifen läßt. Dafür gehört ihr mein Dank.

Bo Hanus

Inhalt

1   **Drahtlos schalten, regeln, verbinden und übertragen** 11
1.1   Was kann fernbedient geschaltet, geregelt oder übertragen werden? . 14
1.2   Womit kann fernbedient geschaltet, geregelt oder übertragen werden? 20
1.3   Die wichtigsten technischen Parameter der Bausteine 21

2   **Leuchtkörper drahtlos schalten und dimmen** 23
2.1   Wie und womit kann man Lampen drahtlos bedienen? 30

3   **Drahtloses Schalten anderer Netzverbraucher und Vorrich-
        tungen** 37
3.1   Geräte und Antriebe drahtlos schalten 37
3.2   Drahtloses Schalten von Wechselstrom-Motoren 41
3.3   Drahtloses Schalten von Gleichstrom-Motoren 45
3.4   Nachrüstung manueller Motorschalter durch Fernsteuerungen 49
3.5   Drahtloses Schalten von Rollos, Markisen und Gardinen 52
3.6   Weiherfontainen, Garten-Bachläufe und Mini-Wasserfälle 62

4   **Kabellose Klangübertragung** 64
4.1   Kabellose Kopfhörer 65
4.2   Kabellose Lautsprecherboxen 68
4.3   Worauf beim Kauf von kabellosen Kopfhörern und
        Lautsprechern zu achten ist 70
4.4   Funk-Mikrofone 75
4.5   Funk-Geräuschmelder 76

5   **Kabellose Bildübertragung** 78
5.1   Kabellose Video-Überwachungssysteme 78
5.2   Videorekorder für Überwachungsanlagen 82
5.3   Drahtlose Funk-Türsprechanlagen 83
5.4   Stromversorgung drahtloser Außenanlagen 84
5.5   Spezielle Bildübertragungs-Systeme und Zubehör 85
5.6   Fernsehen oder Überwachen am PC über Funk 87
5.7   Kamera-Kleinmodule 88
5.8   Video/UHF-Weichen (Modulatoren) 91

6   Drahtlose Datenübertragung 94
6.1   Drahtlose Datenübertragung rund um den PC 94
6.2   Infrarot-Fernbedienungsverlängerung 96
6.3   Funk-Wetterstationen 97

7   Drahtlose Kommunikation in Heim und Garten 101
7.1   Funk-Babysitter 101
7.2   Funk-Türglocken und Personenruf 103
7.3   Funk-Heim-Interkom 105
7.4   Fernschalten per Telefon 105

8   Moderner drahtloser Einbruchsschutz 107
8.1   Funk-Hausalarm-Systeme 108
8.2   Optimaler Entwurf einer Hausalarm-Anlage 114
8.3   Einbruchsschutz an der Wohnungstür 119
8.4   Einbruchsschutz an einem Einfamilienhaus 125
8.5   Einbruchsschutz an einer Garage 129
8.6   „Einbruchsschutz" an einem Carport 131

9   Ferngesteuerte Garagentore 133
9.1   Ferngesteuerte Schwingtor-Antriebe 134
9.2   Ferngesteuerte Sektionaltor-Antriebe 139
9.3   Ferngesteuerte Garagen-Flügeltore (Drehtore) 139
9.4   Ferngesteuerte Rolltor-Antriebe 140

10   Solarbetriebene Garagentore 141
10.1 Bleiakkus als Solarenergie-Speicher 144
10.2 Solarzellen für Torantriebe 147
10.3 Laderegler 150

11   Ferngesteuerte Garten- und Garageneinfahrts-Tore 152

12   Drahtlos schalten mit einem PC 155
12.1 Mit dem PC Relais oder LEDs schalten 156

13   Klang- und sprachgesteuerte Schalter 161
13.1 Klatschschalter 162
13.2 Spracherkennungs-Schalter 162

14   Bewegungsmelder und Annäherungsschalter 165

15 Speziellere Schaltaufgaben 169
15.1 Fernschalten mit Laserpointer 170
15.2 Elektromagnetische Finger 171

16 Relais und andere „schaltende Bausteine" 173
16.1 Elektromagnetische Relais 174
16.2 Reed-Relais (Zungenrelais) 183
16.3 Elektronische Relais / Leistungsrelais 184
16.4 Schaltende Halbleiter und ICs 190
16.5 Spezielle mechanische Schalter und Sensoren 201

17 Schalten mit Licht 204
17.1 Fotowiderstände 204
17.2 Fotodioden 212
17.3 Fototransistoren 214
17.4 Infrarot-Sendedioden 218
17.5 Optokoppler und Reflex-Lichtschranken 219

18 Motorantriebe im Selbstbau 225

Sachverzeichnis 229

1 Drahtlos schalten, regeln, verbinden und übertragen

Sowohl unsere Arbeitsplätze als auch unser Wohnbereich verzeichnen eine ständige Zunahme an Geräten, Vorrichtungen, Maschinen und anderen „Verbrauchern", die geschaltet oder geregelt werden müssen. Einige von ihnen sind so ausgelegt, daß sie sich automatisch selber schalten, oder daß sie vollautomatisch arbeiten. Sie kümmern sich selbst um sich und fallen niemandem zur Last (zumindest solange sie funktionieren).

Viele der anderen Geräte oder Vorrichtungen setzen dagegen eine „Handbedienung" voraus. Diese wird oft bereits herstellerseits mit Hilfe von diversen drahtlosen Fernbedienungen oder Verbindungen „anwendungsfreundlich" gestaltet. Andernfalls ist in den meisten Fällen eine zusätzliche Nachrüstung mit einem handelsüblichen Funk- oder Infrarot-Schalter leicht möglich.

In unseren Wohnungen und Häusern gehören Fernbedienungen schon seit langer Zeit zu den gängigsten Gütern des täglichen Gebrauchs. In sehr vielen Haushalten liegen bereits mehrere Fernbedienungen herum, die vor allem mit diversen Geräten der Unterhaltungselektronik ins Haus kamen.

Unter normalen Umständen könnte man meinen, daß in der Hinsicht die Strapazierfähigkeit des Menschen ausgeschöpft sein könnte. Dazu gibt es aber keinen Grund. Im Gegenteil: Je mehr die Elektronik in unsere Wohnbereiche eindringt, um so dringender wird der Bedarf danach, daß sich die Bedienung aller Geräte – oder Vorrichtungen – so einfach wie nur möglich gestalten läßt.

Soweit es sich dabei um „Güter" handelt, deren Funktion nach einem fest vorgegebenen Programm oder nach einer rein technisch orientierter Logistik ausgelegt werden kann, bietet sich eine vollautomatische Konzeptlösung bevorzugt an. So können Haushaltsgeräte wie Kühlschränke, Waschmaschinen, Geschirrspüler oder „denkende" Elektroherde ihre Aufgaben

Abb. 1.1: Ein drahtloser Funk-Türgong erspart die teure und aufwendige Zuleitung zwischen der Haustür (bzw. Gartentür) und dem Empfänger. Bedarfsbezogen können auch zwei oder mehrere Empfänger im Haus und Garten so installiert werden, daß der „Bewohner" den Türgong auch dann hört, wenn er sich zu weit entfernt vom Flur (in der üblicherweise der Gong oder die Türglocke hängen) aufhält. Die Reichweite dieser Geräte beträgt typenabhängig etwa 35 bis 100 m

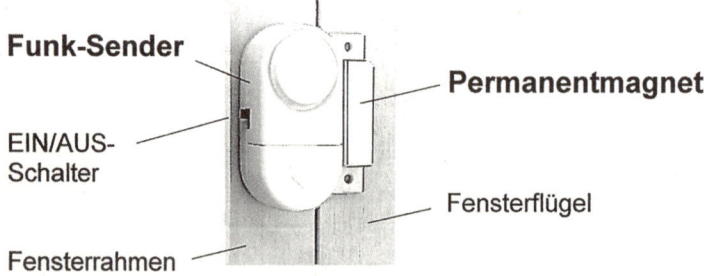

Abb. 1.2: Einen beliebten (und leicht installierbaren) Einbruchsschutz stellen diverse Funk-Magnetsensoren dar, die aus einem Permanentmagneten und einen Sender bestehen, der über Funk Alarm in einem kleinen Empfänger (oder in einer Heim-Alarmzentrale) auslöst, wenn ein Fenster oder eine Tür geöffnet werden

 Abb. 1.3: Diverse kleine Notruf-Funksender, die als Schlüsselanhänger, Halsketten Armbänder u.ä. ausgelegt sind, melden über ein spezielles Telefon-Wählgerät, daß eingebrochen wurde, oder daß man in einer anderen Notsituation ist und schnelle Hilfe benötigt. Die vorgesehenen „Hilferuf-Texte" werden in das Wählgerät fest einprogrammiert und bei Betätigung des Notruf-Minisenders werden sie an mehrere vorprogrammierte Rufnummern automatisch weitergeleitet (mehr darüber im Kap. 8)

Abb. 1.4: Kleine PIR-Annäherungssensoren können entweder als ein automatisch funktionierendes „Stolperlicht" oder als ein einfacher Einbruchsschutz gute Dienste leisten

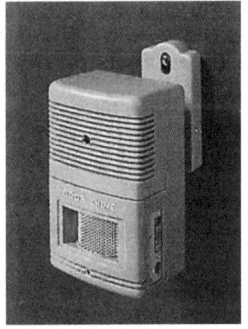

Abb. 1.5: Einige der PIR-Bewegungsmelder sind als Alarmgeber mit integrierter Sirene ausgelegt, die loslegt, wenn ein Mensch an ihnen (nahe) vorbeigeht

bewältigen, ohne daß sie dabei zu sehr auf die individuellen Bedürfnisse ihrer Anwender Rücksicht nehmen müssen.

Nicht immer ist es jedoch erstrebenswert, daß man der Technik überläßt, wie sie sich jeweils nach „ihrem" Ermessen verhalten darf. Ein „High-Tech-Haus", in dem ein Computer tagein tagaus alles selber regelt und steuert, kann als „zukunftsweisendes Vorzeigeobjekt" ganz eindrucksvoll sein. In der Praxis wird hier jedoch der Mensch leicht zu einem Sklaven, der sich der Technik (oder dem Know-How eines Programmierers mit völlig anderen Maßstäben) unterordnen muß. Ein Mensch ist aber kein Roboter und seine an sich „schwankenden" Gefühle, Empfindungen und Launen lassen sich nicht programmieren.

Schon so etwas Einfaches, wie das Problem der jeweiligen Raumtemperatur läßt sich keinesfalls ohne Rücksicht auf das subjektive Empfinden rein meßtechnisch analysieren und vorbestimmen. Es hängt immer von sehr vielen Faktoren ab, ob es uns jeweils rein subjektiv „warm genug", „zu kalt" oder „zu heiß" ist. Zu diesen Faktoren gehört auch die momentane seelische Verfassung oder sogar die „Impressionen", mit denen man konfrontiert wird. Wenn beispielsweise im Fernsehen gerade ein Film über die Schnee-stürme in Alaska läuft, wird es dabei so manchen von uns subjektiv kühler, als bei einem Film über einen sonnigen FKK-Strand.

Das drahtlose Schalten, Steuern, Regeln oder Übertragen (von Ton, Bild und Daten) soll natürlich auch Spaß machen! Damit will darauf hingewiesen werden, daß nicht alles, was man auf diesem Gebiet „modernisieren" oder neu anschaffen möchte, unbedingt auch als *notwendig* oder *erforderlich* deklarierbar sein muß. Es genügt, wenn es Spaß macht!

Viel Spaß machen uns allen beispielsweise die bewährten Fernbedienungen, mit deren Hilfe sich von der Couch aus alle die nervenätzenden Fernsehwerbungen – die inzwischen zu den schlimmsten Formen der allgemeinen Menschenverblödung auswucherten – blitzschnell wegschalten lassen. Wenn man hier noch die Möglichkeit des so erfreulichen „Zappens" mitberücksichtigt, gibt es wohl momentan kaum eine andere Fernbedienung, die es von ihrer Attraktivität her mit diesem „Zauberkästchen" aufnehmen kann.

Im Wohnbereich – und teils auch im Garten – werden wir dennoch mit vielen weiteren Schaltvorgängen, Funktionen oder Bild- und Ton-Übertragungen konfrontiert, die drahtlos ausgelegt werden können – oder könnten.

1.1 Was kann fernbedient geschaltet, geregelt oder übertragen werden?

Die „Spielfläche" ist hier sehr groß, denn die Technik bietet phantastische Möglichkeiten. Es liegt nur an der Kreativität (oder am „Spieltrieb") des einen oder anderen Anwenders, wie weit er auf diesem Gebiet gehen möchte und welche der Ausführungen ihn ansprechen.

Zu einer „inspirierenden" Vorinformation dürfte die nun folgende Übersicht der „gängigsten" Möglichkeiten von fernbedienten Schalten, Regeln oder drahtloser Signalübertragung dienen:

- Schalten und dimmen von Leuchtkörpern
- Schalten von Geräten der Unterhaltungselektronik
- Schalten von Klimaanlagen, Ventilatoren (auch mehrstufig fernbedient regelbare Deckenventilatoren), Luftbefeuchtern oder Duftsprüh-Geräten
- Schalten von motorbetriebenen Rolläden, Jalousien, Markisen oder Übergardinen
- Funkgesteuerte Bedienung der Garagen- und Hoftore
- Schalten von motorbetriebenen Fenster-Oberlichten bzw. Dachfenstern
- Drahtlose(r) Türklingel / Türgong oder Hilferuf
- Fernbedientes Elektroschloß an der Eingangs- oder Gartentür
- Drahtlose Tonübertragung vom Audioverstärker bzw. Fernseher zum Kopfhörer oder zu den Lautsprecherboxen
- Drahtlose Babysittings-Tonübertragung (bzw. auch Bildübertragung) vom Kinderzimmer in andere Räume (Wohnzimmer, Eltern-Schlafzimmer, Arbeitszimmer, Waschraum, Garten usw.)
- Drahtloses Intercom zwischen den Wohn,- Arbeits- und Hobbyräumen eines Wohnhauses oder Personenruf
- Drahtloses Umschalten der Verbindungen zwischen Geräten der Hauselektronik (worunter z. B. das Umschalten von Lautsprechern in diversen Räumen auf eine gemeinsame HiFi-Zentrale)
- Drahtlose Bild- bzw. Bild- und Tonübertragung von der Haus- oder Gartentür (Türsprechanlage) auf einen oder mehrere Monitore im Wohnbereich
- Drahtlose Bildübertragung von einer Überwachungs-Video-Außenanlage zu Monitoren (bzw. Fernsehgeräten) im Haus
- Drahtlose Signalübertragung von Einbruchsschutz-Bausteinen zu einer Heimzentrale und/oder Anzeigetafel
- Drahtlose Datenübertragung von der Tastatur zum PC bzw. zu einer äquivalenten Anlage (z. B. zum Internettauglichen Fernseher)
- Drahtlose Datenverbindung zwischen dem PC und seiner „Randapparatur" bzw. zwischen anderen Geräten
- Drahtlose Bedienung von elektrisch ausfahrbaren Hebebühnen oder Konsolen für Fernsehgeräte, PC-Bildschirme, Zimmer-Minibars und Kücheneinrichtungs-Elementen (worunter auch eines Durchreiche-Schiebefensters)
- Drahtloses Ausfahren von Projektions-Leinwänden

- Drahtlose Datenübertragung von Funk-Außenthermometern oder anderen Wetterstation-Sonden und Sensoren
- Funkgesteuertes Schalten und Regeln von Gartenweiher-Fontainen, Mini-Wasserfällen und Gartenbachlauf-Anlagen
- Funkverbindung als Verlängerung von IR-Fernbedienung oder von IR-Übertragung
- Funkgesteuerte Bedienung von Haushalts-Kleinrobotern oder anderen Haushalts-Handhabungsgeräten
- Fernsteueranlagen und Systeme für den Modellbau – auch in Hinsicht auf eine „zweckentfremdete" Anwendung für den Bau von kleinen Antriebssystemen für den Haushalt
- Funkgesteuertes Einschalten von beheizten Auto-Sitzbezügen in der Garage bzw. im Carport (z. B. vom Frühstückstisch aus, einige Minuten vor der Abfahrt)

Neben den hier aufgeführten „Standard-Beispielen" sollten nun vollständigkeitshalber auch speziellere Vorrichtungen angesprochen werden, die für kranke oder gehandicapte Menschen bestimmt sind.

Inwieweit man hier diverse handelsübliche Standardprodukte oder Standardfunktionen anwenden kann, hängt natürlich von den jeweiligen Bedingungen, bzw. von der Art des Handycaps, ab.

Ein Querschnittsgelähmter, der beispielsweise nur noch sein Kinn und seine Zunge bewegen kann, wird verständlicherweise speziell modifizierte elektronische Sensoren bzw. Fernbedienungen (und Zusatzgeräte) benötigen, um von den Möglichkeiten der modernen Technik profitieren zu können. Es versteht sich von selbst, daß in so einem Fall die Ansprüche auf Schalten und Steuern einen sehr ausbaufähigen Umfang aufweisen. Wer z. B. an seinen Rollstuhl gebunden ist, kann mit Hilfe von intelligent konzipierten Fernbedienungen vieles ohne fremde Hilfe bewältigen.

Der Stand der Technik ermöglicht auf diesem Gebiet wesentlich mehr, als in der Praxis umgesetzt wird – was vor allem sowohl auf den Kostenaufwand als auch auf fehlende kompetente Informationen zurückzuführen ist. Natürlich spielt in derartigen Fällen zusätzlich auch die Tatsache eine große Rolle, daß sich ein „Outsider" nicht so richtig vorstellen kann, was sich heutzutage alles technisch *tatsächlich* realisieren läßt. Für eine gewisse Verwirrung sorgen ja inzwischen auch viele der Sciencefiction-Filme, in denen zwar verblüffende „Wunder der Technik" präsentiert werden, aber die tatsächlichen Grenzen zwischen Phantasie und Realität (bzw. zwischen

„Dichtung und Wahrheit") können oft nur erfahrene Spezialisten einschätzen.

Daß z. B. das Beamen von Materie noch sehr lange nur ein Thema für Phantasiegeschichten bleiben wird, dürfte wohl einleuchtend sein. Es wird jedoch nicht mehr allzu lange dauern und viele der modernen Haushaltsgeräte werden „drahtlos" nicht nur auf unsere gesprochene Befehle, sondern möglicherweise auch auf unsere Gedanken reagieren können.

Bei allen derartigen Prognosen darf man allerdings eines nicht vergessen: Die Entwicklungen schreiten zwar sehr schnell fort, aber das Uhrzeigerprinzip des Zeitlupentempos verschleiert es.

Nach konkreten Beispielen braucht man da nicht allzu kompliziert zu suchen: Nehmen wir ein „modernes westeuropäisches Einfamilienhaus" oder eine „moderne Wohnung" aus dem Jahr 1925: An eine Autogarage hätte da noch niemand gedacht. Hauselektronik hat es praktisch nicht gegeben. Ein Radioempfänger oder ein Telefon hatten damals einen ähnlichen Stellenwert, wie heutzutage eine große hauseigene Keller-Schwimmhalle oder ein privater Hubschrauber im Garten.

Fernseher, Videorekorder, Tonbandgeräte, CD-Player, PCs, Mikrowellen und ähnliche Geräte waren nicht nur als „Haushaltsgüter" noch völlig unvorstellbar. Ein „normaler unverdorbener" Mensch hätte damals gar nicht daran geglaubt, daß es so etwas einmal überhaupt geben könnte. Man hätte sich zu der Zeit auch gar nicht vorstellen können, daß schon etwa 25 Jahre später viele der „normalen" Haushalte ein eigenes Badezimmer mit einer „geruchfreien" Toilette besitzen werden.

Wir könnten nun diese Aufzählungen mit weiteren Beispielen der rasanten Entwicklung fortsetzen: Zweitägige Shopping-Ausflüge aus Deutschland nach New-York, Herztransplantationen und ähnliche „Wunder der Technik" haben den Hauch eines Wunders schon längst verloren. Man kann gegenwärtig nicht einmal mehr eine besondere Aufmerksamkeit erwarten, wenn man sich den Busen auf das vierfache vergrößern läßt oder wenn man vom „Männchen" zu einem „Weibchen" chirurgisch umgebastelt wird. Ein Urlaub auf dem Mond oder woanders im Universum wird bald auch zu der normalen Freizeitgestaltung gehören, die sich nach einer vorhergehenden angemessenen Medien-Hirnwäsche ein fortschrittlicher Mensch „schuldig sein wird".

Die angesprochene Aufzählung einiger praktischen Beispiele aus der Vergangenheit umfaßt momentan noch eine etwas größere Zeitspanne. Wir könnten es nun noch enger limitieren, denn gerade in den letzten zwei Jahrzehnten – bzw. sogar in den letzten zwei oder drei Jahren – gingen viele der technischen Entwicklungen sprunghaft voraus.

Wer sich beispielsweise bereits vor mehr als 10 Jahren einen PC zugelegt hat, der neigt sicherlich dazu, das Entwicklungstempo sogar zu verfluchen: Sein erster PC war nach etwa einem Jahr veraltet, sein letzter (den er beispielsweise vergangene Woche kaufte) war schon während der Heimfahrt vom Händler veraltet. Der Einfluß des zunehmenden technischen Fortschritts erinnert hier an einen Film über Drakulas Tochter, die ein „Gutbürgerlicher" heiratete: In der Hochzeitsnacht war die Braut jung, wunderschön und super sexy, sobald jedoch am nächsten Morgen einige Sonnenstrahlen ins Schlafzimmer durchdrangen, alterte die Braut mit jeder Minute: Ihr Gesicht wurde voller Falten und ihr Busen schrumpfte zu zwei flachen Pfannekuchen. Daß sich der Bräutigam vom Leben ähnlich betrogen fühlte, wie einer, der sich vorgestern einen neuen PC angeschafft hat, dürfte wohl verständlich sein.

Alle diese Überlegungen wollen nur darauf hinweisen, daß vieles von dem, was uns heute als *kaum vorstellbar* erscheint, vielleicht schon innerhalb von einigen wenigen Jahren zu den „Dingen unseres täglichen Lebens" gehören wird. Dabei ist mitzuberücksichtigen, daß das Tempo der technischen Entwicklungen nicht linear, sondern logarithmisch fortschreitet.

Wir sollten darauf achten, daß uns die Technik nicht die Zügel aus den Händen nimmt, um uns noch mehr zu manipulieren und zu „versklaven", als es ihr bisher gelungen ist. Man sollte vor allem jeglicher „zentralen Bevormundung" aus dem Wege gehen. Damit ist das Folgende gemeint: In dem Moment, in dem z. B. ein „meilenweit" entfernter zentraler Computer unser Leben zu regeln beginnt, wird dies gleichzeitig mit einer Überwachung und mit einer aufgedrungenen Manipulation verbunden.

Auch eine eventuelle „hauseigene Steuer- und Regelzentrale" – die ja in Hinsicht auf den Entwicklungstrend ohnehin kurzfristig fällig sein wird – verbirgt viele Risiken einer globalen Manipulation. Ohne Internet wird ja bald nichts mehr gehen. Das Internet wird jedoch immer mehr zu einem „Zweirichtungs-Kommunikationssystem" heranwachsen: Es wird nicht nur „die Welt" in unser Wohnzimmer bringen, sondern auch unser Wohnzimmer der Welt öffnen. Und nicht nur unser Wohnzimmer. „Die Welt" wird laufend im Bilde sowohl über unser Bankkonto als auch über den jeweiligen Zustand unserer Nerven, Nieren – und bei Frauen über ihre Gebärmutter sein – denn das ist politisch und volkswirtschaftlich genauso vertretbar, wie die TÜV-Prüfung unseres Autos oder die kostspielige „Abgas-Messung" unseres Zentralheizungs-Kessels. Natürlich vor allem auch deshalb, weil damit irgendwelche Lobbys absahnen können bzw. zukunftsorientiert absahnen können werden. In der Hinsicht stehen wir am Anfang einer Ära der globalen Anzapfung und des globalen organisierten Abkassierens.

So mancher Leser könnte nun den Eindruck bekommen, daß alle diese Überlegungen mit drahtlosen Fernbedienungen oder Übertagungen nichts zu tun haben. Irrtum! Solange wir unsere Haushalte und „Kommunikationsanlagen" gezielt so gestalten, daß uns – und nur uns alleine – der Zugriff auf diverse Regelungen, Steuerungen und Übertragungen nicht von einem „weit entfernten Zentralsystem" aus der Hand genommen wird, behalten wir die Regie (und auch das „Drehbuch").

Lassen wir uns dies jedoch aus Bequemlichkeit (oder aus Angabe) von irgendeinem „Medium der künstlichen Intelligenz" aus der Hand nehmen, wird es uns nicht nur in unseren persönlichen Freiheiten einschränken, sondern wir werden zu potenziellen Allround-Abzocker-Objekten (in gewisser Hinsicht sind wir es ja heutzutage auch, aber es läßt sich noch einigermaßen unter Kontrolle halten).

In bezug auf Prognosen sind wir allerdings in einer ähnlichen Situation, wie die Menschen, die sich im Jahre 1925 kaum zusammenphantasieren konnten, was für einen Stellenwert die Hauselektronik dreißig oder vierzig Jahre später in unserem täglichen Leben einehmen wird. Es gibt allerdings einen Unterschied: Wie bereits angesprochen, wird die Zeitspanne der „nahen Zukunft", in der sich vieles gravierend verändert, immer kürzer.

Eines ist vorerst klar: Die Zunahme der elektronischen Geräte und elektronisch gesteuerten Vorrichtungen in unseren Haushalten ist nicht zu bremsen und unnötigen Drahtverbindungen wird man dabei sicherlich aus dem Wege gehen, wo es nur geht. Sie sind lästig, oft zu kostspielig und „innenarchitektonisch" wirken sie kaum als Schmuckstücke.

Zum Glück bietet der Handel inzwischen kostengünstige drahtlose Geräte, die sich sehr leicht – und ohne zu viel Fachwissen – installieren lassen. Wer zudem über Fachkenntnisse verfügt, hat den Vorteil, daß er sich vieles noch maßgerecht modifizieren oder mit zusätzlichen Schaltungen nachrüsten kann.

1.2 Womit kann fernbedient geschaltet, geregelt oder übertragen werden?

Drahtlose Steuerungen oder Übertragungen basieren auf verschiedenen Prinzipien:

● Optische Fernbedienungen und Übertragungen machen sich vor allem das Infrarot-Licht, teilweise auch den Laserstrahl zunutze, können jedoch für einfachere Aufgabenbewältigungen auch normales Licht verwenden.

● Infrarot-Licht wird gegenwärtig sowohl bei den meisten Fernbedienungen der Haushalts-Unterhaltungselektronik (bei Fernsehern, Videorekordern, Receivern usw.), als auch für Signalübertragung zwischen Verstärkern und Kopfhörern bzw. Lautsprechern, für Datenübertragung zwischen dem PC und seiner Randapparatur usw. genutzt.

● Akustische Schalt- oder Steuerbefehle (die im Hörbereich liegen), können im einfachsten Fall nur aus kurzen Klängen, Geräuschen oder Signalen bestehen. Zu den bekanntesten Repräsentanten dieser Schalter gehören z. B. die Klatschschalter, die eigentlich quasi als „Lärmschalter" funktionieren. Zu den gehobensten Repräsentanten dieser drahtlosen Befehlsübertragung gehören sprachgesteuerte Systeme.

● Ultraschall-Fernbedienungen, die mit kodierten unhörbaren Frequenzen (überhalb des Hörbereichs) arbeiten, wurden als Vorgänger der heutigen Infrarot-Fernbedienungen verwendet.

● Funksteuerungen und Funkübertragungen eignen sich vor allem dort, wo es zwischen dem Sender und dem Empfänger keine „Sichtverbindung" gibt. Am häufigsten werden sie gegenwärtig mit Vorliebe zur Fernbedienung von Garagen- und Gartentoren gebraucht, zur Signalübertragung von einer Türklingel oder Türsprechanlage in das Hausinnere, zum Übertragen von Videosignalen von außenstehenden Überwachungskameras oder zur Übertragung der Daten eines Temperatur- und Feuchtigkeitssensors in eine Zimmer-Wetterstation. Zu dieser Gerätekategorie gehören natürlich auch drahtlose Telefone (Handys), Pocket-Handfunkgeräte usw.

● Schalten mit Hilfe vom Magnetfeld gehört zwar nicht zu den gebräuchlichsten Anwendungen im Wohnbereich, aber unter Umständen läßt es sich für speziellere Zwecke problemlos anwenden. So kann z. B. ein kleines „geheim untergebrachtes" Zungenrelais *(Reed-Relais)* den Zugang zu einem Gerät oder zu einem Raum für Unbefugte blockieren und nur ein „Befugter" kann es z. B. mit einem kleinen Permanentmagneten „kontaktlos" schalten.

● Schalten mit Bio-Signalen unseres Körpers
● Diverse *passive* Sensoren und Schalter stellen im Prinzip auch kontaktlose Schalt- oder Übertragungsglieder dar. Zu den bekanntesten Repräsentanten dieser Produktkategorie gehören die PIR-Schalter *(passive Infrarot-Schalter)*. Sie nehmen die Wärme eines Lebewesens *als Infrarotlicht* wahr, um z. B. eine Beleuchtung oder eine Alarmanlage für eine vorgegebene Zeitdauer einzuschalten (deshalb werden sie populär als „Bewegungsschalter" bezeichnet).

Wir belassen nun diese Vorinformation bei den aufgeführten Beispielen und kommen auf einzelne Systeme – wie auch auf diverse praktische Beispiele – in den nächsten Kapiteln noch zurück.

1.3 Die wichtigsten technischen Parameter der Bausteine

Welche der technischen Parameter bei der Anschaffung solcher Bausteine wichtig sind, hängt von der Art der Anwendung ab:

a) Bei Bausteinen, die zum Schalten oder Schalten & Dimmen von Lampen bzw. zum Schalten von anderen Verbrauchern vorgesehen sind, ist an erster Stelle auf die Betriebsspannung des Empfängers und seine Schaltleistung zu achten. Die meisten solcher Empfänger sind zwar in der Regel für die 230 V~ Netzspannung ausgelegt, aber es gibt auch Ausnahmen (worunter z. B. Systeme die für 12 V oder 24 V-Gleichspannungen konzipiert sind).

Die Schaltleistungen liegen bei den meisten Einzelempfängern zwischen ca. 100 W und 3.500 Watt. Hier ist darauf zu achten, daß die Schaltleistung – die unter den technischen Daten manchmal als *„Kontaktbelastbarkeit"* angegeben ist – von der Art des angeschlossenen Verbrauchers abhängt.

So gibt z. B. bei manchen Geräten (Empfängern) der Hersteller zwei Schaltleistungen bzw. Kontaktbelastbarkeiten folgendermaßen an: *„Kontaktbelastbarkeit für 12 V~ Halogenlampen bis **100 Watt**, für 230 V~ Glühlampen und Halogenlampen bis **300 Watt**"*. Hieraus geht hervor, daß die Belastbarkeit der Kontakte davon abhängt, ob ein induktiver Verbraucher (der Transformator, an dem 12 V~ Halogenlampen „hängen") oder ein rein „Ohmscher" Verbraucher (Glühfäden der 230 V~ Glühlampen bzw der „modernen" 230 V~ Halogenlampen (die keinen zusätzlichen Transformator benötigen) schaltet.

b) Bei Bausteinen, die nur für das reine Ein- oder Ausschalten diverser 230 Volt-Netzverbraucher vorgesehen sind (bei denen das Dimmen entfällt), sollte ebenfalls bei der Schaltleistung darauf geachtet werden, inwieweit sie für evtl. *induktive Verbraucher* ausreicht.

In die Katagorie der *„induktiven Verbraucher"* fallen im Haushalt sowohl alle Elektromotoren (Ventilatoren, elektrische Motorantriebe der Jalouisien oder Rolladen u.ä), als auch alle Geräte, die an das elektrische Netz über einen Transformator angeschlossen sind (Fernseher, Radios, Verstärker, PCs usw.).

Als rein *Ohmsche Verbraucher* sind dagegen – neben den bereits erwähnten Glühlampen – auch alle elektrische Heizkörper zu betrachten.

c) Bei Bausteinen, die für Bild-, Ton- oder Datenübertragung vorgesehen sind, interessiert uns vor allem ihre *Reichweite*. Dies ist allerdings ein Parameter, der meistens nur als *„bis zu"* angegeben wird, was sich dann auf Anwendungen bezieht, bei denen zwischen dem Sender und Empfänger keine Hindernisse (wie z. B. Mauern oder Stahlbeton-Decken) stehen und das Wetter optimal mitspielt.

Hier bleibt es eine Ermessensfrage, inwieweit man sicherheitshalber nach Geräten Ausschau halten muß, die in dieser Hinsicht entsprechend großzügig dimensioniert sind – was allerdings nur in Ausnahmefällen notwendig sein dürfte. Man sollte sich dann nach dem Motto „Probieren geht über Studieren" richten und bei Zweifel das vorgesehene Gerät – oder die ganze vorgesehene Anlage – noch vor dem Kauf an Ort und Stelle ausprobieren.

In einigen der weiteren Kapitel werden wir noch mit praktischen Beispielen erläutern, auf welche Weise sich bei Bedarf die bestehenden Leistungen diverser Geräte erhöhen oder ändern lassen.

2 Leuchtkörper drahtlos schalten und dimmen

Preiswerte Fernbedienungs-Sets zum Schalten und Dimmen von beliebigen Leuchtkörpern gibt es gegenwärtig in großer Auswahl.

Eines haben alle diese elektronische Bausteine gemeinsam: Sie bestehen in der Grundausführung aus einem Sender und aus einem oder auch aus mehreren Empfängern.

Mit der Installation und Anwendung ist es einfach: Wie aus *Abb. 2.1* hervorgeht, funktioniert hier der Empfänger wie ein zusätzlicher Schalter, der zwischen die Stromzuleitung und dem Verbraucher angeschlossen wird.

Wichtig: Die meisten IR- oder Funk-Schalter schalten den Netzstrom *nur einpolig* aus – wie zur Verdeutlichung *Abb. 2.2* zeigt. Aus Sicherheitsgründen sollte daher nicht automatisch damit gerechnet werden, daß so ein „abgeschalteter" Fernschalter auch tatsächlich keine Spannung durchläßt bzw. die *Phase* abgeschaltet hat. Als spannungsfrei ist daher in diesem Fall nur ein Funk- oder IR-Empfänger zu betrachten, der mit dem elektrischen Netz *sichtbar* nicht verbunden ist (der z. B. aus der Steckdose herausgezogen wurde).

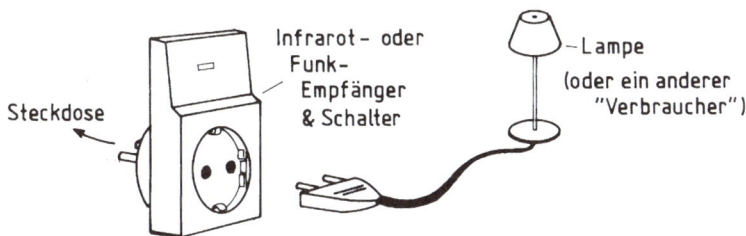

Abb. 2.1: Ferngesteuerte Schalter werden jeweils zwischen die Stromzuleitung und die Lampe (oder einen anderen Verbraucher) angeschlossen; viele dieser Geräte sind als Zwischenstecker ausgelegt und funktionieren gewissermaßen ähnlich wie eine Steckdosen-Schaltuhr – allerdings mit dem Unterschied, daß hier der angeschlossene Verbraucher ferngesteuert geschaltet bzw. auch gedimmt wird

Abb. 2.2: Funktionsweise eines gängigen Funk-Fernschalters: Wenn der Funk-Empfänger ein Schaltsignal empfängt, bereitet er es auf und verstärkt es, um damit sein internes elektromagnetisches Relais schalten zu können; das Ein/Ausschalten der Stromzuleitung zu dem angeschlossenen Verbraucher geschieht meistens nur *einpolig* mittels des Relais-Schaltkontaktes **K**

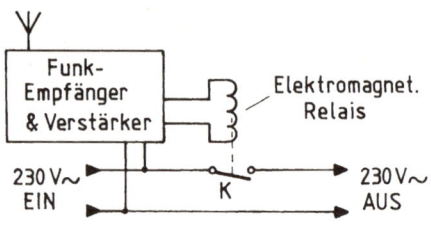

Dies ist jedoch nur dann von Bedeutung, wenn während einer Reparatur oder während eines Experimentierens ein Verbraucher bzw. seine Schutzabdeckungen derartig demontiert sind, daß versehentlich die Phase berührt werden kann.

In einigen Bedienungsanleitungen findet sich zwar der lakonische Hinweis darauf, daß der Stecker-Empfänger nur in eine „zugelassene Netzsteckdose" und nicht in die Steckdose einer Verlängerungsschnur eingesteckt werden darf. Das ist jedoch nur ein Alibi-Hinweis, denn erstens darf man sich grundsätzlich nicht darauf verlassen, daß in allen Steckdosen die Phase auch tatsächlich „im richtigen Loch" lauert, und zweitens kann der Stecker-Empfänger versehentlich ohnehin auch um 180° gedreht (auf dem Kopf stehend) in die Wandsteckdose eingesteckt werden und unterbricht dann nicht mehr die *Phase,* sondern den *Nulleiter.* Von diesem Standpunkt betrachtet, ist es egal, ob der Stecker-Empfänger in eine Wandsteckdose oder in eine beliebige Steckdose an einer Verlängerungsschnur eingesteckt wird – solange man die angesprochenen Vorsichtsmaßnahmen berücksichtigt.

Bei der Installation eines Funk- bzw. IR-*Wand-* oder *Deckenschalters* sollte man darauf achten, daß bei einem einpoligen Schaltsystem über den Schalter (über den Schaltkontakt seines Relais) auch tatsächlich *die Phase* und *nicht der Nulleiter* läuft (daß sie an die richtige Klemmen angeschlossen wird).

Leuchten-Anschlüsse in den Decken oder an den Wänden bestehen meistens aus drei Leitern (Drähten) *nach Abb. 2.3,* die direkt „aus dem Putz" herausgeführt sind. Für den Schutzleiter ist an manchen Leuchtern oben am Stangenende eine Schraube oder Klemme angebracht, bei anderen ist der Schutzleiter des Leuchters als grün/gelber Leiter herausgeführt. Ein „gehobener" Deckenlampen-Anschluß besteht aus vier Leitern, wovon die zwei schwarzen Phasen-Leiter zwei separate Phasen-Zuleitungen darstellen, um einen Leuchter mit mehreren Glühlampen in zwei Sektionen schalten zu können (dementsprechend ist auch der Wandschalter als Doppelschalter ausgelegt)

Wenn anstelle einer Lüsterklemme ein fernbedienter Deckenschalter montiert wird, ist darauf zu achten, daß die Fassungen der Glühlampen nach *Abb. 2.3* auch richtig angeschlossen werden: Der *blaue* Nulleiter soll aus Sicherheitsgründen grundsätzlich mit dem *Gewinde* der Glühbirne elektrisch verbunden werden (falls versehentlich die Glühbirne „unter Strom" ausgewechselt wird und die Finger kommen dabei in Berührung mit ihrem Gewinde, sollte dieses nicht unter Spannung stehen). Diese „zusätzliche Sicherheitsmaßnahme" läßt sich allerdings nicht bei freistehenden Lampen bewerkstelligen, die mit einem Stecker versehen sind. Hier hängt die Belegung der Lampenanschlüsse in bezug auf die Phase und den Nulleiter nur davon ab, wie der Lampenstecker in die Steckdose eingesteckt wird. Dreht man den Stecker beim Einstecken in die Steckdose um 180° um, wechseln die Phase und der Nulleiter auch an der Glühbirnen-Fassung ihre Positionen. Damit geben sich auch die „Vorschriften" zufrieden, aber man sollte dennoch bei fest angeschlossenen Leuchtkörpern den Weg der gehobeneren Sicherheit bevorzugen und den Anschluß nach *Abb. 2.3* ausführen.

Einige der handelsüblichen Funk- oder IR-Empfänger sind so ausgelegt, daß sie die 230 V~ Netzspannung nur als Spannungsversorgung für sich selbst nutzen, aber nicht an den angeschlossenen Verbraucher „durchschalten". Sie verfügen ausgangsseits *nach Abb. 2.4* nur über einen „potentialfreien" Umschaltkontakt (**K**), der für beliebige Schaltaufgaben (und Schaltspannungen) verwendet werden kann – allerdings im Rahmen der vom Hersteller definierten Grenzbelastung.

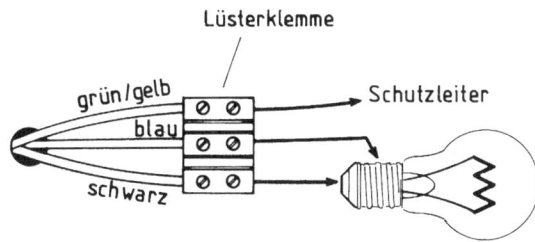

Abb. 2.3: Spannungsbelegung an einem Decken- oder Wandlampen-Anschluß: Ein einfacher Deckenlampen-Anschluß besteht nur aus drei Leitern, wovon die Phase über den Wandschalter geschaltet wird; das Gewinde der Glühlampen soll aus Sicherheitsgründen grundsätzlich an den Nulleiter angeschlossen werden; der Schutzleiter wird mit dem Metallkörper des Leuchters verbunden

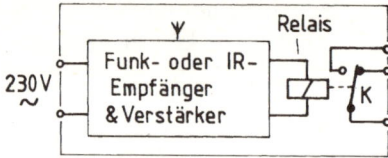

Abb. 2.4: Bei einigen spezielleren Funk- oder IR-Empfängern schaltet der Relaiskontakt **K** nicht die Netzspannung ausgangsseits durch, sondern steht potentialfrei für beliebige Schaltaufgaben zur Verfügung

Der Sender eines Netz-Funkschalters unterscheidet sich äußerlich nicht von anderen Fernbedienungs-Sendern und verhält sich unter Umständen meistens ähnlich anspruchslos. Fast alle Funksender verfügen jedoch über einen individuell (vom Hersteller eingegebenen) Empfangscode oder über einen vom Kunden einstellbaren Code – um zu verhindern, daß sich mehrere Sender gegenseitig stören.

Im Vergleich zu einer IR-Fernbedienung oder IR-Übertragung kann man so ein Funk-Schalter-Set nicht einfach auspacken, eine Batterie einlegen und annehmen, daß nun „das Ding" sofort das tun wird, was man von ihm erwartet.

Ein solche Erwartung erfüllt „dieses Ding" zwar kurze Zeit später, aber der Anwender muß dazu erst seinen Beitrag leisten: Der Empfänger muß hier vor der Inbetriebnahme auf die erwünschte *codierte Sendefrequenz* abgestimmt (synchronisiert) werden.

Für diejenigen, die mit diesen Geräten noch keine Erfahrung haben, dürfte eine kurze Erklärung des ganzen Systems sinnvoll sein:

Ein moderner Funksender ist herstellerseits mit mehreren kundenspezifisch codierten Frequenzen versehen. Jede Sendetaste hat ihren eigenen Sendecode, der aus über einer Million unterschiedlicher Kombinationen pro Gerät (mit Hilfe eines Zufallsgenerators) ausgewählt wird. Es bietet sich hier ein Vergleich mit den Autoschlüsseln für ein neues Fahrzeug an. Den Autoherstellern stehen allerdings einerseits wesentlich weniger Kombinationsmöglichkeiten zur Verfügung, aber anderseits paßt wiederum der Schlüssel zum Auto sofort.

Das mit dem „sofort passenden Schlüssel" ließe sich ja bei einem Funk-Schalter-Set herstellerseits problemlos machen, aber man läßt hier dem Anwender die Möglichkeit offen, daß er z. B. von einer Sendetaste aus gleichzeitig mehrere Empfänger schalten kann (er braucht sie nur mit dem Code des jeweiligen Sendesignals zu synchronisieren).

Mit der Inbetriebnahme und dem Abstimmen des Empfängers auf den Sender ist es bei diesen Geräten in der Regel sehr einfach:

1. Wie üblich, ist erst das Einlegen der Batterie(n) fällig. Der Empfänger benötigt meistens eine kleine Knopfzelle, um bei einer Netzstrom-Unterbrechung den gespeicherten Systemcode im Speicher zu behalten. Diese Knopfzelle ist oft bereits vom Hersteller im Empfänger installiert und muß erst nach ca. 2 bis 3 Jahren erneuert werden. Der Handsender benötigt – ähnlich wie jede Fernbedienung – ebenfalls eine Batterie, die wesentlich mehr Energie aufzubringen hat und dementsprechend größer sein muß (soweit sie nicht mitgeliefert wird, geht ihr Typ aus der Bedienungsanleitung hervor).

2. Ist der Funk-Empfänger als Steckdosen-Empfänger (als Zwischenstecker) ausgelegt, wird er nun einfach in eine beliebige Netz-Steckdose eingesteckt (es werden an ihm aber vorerst keine Verbraucher angeschlossen). Wenn der Funkempfänger als Wandschalter oder als Baldachin-Deckenempfänger konzipiert ist, kann er erst provisorisch (auf dem Tisch) mit einem Hilfskabel an die 230 V~Netzspannung angeschlossen werden. Er darf vorerst (während der Abstimmung) ebenfalls mit keinem Verbraucher belastet werden.

3. Der Funkempfänger verfügt über eine „Abstimmtaste", die gedrückt und gehalten wird, um den „Abstimmungs-Empfang" zu aktivieren. Gleichzeitig, oder unmittelbar danach wird diejenige Sendetaste am Sender gedrückt, die diesen Empfänger fernbedienen soll. Beide Tasten (sowohl die „Fernbedienungstaste am Sender als auch die Taste am Empfänger) werden nun so lange (=einige Sekunden lang) gedrückt gehalten, bis am Empfänger eine Leucht- diode aufleuchtet. Das Aufleuchten dieser Empfänger-Diode meldet, daß die Programmierung beendet ist. Nun können sowohl die Abstimmtaste als auch die Sendetaste losgelassen werden. Die Synchronisierung ist jetzt beendet und das Schalter-Set kann die vorgesehenen Verbraucher bedienen (wobei die vom Hersteller angegebene max. Schaltleistung nicht überschritten werden darf).

Die vom Hersteller angegebene Schaltleistung des Empfängers bezieht sich auf die Kontakte seines Relais – wenn hier zum Schalten ein elektromagnetisches Relais verwendet wird – oder einfach auf die technisch bedingte maximale Belastung, wenn anstelle eines elektromagnetischen Relais ein Halbleiter-Relais (Schalt-Transistor) im Empfänger diese Aufgabe zu erfüllen hat.

- Bei der Programmierung weiterer Empfänger wird der vorher beschriebene Vorgang einfach wiederholt. Dabei spielt es keine Rolle, wieviele Empfänger pro Sendertaste gleichzeitig bedient werden sollen. Wenn der Handsender z. B. vier Sendetasten hat und die Sendetaste Nr. 2 soll gleichzeitig drei Funkempfänger bedienen, müssen verständlicherweise alle diese drei Empfänger nach und nach auf die Sendetaste Nr. 2 abgestimmt werden. An dem eigentlichen Abstimm-Vorgang ändert sich dabei nichts.

- Wenn einer der Empfänger auf einen anderen Sendecode (Sendetaste) umprogrammiert werden soll, genügt bei den meisten Empfängern, wenn für ca. 5 Sekunden lang ihre Knopfzelle herausgenommen und danach wieder eingelegt wird. Der Codespeicher des Empfängers löscht damit den in ihm einprogrammierten Sendetasten-Code und man kann ihn auf dieselbe Weise, wie bei der ursprünglichen „Inbetriebnahme", den Code einer anderen Sendetaste bzw. eines anderen kompatiblen Senders einprogrammieren (vorausgesetzt, die Bedienungsanleitung schreibt nicht eine andere Vorgehensweise vor).

Die meisten Empfänger solcher Fernbedienungs-Sets sind momentan in vier Ausführungen erhältlich:

a) Als Stecker, die – ähnlich wie z. B. eine Schaltuhr – in eine der bestehenden 230 V~ Steckdosen des elektrischen Hausnetzes einfach eingesteckt werden können und damit ist die „Installation" fertig – wie *Abb. 2.1* zeigt.

b) Als selbständige Kleingeräte, die meistens die Form eines Deckenlampen-Baldachins haben und somit dafür vorgesehen sind, daß sie an seiner Stelle direkt an die Decke *(anstelle der Lüsterklemme in Abb. 2.3)* montiert werden.

c) Als „Wandschalter", die anstelle von normalen Licht-Wandschaltern in eine bestehende Unterputz-Steckdose montiert werden.

d) Als Fassungsadapter (meistens für E27-Fassungen = Haushaltsglühlampen-Größe); werden einfach als „Zwischenstücke" zwischen die bestehende Fassung und die Glühlampe eingeschraubt. Dadurch ragt allerdings die Glühlampe aus der Leuchte zu sehr heraus, was als ästhetisch unschön gelten dürfte.

Wichtig: Ein „normaler" Unterputz-Lichtschalter benötigt für die Stromunterbrechung nur die Phase, aber keine Nulleitung (die somit in der Unterputz-Dose nicht vorhanden ist). Der Nulleitungs-Leiter (Draht) muß daher für einen ferngesteuerten Wandschalter-Empfänger zusätzlich in die Unterputz-Steckdose „hineingezogen" werden. Dies ist nur dann möglich, wenn die bestehende Zuleitung der Elektroinstallation in Rohren angelegt wurde, in die sich ein weiterer Leiter noch hineinziehen läßt.

Damit ist das Folgende gemeint: Laut Vorschrift dürfen die Leitungen auch mit Unterputz-Kabeln (bzw. Flachkabeln) angelegt werden. Wenn hier kein Reserveleiter zur Verfügung steht (was nur ausnahmsweise vorkommt), muß ein zusätzlicher Leiter zwischen die Unterputz-Dose und eine naheliegende Verteiler-Wanddose neu angelegt werden. „Neu angelegt" bedeutet auf Deutsch „neu eingehackt und neu verputzt" (bzw. schön glatt eingegipst).

Falls die Installation in Rohren angelegt wurde, sollte bereits im „Planungsstadium" überprüft werden, ob sich da noch problemlos ein weiterer Leiter (isolierter blauer 1,5 mm²-Installationsdraht) von der Verteiler-Wanddose (die „irgendwo" oben unterhalb der Decke auffindbar ist) zu der Schalterdose hineinziehen läßt. Unter normalen Umständen läßt sich so etwas ohne jegliche Hilfsmittel leicht bewerkstelligen. Notfalls kann man mit einem der bestehenden Installationsleiter entweder gleich zwei neue Leiter in „die Wand" hineinziehen oder man zieht mit dem einen Leiter erst einen Hilfsdraht hinein, mit dem dann sowohl der neue Leiter, als auch der vorhin herausgezogene „alte" Leiter gleichzeitig hineingezogen werden kann.

Unter normalen Umständen (und bei einer ordentlich angelegten Installation) läßt sich so ein zusätzliches Anliegen spielend leicht bewältigen. Man sollte sich dennoch rechtzeitig vorher vergewissern, daß sich die bestehenden Leiter auch tatsächlich im Rohr leicht „hin und her ziehen lassen". Es kann vorkommen, daß in einer nachlässig angelegten Rohrleitung ein Knick im Rohr ist, der die bestehenden Leitungen festklemmt und das Einziehen eines weiteren Leiters verhindert. Hier käme als Abhilfe das Aushacken der Wand bzw. des verdächtigen Teiles in Frage – was evtl. nur im Zusammenhang mit einer geplanten Renovierung in Kauf genommen werden dürfte.

In Fällen, wo direkt neben dem Lichtschalter eine Steckdose angebracht ist, die sowieso einen Nulleiter hat, kann dieser natürlich gleichzeitig auch für den neuen Fernschalter genutzt werden.

Alle Ausführungen von derartigen drahtlosen Sets sind wahlweise entweder nur als ferngesteuerte *Schalter* oder als *Schalter mit einem zusätzlichen integrierten Dimmer* erhältlich. Die Handhabung dieser Fernbedienungen ist sehr einfach. Insbesondere bei der Steckdosen- oder Lampenfassungsadapterausführung, bei denen jegliche Montage entfällt. Bei den Baldachin-Deckenempfängern wiederum werden sowohl gewisse „Grundansprüche" auf den Umgang mit einem Schraubenzieher, als auch auf eine einigermaßen sportliche Kondition gestellt – für den Fall, daß die Decke (baujahrbedingt) zu hoch geraten, oder der „Ausführende" (genetisch bedingt) zu „niedrig" geraten ist.

Die einfachsten handelsüblichen Sender dieser Fernbedienungen haben nur zwei Bedienungstasten: Eine für den Einschalt- und eine für den Ausschaltbefehl.

Die etwas „aufwendigeren" Fernbedienungs-Handsender haben mehrere Schalt- und Dimmtasten und sind für das Schalten von mehreren Lampen bzw. Lampenfeldern ausgelegt. Oft verfügen sie noch über eine Haupttaste („Master"-Taste), mit der sich alle zum Sender zugehörende Verbraucher gleichzeitig ein- und ausschalten lassen.

Vor der Anschaffung eines solchen Fernbedienungs-Sets sollte man sich vor allem gut überlegen, inwieweit auf eine *Ausbaufähigkeit* gehobener Wert gelegt wird. Erstrebenswert dürfte dabei sein, daß man auch in der „nahen Zukunft" mit einer einzigen Fernbedienung möglichst alles schalten und regeln kann, was uns für dieses System vorschwebt. Abgesehen davon entwickeln inzwischen einige Hersteller Leuchten, in denen bereits Funk- oder IR-Schaltempfänger „unauffallend" integriert sind und die somit – ähnlich, wie diverse Geräte der Unterhaltungselektronik – mit einer Fernbedienung werkseits ausgelegt sind.

Ein Kaufentschluß kann bekanntlich nur so gut sein, wie die Summe der zur Verfügung stehenden Vorinformationen. Deshalb dürfte es der Sache dienlich sein, wenn man sich mit den Möglichkeiten vertraut macht, die für derartige Vorhaben in Frage kommen:

2.1 Wie und womit kann man Lampen drahtlos bedienen?

Die meisten der handelsüblichen drahtlosen Netzstrom-Schalter-Sets arbeiten entweder mit codierten Funksignalen oder mit codierten infraroten (IR) Lichtimpulsen. In der Hinsicht unterscheiden sie sich *nicht* von anderen „Haus und Garten-Fernbedienungen", die sich ebenfalls diese beide Arten der „Befehlsübertragung" zunutze machen.

Ein drittes System stellen die etwas weniger bekannten Laser-Schalter dar, die mit einem Laserpointer-Strahl betätigt werden. So bietet z. B. Conrad Electronic einen Laserschalter nach *Abb. 2.5* an, der mit Hilfe eines kleinen Laserpointers (in Kugelschreiber- oder Schlüsselanhänger-Größe) auf

Abb. 2.5: Ausführungsbeispiel eines 230 V~/12 A – Laser-Schalters von Conrad Electronic: Die Leistungsaufnahme beträgt 0,33 VA. Das eigentliche Schaltrelais verfügt über einen Wechselkontakt, dessen 3 Anschlüsse potentialfrei sind (das Relais schaltet hier also nicht die Netzspannung durch, sondern überläßt – ähnlich, wie das Relais in Abb. 2.4 (auf Seite 26) – dem Anwender, was er an die Relaiskontakte anschließt); Abmessungen 88 x 98 x 35 mm² (LxBxH)

die Weise fernbedient wird, daß man einfach mit dem Laserstrahl kurz über seine fotoempfindliche Schaltfläche (Sensorfenster) streift.

Der Schalter arbeitet mit zwei Laser-Sensoren, die dafür sorgen, daß eine gleichmäßige Beleuchtung des Sensorfensters – die z. B. durch das Einschalten der Raumbeleuchtung unvermeidbar ist – nicht als ein Schaltbefehl wahrgenommen wird. Nur die kurzzeitige Beleuchtung eines der beiden Sensoren löst einen Schaltvorgang aus.

Ähnlich wie der Laserschalter aus *Abb. 2.5* funktioniert auch der Bausatz-Lichtschranken-Empfänger nach *Abb.2.6:* Er arbeitet sowohl mit einem normalen Laserpointer-Strahl (für kleinere Reichweiten) als auch mit dem Lichtstrahl eines leistungskräftigen Laser-Moduls (bei Verwendung eines 1 mW-Laser-Moduls beträgt die Reichweite 50 Meter). Dadurch, daß der Empfänger-Ausgang mit einem Relais ausgelegt ist, das über einen potentialfreien Umschaltkontakt (1 x UM) verfügt, kann dieser Bausatz wahlweise entweder als *Lichtschranken-Empfänger* oder als *Laser-Fernschalter* genutzt werden.

Abb. 2.6: Der Laser-Lichtschranken-Empfängerbausatz von Conrad Electronic ist für eine Spannungsversorgung von 9 bis 15 VDC (max. 22 mA) ausgelegt und sein Schaltrelais verfügt über einen einpoligen potentialfreien Umschaltkontakt (1 x UM) mit einer max. Schaltleistung von 230 V / 5 A (Platinen-Abmessungen 55 x 50 mm)

Bei der Verwendung als *Lichtschranken-Empfänger* kann als Lichtquelle ein normaler Laserpointer (Kugelschreiber-Ausführung) fest montiert und optimal gegen den Empfänger ausgerichtet werden. Die Laserpointer-Batterie wird hier bevorzugt durch einen Netzadapter ersetzt. Das Relais fällt ab, sobald der Laser-Lichtstrahl unterbrochen wird und springt an, sobald der Lichtstrahl wieder vorhanden ist. Somit kann sowohl die Lichtschranke „als solche" entweder auf eine Lichtstrahl-Unterbrechung reagieren oder – bei einem anderen System – umgekehrt erst dann einen Alarm melden, wenn z. B. etwas entfernt (geklaut) wurde, was als Hindernis zwischen der Lichtquelle und dem Empfänger stand.

Bei der Verwendung als *Laser-Fernschalter* beansprucht dieser Empfänger in bezug auf den Laserstrahl eine ziemliche „Treffsicherheit". Diese läßt sich ausreichend mit Hilfe einer zusätzlichen Linse nach *Abb. 2.7* erhöhen, die vor seinen lichtempfindlichen Fotohalbleiter angebracht wird. Zu diesem Zweck gibt es zwar bei vielen Optikern preiswerte Linsen, aber oft leistet auch die Linse aus einer ausgedienten Taschenlampe denselben Dienst. Die optimale Position der Linse läßt sich leicht experimentell finden und die eigentliche Montage ist auch unproblematisch: Die Linse wird z. B. mit einigen Tropfen Leim auf ein Röhrchen aus Kunststoff oder Pappe (Küchenpapier-Rolle) befestigt und auf dieselbe Weise auch an den lichtempfindlichen Fotohalbleiter angeleimt.

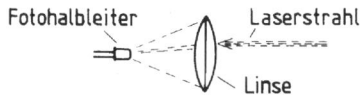

Abb. 2.7: Mit einer zusätzlichen Linse kann auch ein etwas seitlich positionierter Laserstrahl zu dem Fotohalbleiter geleitet werden – vorausgesetzt die Optik stimmt und der Brennpunkt wurde richtig erfaßt

Daß das Relais des *Laser-Fernschalters* nur vorübergehend während der Ausleuchtung seines Empfänger einen kurzen Schaltimpuls auslöst, kann bei diversen Schaltungsaufgaben von Vorteil sein. Auf diese Weise lassen sich u. a. auch alle Stromstoßschalter oder Timer bedienen (weiter siehe Kap. 15 und 16).

Wie bereits im 1. Kapitel erwähnt wurde, arbeiten die Fernbedienungen der Hauselektronik (worunter Fernseher, Satelliten-Empfänger und Videorekorder) überwiegend mit dem Infrarot-Übertragungssystem. Für fernbediente Garagentore, drahtlose Alarmsysteme, Sprechanlagen, Türglocken u. ä. wird wiederum Funkübertragung angewendet. Zum Fernschalten von Leuchtkörpern bzw. von ferngeschalteten Steckdosen werden gegenwärtig überwiegend Funksysteme, teilweise jedoch auch IR-Systeme gebraucht.

Funk-Fernbedienungen haben bekannterweise gegenüber den IR-Fernbedienungen folgende Vorteile: Sie können die Schalt- oder Steuersignale auch durch Wände oder um die Ecken übermitteln, haben eine ziemlich große Reichweite (abhängig von Hindernissen zwischen etwa 25 und 150 m) und brauchen beim Senden nicht „zielend" in die Richtung des Empfängers gehalten werden.

IR-Fernbedienungen haben dagegen eigentlich nur den Vorteil, daß sie in einem größeren Wohnhaus nicht versehentlich von einem Nachbarn betätigt werden können, was bei Funk-Fernbedienungen hypothetisch möglich ist. Allerdings nur hypothetisch, denn die Programmierung der meisten modernen Funksender erfolgt in der Form eines Sicherheitskodes, wodurch die Gefahr einer eventuellen „Fremdeinwirkung" praktisch nicht besteht.

Unter dem Begriff „Fremdeinwirkung" ist folgendes zu verstehen: Wenn mehrere Nachbarn dieselben (oder parametrisch identische) funkgesteuerte Fernbedienungs-Sets verwenden, könnte es in einem Wohnhaus oder bei naheliegenden Häusern hypothetisch zu „übergreifendem" Auslösen unerwünschter Schaltvorgänge kommen. Soweit die Leistungen aller Sender und die Empfindlichkeit aller Empfänger ungefähr gleich groß sind, stören sich die „Betreiber" gegenseitig. Andernfalls kann es theoretisch nur zu Störungen in einer Richtung kommen.

Bei einem modernen Funk-Schalter-Set, dessen Codes aus über einer Million unterschiedlicher Kombinationen per Zufallsgenerator (herstellerseits) ausgewählt wurden, liegt jedoch die Wahrscheinlichkeit einer *zufälligen* Fremdeinwirkung praktisch bei Null.

Manche der Funk- oder IR-Schalter-Sets sind nur zum Schalten ausgelegt, andere können auch fernbedient dimmen. Nicht immer muß man sich gleich ein Schalter-Set zulegen, um fernbedient schalten bzw. dimmen zu können. Es gibt auch IR-Dimmer, die so konzipiert sind, daß sie mit einer normalen (bestehenden) Fernseh- oder HiFi-Fernbedienung „zusammenarbeiten". Sie sind entweder als „Zwischenstecker-Schalter" oder als Wandschalter ausgelegt und man benötigt für ihre Bedienung nur eine „freie" Taste der bestehenden Fernbedienung.

Unter dem Begriff „freie" Taste dürfte hier z. B. eine der Fernbedienungstasten der Fernseher-Fernbedienung zu verstehen sein, die während eines laufenden Fernsehprogramms nicht Fehlfunktionen auslöst. Der Infrarot-Befehlscode dieser Taste wird in dem IR-Empfänger ähnlich einprogrammiert, wie bei einem Schalter-Set der Code des Senders. Auch hier bleibt in dem IR-Empfänger bei Stromausfall der einprogrammierte Code erhalten.

An dieser Stelle dürfte darauf hingewiesen werden, daß das Dimmen von Lampen zwar eine angenehme Anpassung der Lichtverhältnisse an den jeweiligen Bedarf ermöglicht, aber keine wirklich effiziente Stromeinsparung darstellt. Dies ist darauf zurückzuführen, daß der Stromverbrauch einer Glühbirne oder einer Halogenlampe immer wesentlich höher ist, als proportional mit der „gedimmten" Lichtintensität übereinkommen würde. Konkret: Wird hier z. B. die Lichtintensität mit dem Dimmer nur auf ein „Stolperlicht-Niveau" verringert, sinkt der Stromverbrauch nur etwa um die Hälfte.

Dieser Hinweis soll nicht falsch verstanden werden: Lichtdimmer sind sehr praktische und angenehme Vorrichtungen und sollten in einem modernen Haushalt nicht fehlen. Wer jedoch seine Beleuchtung auch energiesparend auslegen möchte, der sollte bevorzugt mehrere Leuchtkörper (bzw. Deckenlampen) einplanen, die sich in Sektionen ein- oder ausschalten lassen. Vorausgesetzt, es wird kein gehobener Wert auf den „dekorativen Aspekt" gelegt, der etwas in Mitleidenschaft gezogen wird, wenn nur ein Teil der „vorhandenen" Lampen leuchtet und der Rest dunkel bleibt.

Das Einschalten der Beleuchtung über einen Dimmer hat zudem zwei Vorteile: Erstens wird bei gleitender Erhöhung der Lichtintensität das Auge nicht so strapaziert, wie bei einem plötzlichen Sprung von dunkel auf hell. Zweitens wird bei gleitender Erhöhung der Lichtintensität der Einschalt-Stromstoß etwas aufgefangen.

Der Widerstand eines kalten Glühlampen-Glühfadens liegt im Durchschnitt nur bei 9 bis 10 % des Widerstandes eines „voll leuchtenden" Glühfadens. Der Stromstoß, der beim Einschalten einer Glühlampe – bzw. einer Glühlampen-Sektion – entsteht und den auch der Fernschalter verkraften muß-ist demzufolge ca. 10 bis 11 mal höher, als der offizielle Nennstrom, der vom Hersteller an den Glühlampen als „typenbezogen" angegeben wird. Somit ist auch die Einschaltleistung ca. 10 bis 11 mal höher, als die Summe der Nennleistungen einzelner Glühlampen, die evtl. gleichzeitig als eine Raumbeleuchtung von einem fernbedienten Schalter eingeschaltet werden. Eine 100 Watt-Glühlampe bezieht im Moment des Einschaltens (auf volle Spannung) vorübergehend eine Leistung von bis zu 1100 Watt.

Die Relaiskontakte des Schalters müssen jedoch nur einen Sekundenbruchteil lang den kräftigen Strom/Leistungs-Stoß aushalten (der Glühlampenfaden heizt sich ja bekanntlich „blitzschnell" auf). Die Relaiskontakte eines Fernschalter-Relais sind in der Regel für eine *„Einschaltleistung"* ausgelegt, die *doppelt so hoch* ist, wie die offiziell angegebene *„Schaltleistung"*.

Wenn die Beleuchtung über einen ferngesteuerten *Dimmer* geschaltet wird, darf die Summe der angeschlossenen Glühlampen-Nennleistungen im Prinzip bis an die Höchstgrenze der *Schaltleistung* des IR- oder Funk-Dimmers gehen. An einen Dimmer, dessen Schaltleistung 200 W beträgt, können z. B. drei 60 W-Glühlampen angeschlossen werden. Sie werden zwar kaum *haargenau* die theoretische 180 W-Gesamtleistung aufnehmen, denn die „Herstellungs-Streuung" liegt oft überhalb von 10 %, aber ganz so kritisch ist es mit der angegebenen *Schaltleistung* eines Relais auch wieder nicht.

Wird dagegen die Beleuchtung nicht über einen ferngesteuerten *Dimmer*, sondern über einen *Schalter* geschaltet, sollte die Summe der Leistungen aller angeschlossenen Glühlampen „präventiv" ca. ¼ der *Schaltleistung* nicht überschreiten. Ein Fernschalter (Funk- oder IR-Empfänger) mit einer *Schaltleistung* von 3.500 Watt, sollte demnach *bevorzugt* nur Glühlampen-Sektionen schalten, deren Leistungsabnahme insgesamt ca. 875 Watt nicht überschreitet (3500 W geteilt durch 4 = 875 Watt). Wenn die Leuchtsektion für einen einzigen Funkschalter etwas zu groß geraten ist, können sich zwei – oder auch mehrere – Funkschalter die Aufgabe untereinander teilen (was bei den sehr günstigen Preisen dieser Geräte leicht realisierbar ist). Alternativ kann auch ein zusätzliches leistungsstärkeres Relais verwendet werden (siehe Kap. 3.1 / *Abb. 3.2).*

Die hier empfohlene Art der Dimensionierung sollte nur bei Produkten angewendet werden, bei denen der Hersteller keine nähere (bzw. andere) Hinweise über die tatsächlichen Leistungsgrenzen in der Bedienungsanleitung aufgeführt hat.

Wie bereits im 1. Kapitel angesprochen wurde, lassen sich zum reinen Ein- und Ausschalten der Lampen (oder sonstiger Verbraucher) auch noch andere drahtlose Systeme verwenden. Zu den wohl bekanntesten Alternativen gehören die guten alten „Klatschschalter", die separat im Kap. 13 beschrieben werden.

Bemerkung: Unter den Hersteller-Sicherheitshinweisen in der Bedienungsanleitung der Zwischenstecker-Funk- oder IR-Empfänger wird oft darauf hingewiesen, daß man das Gerät nur direkt mit einer „zugelassenen" Steckdose und nicht über ein Verlängerungskabel betreiben sollte bzw. darf. Es handelt sich dabei um einen mehrsprachigen Universal-Hinweis, der in unserem Lande keinen sicherheitstechnischen Sinn ergibt. Gegen die Anwendung eines intakten Verlängerungskabels ist sicherheitstechnisch **nichts einzuwenden**. Das angewendete Verlängerungskabel sollte allerdings aus Sicherheitsgründen über die bei uns übliche Schutzkontakt-Verbindung (mit einer Schuko-Steckdose) verfügen.

Nicht vergessen: Ein „ausgeschalteter" Funk-Empfänger ist als ein Gerät in Standby-Betrieb zu betrachten, das – wie bereits anderweitig erklärt wurde – oft nur einpolig die „Netzspannung" (entweder die Phase aber **möglicherweise auch nur den Nulleiter**) abschaltet. Der angeschlossene „Verbraucher" ist daher nur dann als „abgeschaltet" (und spannungsfrei) zu betrachten, wenn sein Stromanschluß aus der Steckdose eines Zwischenstecker-Empfängers herausgezogen ist.

3 Drahtloses Schalten anderer Netzverbraucher und Vorrichtungen

Das vorhergehende Kapitel befaßte sich mit Schalten und Dimmen von Leuchtkörpern. Dabei wurden einige einfache (und preiswerte) Fertigprodukte vorgestellt, die als infrarot- oder funkgesteuerte Fernschalter die 230 V~ Netzspannung an den „Verbraucher" durchschalten.

Derartige Fernschalter eignen sich in der einfacheren Ausführung nur für ein reines *Ein* – und *Ausschalten* – was für viele Verbraucher genügt. So kann z. B. ein Baldachin-Deckenempfänger, der für das Schalten von Lampen vorgesehen ist, auch beliebige andere Netzgeräte schalten. Hier ist nur darauf zu achten, daß die vom Hersteller angegebene maximale Schaltleistung nicht überschritten wird (es ist ein entsprechend leistungsstarker Funk- bzw. IR-Empfänger anzuwenden). Da inzwischen viele der handelsüblichen Fernschalter für eine „stolze" Leistung von ca. 3500 Watt ausgelegt sind, dürfte es in der Hinsicht für alle gängige Haushalts-Netzverbraucher ausreichen.

Soweit es sich jedoch um „Netzverbraucher" handelt, die nicht nur *ein-* und *ausgeschaltet*, sondern auf verschiedenste Arten *umgeschaltet* werden sollen, kann dies ein einziger einfacher Fernschalter ohne eine evtl. zusätzliche Nachrüstung nicht bewältigen.

3.1 Geräte und Antriebe drahtlos schalten

Als erstes stellt sich die Frage, welche Netzverbraucher man außer Leuchten und Geräte der Unterhaltungselektronik (die evtl. über eigene Fernbedienungen verfügen) im Haushalt sonst noch sinnvoll fernschalten sollte.

Abb. 3.1: Einige Beispiele des drahtlosen Schaltens

Dem Begriff „sinnvoll" muß natürlich auch hier eine angemessen großzügige Dimension eingeräumt werden, weil ja nicht alles was Spaß macht, unbedingt auch wirklich sinnvoll sein muß. Von Vorteil ist, wenn sich sowohl der Spaß, als auch der praktische Nutzen in die Hand spielen (wie z. B. eine vorbereitete Kaffeemaschine per Funkschalter einzuschalten).

Das meiste, was elektrisch ausfahrbar oder verstellbar sein soll, benötigt als Antriebskraft einen Elektromotor. Soweit dieser, wie ein jeder beliebige Netzverbraucher auch, nur ein- und ausgeschaltet werden soll (was z. B. bei einem Deckenventilator der Fall ist), kann für die Fernbedienung jeder der gängigen Steckdosen- oder Wand-Funk-Schalter bzw. IR-Schalter verwendet werden – vorausgesetzt seine Schaltleistung genügt den Anforderungen. Dabei ist mitzuberücksichtigen, daß der Einschaltstrom eines Elektromotors, der beim Start mechanisch schwer belastet ist, bis zu 7 mal höher sein kann, als seine Stromabnahme während des Betriebs. Somit ist auch die „Einschaltleistung" dementsprechend bis zu 7 mal höher, als die Aufnahmeleistung (Nennleistung), die am Motor herstellerseits angegeben ist.

Mechanisch „schwer belastet" sind z. B. Elektromotoren, die einen Kompressor oder einen schwer belasteten Hebemechanismus antreiben. Wesentlich geringfügiger belastet ist dagegen z. B. der Motor eines Ventilators.

Dieser bis zu 7 mal höhere „Einschalt-Stromstoß" sollte zumindest teilweise bei der Beurteilung der Schaltleistung eines jeden drahtlosen Fernschalters einbezogen werden. Soweit zu so einem Zweck einer der gängigen IR-oder Funkschalter verwendet wird, könnte sich die Lebensdauer seiner Relaiskontakte sehr verkürzen, wenn da bei einer derartig kritischen „induktiven Last" der Einschaltstrom zu hoch ist.

Ein praktischer Tip: Die meisten Kontakte der modernen elektromagnetischen Relais (die üblicherweise auch in den meisten Fernschaltern eingebaut sind) verkraften schadenfrei einen Einschaltstrom, der das Doppelte von ihrem normalen Dauerstrom beträgt. Ein IR- oder Funkschalter, der laut technischen Daten für z. B. 16 A ausgelegt ist, verkraftet demzufolge kurzfristig einen 32 A-Einschaltstrom. Von diesen 32 A dürfte nun zurückgerechnet werden: Wenn man sie durch 7 teilt, ergibt es ca. 4,6 A. Falls mit so einem „16 A-Funkschalter ein schwer belasteter Elektromotor geschaltet werden soll, dürfte also sein Nennstrom die 4,6 A nicht überschreiten. Ansonsten würde zwar das Relais eine gewisse Zeit weiter „mitmachen", aber irgendwann entstehen an den Relais- Kontaktflächen Verschmelzungen und kurz danach geht nichts mehr: Das Relais schaltet entweder nicht mehr ein oder seine Kontakte bleiben „kleben" und schalten nicht mehr aus.

Zu dieser „Horrorvision" wäre nun allerdings ein beruhigender Hinweis darauf fällig, daß bei den meisten Elektromotoren, die man in Haus und Garten für „relativ normale" Zwecke verwenden könnte, der Nennstrom gar nicht den vorhin erwähnten Grenzwert von 4,6 A erreicht.

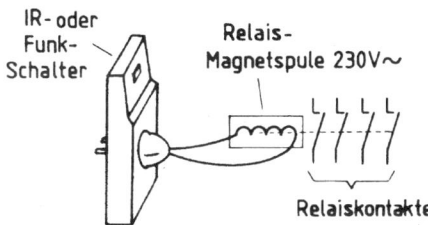

Abb. 3.2: Wenn die Schaltleistung des internen Relais eines ferngesteuerten Schalters für den vorgesehenen Zweck nicht ausreicht, kann diese Aufgabe ein zusätzliches elektromagnetisches Leistungsrelais übernehmen, dessen Magnetspule für 230 V~ ausgelegt ist

Ansonsten bietet sich eine Lösung an, bei der das Relais des Fernschalters ein zusätzliches leistungskräftigeres Lastrelais nach *Abb. 3.2 oder 3.3.* betätigt. Beide Relaistypen sind wahlweise als *1-Phasen-* oder *3-Phasen-Relais* erhältlich. Die handelsüblichen elektronischen Lastrelais sind zudem teilweise auch als *Softstart-Module* konzipiert. Wie der Name andeutet, werden hier die auftretenden Einschalt-Stromstöße dadurch verringert, daß der Start – bzw. das Anlaufen des Elektromotors – elektronisch verlangsamt wird. Ein Elektromotor läuft somit nicht stoßartig (mit dem üblichen „Ruck"), sondern sanft an. Einige dieser speziellen Softstart-Relais ermög-

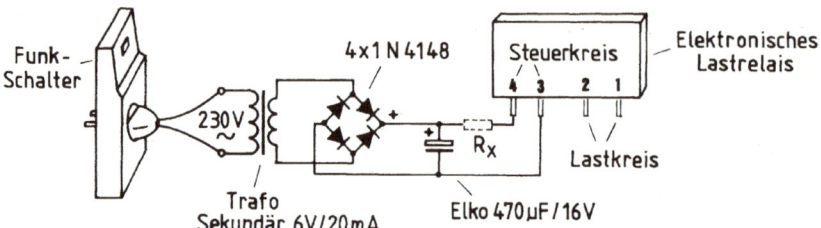

Abb. 3.3: Ein elektronisches Lastrelais hat im Steuerkreis anstelle einer Magnetspule nur eine LED, die bei dieser Anwendung nicht direkt an die „durchgeschaltete" Netzspannung, sondern über eine niedrige Gleichspannung gesteuert werden muß; Vorwiderstand **Rx** darf entfallen, wenn die LED im Lastrelais-Steuerkreis bereits einen eigenen Vorwiderstand hat. Die meisten elektronischen Lastrelais sind für einen breiteren Bereich der Steuerspannung ausgelegt und fast alle arbeiten ab einer Steuerspannung von ca. 3 bis 5 Volt zuverlässig (siehe hierzu auch Kap. 16)

lichen nicht nur einen sanften Anlauf, sondern auch einen sanften Auslauf (siehe hierzu Kap. 16).

Die meisten der gängigen elektronischen Lastrelais sind jedoch für eine Steuer-Gleichspannung ausgelegt, die typenbezogen zwischen etwa 3 und 30 V liegt. Daher muß die von einem gängigen „Netzspannungs-Fernschalter" durchgeschaltete Wechselspannung für die Steuerung eines elektronischen Relais in die benötigte Steuer-Gleichspannung umgewandelt werden.

Dies läßt sich am einfachsten mit Hilfe eines Eigenbau-Netzteils nach *Abb. 3.3* bewerkstelligen. Alternativ käme auch eine „trafolose" Lösung nach *Abb. 3.4* in Frage. Bei diesem Schaltbeispiel ist jedoch der eingezeichnete *10 nF (230 V~) Kondensator* nicht unbedingt für jeden Relais-Steuerkreis optimal, denn die Stromabnahmen sind typenbezogen unterschiedlich. Unter Umständen dürfte dieser Kondensator verkleinert bzw. müßte vergrößert werden (auf ca. *15 nF*). Zudem hat hier auch die optimale Einstellung des *4k7-Einstellpotentiometers* einen sehr wichtigen Stellenwert, der auf die optimale (und ausreichend glatte) Steuerspannung bzw. auf den Stromverbrauch des jeweiligen Relais abgestimmt werden muß. Ohne Kontrolle mit einem Oszilloskop ist daher diese „trafolose Spannungsversorgung" mit zu hohen Risiken verbunden (bzgl. der Überlebenschancen des elektronischen Relais).

Die Anwendung eines zusätzlichen Relais (nach Abb. 3.2) ermöglicht auch das drahtlose Schalten eines Verbrauchers, der für eine andere Betriebsspannung ausgelegt ist, als der normale Netz-Fernschalter durchschaltet. Es gibt zwar IR-oder Funkempfänger, deren Relaiskontakte (Schaltkontakte)

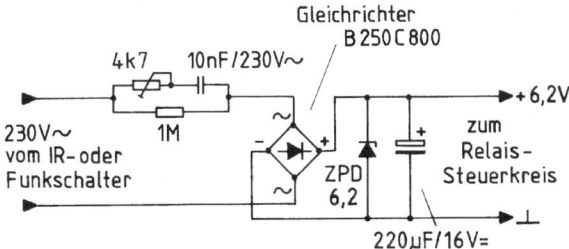

Abb. 3.4: Ein trafoloser Anschluß eines elektronischen Lastrelais an 230 V~ setzt voraus, daß der Einstellpotentiometer **4k7** mit Hilfe eines Oszilloskops optimal auf die LED des Relais-Steuerkreises eingestellt wird; die 6,2 V-Steuerspannung muß nicht unbedingt angestrebt bzw. eingehalten werden (man kann sich dabei an den technischen Daten des vorgesehenen Relais orientieren)

„potentialfrei" sind – und somit beliebige andere Spannungen (im Rahmen der technischen Daten) schalten können. Diese Empfänger sind jedoch im allgemeinen überproportional teurer, als die der gängigen „Netzspannungs-Schalter". Da bietet ein zusätzliches Kleinrelais (als elektromagnetisches Relais mit einer 230 V~ Magnetspule oder als ein Solid-State-Relais mit einem zusätzlichen Netzteil) eine preiswertere Lösung.

Etwas komplizierter wird es mit dem Schalten eines Elektromotors der wahlweise in zwei Drehrichtungen betrieben werden soll. Soweit es sich dabei um ein Fertiggerät bzw. um eine fertige Einbau-Vorrichtung handelt, die bereits herstellerseits mit einer entsprechenden Fernbedienung ausgelegt ist, braucht es den Anwender nicht zu kümmern, was sich drinnen im Gerät abspielt. Anders ist es allerdings bei Selbstbau-Projekten. Hier setzt das eigentliche Schalten des Elektromotors gewisse Vorkenntnisse voraus, die wir uns aus den nun folgenden Unterkapiteln holen können.

3.2 Drahtloses Schalten von Wechselstrom-Motoren

Wie bereits vorher angesprochen wurde, verdient das Schalten von Elektromotoren, die nur in eine Richtung drehen, allein deshalb mehr Beachtung, weil es hier beim Einschalten zu einem erhöhten Stromstoß kommt. In allen nun folgenden Schaltbeispielen haben wir den Funk-Schaltern (Funkempfängern) Vorrang vor den IR-Schaltern gegeben, weil sie universeller einsetzbar sind. Falls jedoch anwendungsbezogen mit einer IR-Fernbedienung geschaltet werden kann, ist dagegen nichts einzuwenden und an den aufgeführten Schaltungen ändert sich dabei nichts.

Elektromotoren, die in zwei Drehrichtungen betrieben werden – was z. B.
bei Fenster-Rollos, Markisen, elektrisch herausfahrenden bzw. höhenver-
stellbaren „Vorrichtungen" erwünscht ist – benötigen jeweils zwei EIN/
AUS-Schalter bzw. einen *Umschalter* mit *AUS-Stellung* in der Mitte. Vollständigkeitshalber ist darauf hinzuweisen, daß dies nicht für *Schrittmotoren*
zutrifft. Diese werden jedoch bekannterweise nicht für „gewöhnliche" Antriebe verwendet und scheiden somit bei einfacheren Konstruktionen aus.

Sowohl bei Eigenbau, als auch bei professionellen Antrieben von „netzbe-
triebenen" Geräten und Vorrichtungen werden überwiegend *Wechselstrom-
Motoren*, teilweise jedoch auch *Gleichstrom-Motoren* verwendet.

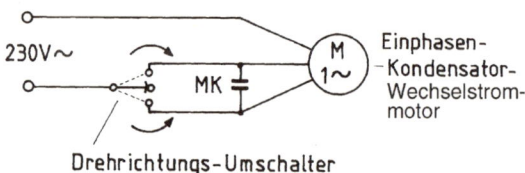

Abb. 3.5: Schaltschema eines Einphasen-Kondensator-Wechselstrommotors, bei
dem der Drehrichtungs-Umschalter in seiner mittleren „*AUS-Position*" den Motor abschaltet und in den anderen zwei Positionen den Motor „drehrichtungsgerecht" einschaltet; Kondensator **MK** ist ein bipolarer Motorkondensator, der üblicherweise mit
dem Elektromotor mitgeliefert wird

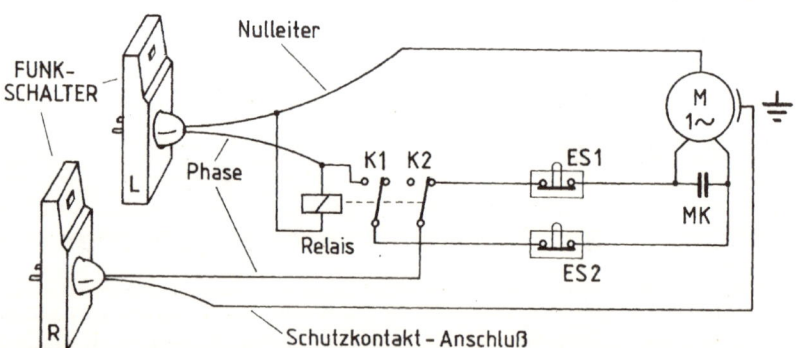

Abb. 3.6: Bei einer Fernbedienung verhindert ein zusätzliches Relais, daß versehentlich gleichzeitig „Rechtslauf" und „Linkslauf" eingeschaltet werden können (was
den Elektromotor vernichten würde); Endschalter **ES1** und **ES2** dienen dazu, daß
der Motor jeweils am Ende der vorgegebenen „Laufbahn" abgeschaltet wird (weiter
siehe Text)

Einphasen-Wechselstrommotoren werden herstellerseits meistens nur für eine Drehrichtung, teilweise (speziell) für zwei Drehrichtungen ausgelegt – was typenbezogen vorgegeben ist.

Bemerkung: Wenn ein Einphasen-Wechselstrommotor herstellerseits nur für eine Drehrichtung ausgelegt ist, läßt er sich **nicht** nachträglich (durch einen evtl. elektrischen „Schaltungskniff) in zwei Drehrichtungen betreiben. Daher müssen für aus- und einfahrende Antriebe immer Elektromotoren eingeplant und benutzt werden, die werkseits für zwei Drehrichtungen (Rechtslauf/Linkslauf) ausgelegt sind.

Abb. 3.5 zeigt das Schaltschema der gängigsten Einphasen-Kondensatormotoren, die für zwei Drehrichtungen ausgelegt sind. An dieser Stelle ist darauf hinzuweisen, daß der Kondensator des Motors als ein *bipolarer Elektrolyt-Kondensator* (bzw. als ein „nicht gepolter Kondensator" anderer Art) ausgeführt sein muß und daß seine Kapazität vom Motoren-Hersteller typenbezogen fest vorgegeben ist. Diese Kapazität darf jedoch bis etwa auf das Dreifache überschritten werden, wenn der Motor jeweils nur einige Sekunden lang betrieben wird (um z. B. innerhalb von 7 Sekunden einen Monitor herauszufahren). Durch die Erhöhung der Kapazität erhöht sich die Zugkraft, aber der Motor erwärmt sich dabei stärker und würde einen Dauerbetrieb nicht verkraften.

Bei dem Drehrichtungs-Umschalter in *Abb. 3.5* ist es konstruktionsbedingt nicht möglich, daß versehentlich beide Motor-Drehrichtungen eingeschaltet werden. Bei einer Fernbedienung wird dieses Risiko durch ein zusätzliches Relais und seine zwei Kontakte *K1/K2 (Abb. 3.6)* unterfangen. Sobald der oben eingezeichnete Funkschalter „**L**" die Netzspannung an das Relais durchschaltet, erstellt sein Kontakt **K1** eine leitende Verbindung zum Motor (über den Endschalter **ES2**) und der Motor läuft „linksdrehend" an. Gleichzeitig unterbricht der Relaiskontakt **K2** die Verbindung zwischen dem unteren Funkschalter „**R**" und dem Motor. Nur wenn das Relais vom elektrischen Netz abgeschaltet ist, steht dem Funkschalter „**R**" – über den Relaiskontakt **K2** – eine Verbindung zum Motor zur Verfügung (vorausgesetzt, der Endschalter **ES1** ist eingeschaltet) und dieser läuft „rechtsdrehend" an. Falls beide Funkschalter versehentlich gleichzeitig aktiviert werden, erhält der Motor seine Stromversorgung nur vom oberen Funkschalter „**L**". Zu diesem Zweck eignet sich praktisch jedes elektromagnetische Relais mit zwei Umschaltkontakten (2 x UM), dessen Magnetspule für 230 V~ ausgelegt ist und dessen Kontakte der vorgesehenen Schaltleistung gerecht sind (mehr über Relais finden Sie im Kap. 16).

Beim Nachbau dieser Schaltung ist darauf zu achten, daß die Phase und der Nulleiter auch richtig angeschlossen werden. Es spielt dabei keine Rolle, ob für diesen Zweck ein Funkschalter in der Form eines Zwischensteckers, eines Wandschalters oder eines Deckenempfängers verwendet wird (oft kann man sich hier nur nach dem Preis bzw. nach der Einbaufreundlichkeit richten).

Die Relaiskontakte beider Funkschalter sollten jeweils die Phase unterbrechen (einpolig schalten). Wir haben hier einfachheitshalber nur *einen* Nulleiter (von dem oberen Empfänger) und ebenfalls nur *einen* Schutzkontakt-Anschluß (von dem unteren Empfänger) verwendet.

Die eingezeichneten Endschalter **E1** und **E2** schalten jeweils den Motor ab, wenn der Antriebsmechanismus die vorgegebenen Endpositionen erreicht (bei z. B. Aus- oder Einfahren eines Hebesystems). Zu diesem Zweck werden in der Regel *Mikroschalter* verwendet, weil sie sich präzise einstellen lassen.

Dreiphasen- (Drehstrom-) Motoren fallen zwar etwas aus dem Rahmen der gängigen elektronischen Bauelemente, bilden jedoch zunehmend einen festen Bestandteil diverser moderner Anlagen oder Handhabungsgeräte, die elektronisch gesteuert oder geschaltet werden. Ihr Einsatz ist dadurch erleichtert, daß gegenwärtig jedes (modernere) Haus einen Drehstromanschluß hat (an dem u. a. elektrische Küchenherde angeschlossen werden).

Von Einphasen- oder Gleichstrommotoren unterscheiden sich Drehstrommotoren dadurch, daß sie alle drei Phasen des elektrischen Netzes benötigen. Das angewendete Schaltrelais muß daher über drei Schaltkontakte verfügen, die sowohl der vorgesehenen Schaltspannung (400 V~), als auch der Schaltleistung gerecht sind. An der eigentlichen Magnetspule des Relais ändert sich nicht viel: Sie ist in der Regel nur für eine entsprechend höhere Zugkraft (und Abnahmeleistung) ausgelegt, was zwar bei einer philigraneren elektronischen Steuerung zu berücksichtigen ist, aber bei einer Steuerung über einen gängigen Funkschalter keine besondere Aufmerksamkeit beansprucht.

Im Gegensatz zu einem „Einphasen-Motor" läßt sich die Drehrichtung eines jeden Drehstrommotors durch Umwechseln von (beliebigen) *zwei der drei* Zuleitungsphasen ändern.

Abb. 3.7 zeigt ein praktisches Schaltbeispiel einer funkgesteuerten Fernbedienung eines Drehstrommotors, der nur in einer Drehrichtung betrieben wird (z. B. als Brunnenpumpen-Motor). In diesem Schaltbeispiel haben wir

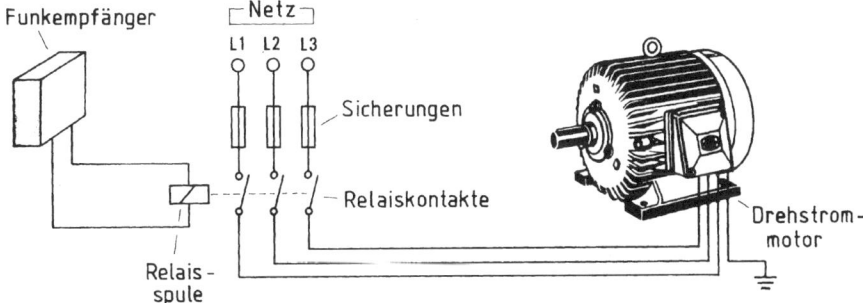

Abb. 3.7: Für das Fernschalten eines Drehstrommotors per Funk ist zu dem Funk-empfänger (mit integriertem Schalter) ein zusätzliches Relais mit 3 Schaltkontakten nötig, aber ansonsten ändert sich an der üblichen Schaltungsanordnung nicht viel

den Funkempfänger zur Abwechslung nicht in der Form eines „Zwischen-steckers", eingezeichnet sondern nur symbolisch dargestellt. In der Praxis kann ja für derartige Zwecke jeder Funkempfänger verwendet werden, der für die erforderliche Schaltleistung ausgelegt ist.

Etwas aufwendiger wird die Schaltung, wenn ein Drehstrommotor *nach Abb. 3.8* in zwei Drehrichtungen per Funk fernbetrieben wird. Jedes der eingezeichneten Relais (**R1, R2**) hat jeweils einen Hilfskontakt der als „Öffner" fungiert und drei „robustere" Schaltkontakte, die als „Schließer" für die drei Zuleitungsphasen des Motors zuständig sind. Für das Schalten von kleineren Drehstrommotoren eignen sich jedoch auch kleinere Relais, die über 4 gleiche Kontakte (z. B. als „4 x UM") verfügen – insofern die Schaltleistung für das Vorhaben ausreicht.

3.3 Drahtloses Schalten von Gleichstrom-Motoren

Gleichstrommotoren haben den Vorteil, daß sich ihre Drehrichtung einfach durch Umpolen des Anschlusses ändern läßt. Für den Selbstbau von ver-schiedenen elektrisch angetriebenen Vorrichtungen stehen den Tüftlern vor allem viele „Grundbausteine" aus dem Bereich der KFZ-Technik zur Verfü-gung: elektrische Auto-Fensterheber, Verriegelungen, Schiebedachmotoren usw.

Zudem lassen sich auch Gleichstrommotoren aus kleinen preiswerten (bzw. ausgedienten) Akku-Handwerkzeugen für viele Eigenbau-Antriebe ver-wenden (siehe auch Kap. 17).

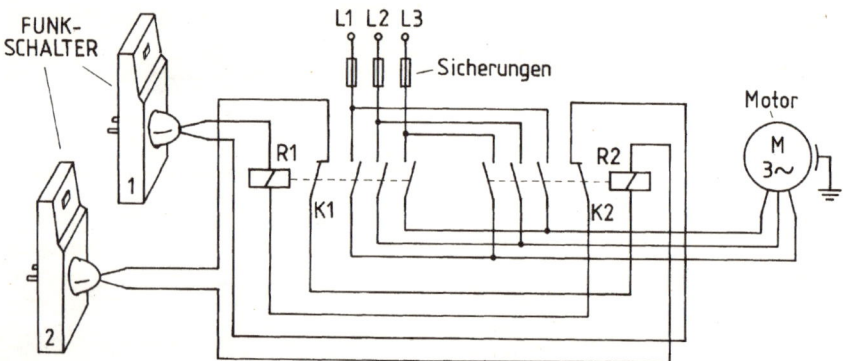

Abb. 3.8: Wenn ein Drehstrommotor in beiden Drehrichtungen betrieben werden soll, sind auch hier zwei Funkschalter notwendig; auf eine ähnliche Art, wie in Abb. 3.6 blockieren hier die Relaiskontakte **K1** und **K2** ein gleichzeitiges Einschalten beider Relais

Wenn der Gleichstrommotor nur in einer Drehrichtung arbeitet und seine Stromversorgung aus dem elektrischen Netz beziehen soll, kann ein *„netzspannungsschaltender"* Funk- oder IR-Empfänger direkt den Versorgungs-Netztransformator mit Gleichrichter *nach Abb. 3.9* schalten. Es spielt dabei keine Rolle, ob zu diesem Zweck ein Zwischenstecker-Empfänger, ein Wandschalter-Empfänger oder ein Deckenempfänger verwendet wird – vorausgesetzt, die Schaltleistung genügt dem Vorhaben.

In dem abgebildeten Schaltbeispiel ist ein 9V / 3 A-Netzteil eingezeichnet, das sich z. B. für die Stromversorgung eines gängigen 9V-Akkuschrauber-Motors eignet. Das 2200 µF-Glättungs-Elko fungiert in diesem Fall gleichzeitig als ein „Sanftanlauf". An der Schaltung ändert sich nur die Sekundärspannung des Transformators, wenn ein Gleichstrommotor betrieben werden soll, der für eine andere Spannung als die eingezeichneten 9 V ausgelegt ist.

Wird eine höhere Betriebsspannung als ca. 12 Volt oder ein höherer Strom als 3 Ampere benötigt, muß sowohl der eingezeichnete Brückengleichrichter, als auch das Elko entsprechend höher dimensioniert werden. Darunter ist folgeces zu verstehen: Aus der Bezeichnung des Brückengleichrichters in *Abb.3.9* geht hervor, daß er für eine Dauerspannung von 40 V und einen Strom von maximal 5000 mA (=5A) bei „kühlender" Chassismontage oder max. 3300 mA (=3,3A) bei freistehender Montage verkraftet. Ein etwas strapazierfähigerer Gleichrichter der Type *„B 40 C 7000/4000"* kann bei Chassismontage mit 7 A, freistehend mit max. 4 A belastet werden. Der Glättungs-Kondensator sollte jeweils für eine Betriebsspannung dimensioniert sein, die mindestens 1,4 mal höher ist, als die Sekundärspannung des Trafos.

Bemerkung: Die meisten Gleichstrommotoren (worunter auch die der Handwerkzeuge, Pumpen und der Kfz-Antriebe) dürfen üblicherweise in einem ziemlich breiten Spanungsbereich betrieben werden. So mancher 9 V-Gleichstrommotor ist z. B. herstellerseits für eine Versorgungsspanung von 4 bis 16 Volt ausgelegt. Er kann jedoch genausogut für eine Betriebsspannung von 3 bis 10 V ausgelegt sein.

Ab welcher Versorgungsspannung ein Gleichstrommotor zu arbeiten bereit ist, läßt sich probeweise ermitteln. Eine „schädliche Unterspannung" gibt es hier nicht. Mit der Obergrenze ist es dagegen etwas kritischer. Soweit diese nicht bekannt ist, sollte die Spannungsversorgung die ursprüngliche anwendungsbezogene Nennspannung nicht um mehr als ca. 10 bis 15 % überschreiten, wenn es sich um einen Dauerbetrieb handelt.

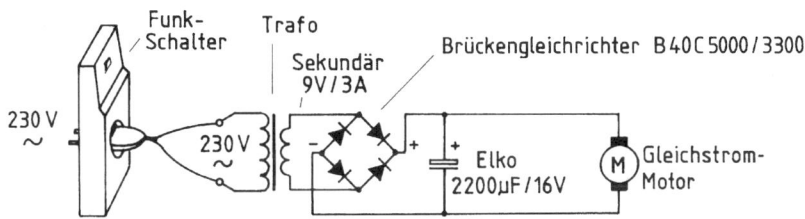

Abb. 3.9: Wenn ein kleinerer Gleichstrommotor über einen Funkschalter geschaltet wird, der so ausgelegt ist, daß er die Netzspannung „an den Verbraucher" durchschaltet, kann die Stromversorgung des Motors über ein entsprechend dimensioniertes Netzteil direkt über den Funkschalter bezogen werden

Ist es erwünscht, daß so ein Gleichstrommotor in beiden Drehrichtungen arbeitet (um z. B. etwas aus- und einzufahren), sind zwei Funkempfänger/ Funkschalter notwendig. Auf welche Weise hier die Schaltung am Ausgang des Funkschalters ausgelegt wird, dürfte sich dem Arbeits- und Kostenaufwand unterordnen. Wenn es sich nur um den Antrieb eines kleinen Gleichstrommotors handelt, eignet sich am besten die Lösung *nach Abb. 3.10.* Die eigentliche Gleichstromversorgung des Elektromotors ist identisch mit der aus *Abb. 3.9.* Hier ist jedoch bei dem Trafo keine Sekundärspannung angegeben, denn diese wird in der Praxis ohnehin den Motor bzw. der vorgesehenen Versorgungsspannung angepaßt.

In der *Abb. 3.10* wurde von den drei „zur Verfügung stehenden" Leitern am Ausgang des Funk-Schalters **L** nur die *Phase* verwendet. Die anderen

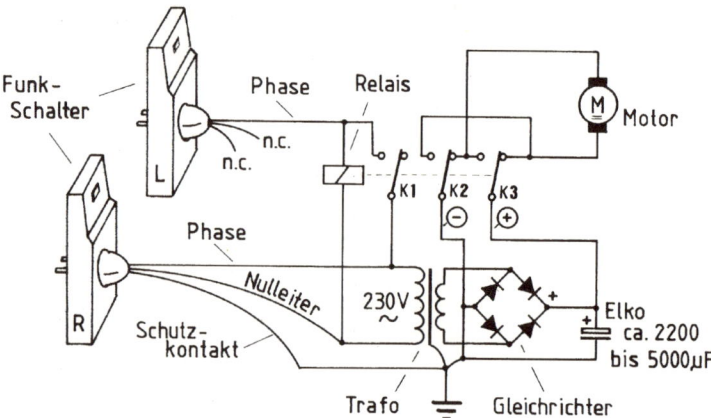

Abb. 3.10: Schaltung eines Gleichstrommotors, der über zwei Funkschalter in zwei Drehrichtungen betrieben wird: Relaiskontakt **K1** fungiert als Stromzuleitung vom oberen Funkschalter **L** zum Trafo, Relaiskontakte **K2** und **K3** schalten die Polarität der Versorgungsspannung des Motors um und bestimmen somit die Drehrichtung

zwei Leiter sind als „*n. c.*"(= *not connected / nicht angeschlossen*) bezeichnet – womit nur verdeutlicht werden soll, daß die restlichen Anschlüsse von dem unteren Funkschalter **R** bezogen werden. Auch hier ist darauf zu achten, daß bei jedem der Funkschalter über den Relaiskontakt die *Phase* (nicht der Nulleiter) geschaltet wird.

Aus dem Schaltplan ist folgendes gut ersichtlich: Wird der untere Funkschalter **R** aktiviert, schließt er den Trafo an das elektrische Netz an und der Motor erhält über die Relaiskontakte **K2** und **K3** die Versorgungs-Gleichspannung in der eingezeichneten Polaritäts-Reihenfolge und legt los (in der einen Drehrichtung).

Wird nun der obere Funk-Schalter **L** aktiviert, zieht „sein" Relais alle Kontakte an; über den **K1** wird der Trafo an die Phase – und somit an das elektrische Netz – angeschlossen. Der Motor erhält seine Stromversorgung zwar wieder über die Relaiskontakte **K2** und **K3**. Da sie nun jedoch gegen das Relais angezogen sind, schalten sie die ursprüngliche Polarität der Versorgungs-Gleichspannung um und verändern somit die Drehrichtung des Motors.

Diese Schaltung räumt immer dem Funkschalter **L** die „Drehrichtungs-Priorität" ein. Dabei wird zwar nicht verhindert, daß beide Funkschalter gleichzeitig aktiviert werden können und daß in solchem (Ausnahme)Fall der Trafo seine Stromversorgung gleichzeitig von beiden Funkschaltern bezieht, aber dies hat keine funktionellen Nachteile: Nur die jeweilige Position der Relaiskontakte **K2** und **K3** ist für die Drehrichtung bestimmend und somit können *nicht* beide Drehrichtungen gleichzeitig eingeschaltet werden.

Im Kap. 17 kommen wir noch auf dieses Thema in Zusammenhang mit dem Eigenbau von Motorantrieben zurück.

3.4 Nachrüstung manueller Motorschalter durch Fernsteuerungen

Viele der elektrischen Geräte und Vorrichtungen in unserem Haushalt sind mit einem Motorantrieb versehen, der einfach über einen Schalter manuell geschaltet wird. In sehr vielen Fällen ist diese Lösung nicht verbesserungsbedürftig, es gibt aber auch Situationen, in denen ein drahtloser Fernschalter begrüßenswert wäre.

An erster Stelle dürften hier als Beispiele diverse ältere Vorrichtungen genannt werden, die inzwischen in neuer Version mit Fernbedienungen angeboten werden: Elektrisch ausfahrbare Markisen, Rollos, Übergardinen, Jalousien, Projektions-Leinwände oder höhenverstellbare (bzw. ausfahrbare) Fernseher, PC-Monitore usw. An zweiter Stelle kommen „bewegliche Güter" für eine Fernbedienung in Frage, deren Ein- oder Ausschalten nur rein situationsbedingt (oder rein emotionell) einen „tieferen Sinn" ergibt.

So kann es z. B. situationsbedingt vorteilhaft sein, wenn man vom Wohnzimmer-Esstisch aus die Weiher-Springbrunnenpumpe (oder einen Mini-Wasserfall) im Garten fernbedient schalten kann. Vorausgesetzt, man kann sie von diesem Tisch aus auch beobachten und dieses „Hintergrund-Ambiente" genießen.

Ein anderes Beispiel: Das Wetter scheint auch in unserem Lande immer mehr verrückt zu spielen und ein fernbedienter Ventilator (bzw. Deckenventilator) kann an heißen Tagen zum Wohlbefinden spürbar beitragen.

Bei diesen zwei Beispielen handelt es sich zwar um die Fernbedienung von Elektromotoren, aber man kann sie einfach nur als „elektrische Verbraucher" betrachten und über einen beliebigen Funk- oder IR-Schalter anschließen. Auch hier spielt es vom technischen Standpunkt keine Rolle, ob zu solchem Zweck ein Fernschalter in der Form eines Zwischensteckers, eines Wandschalters oder eines Deckenempfängers verwendet wird. Für einen Deckenventilator wird sich verständlicherweise am besten ein „Dek-kenempfänger" eignen, aber in vielen anderen Fällen kommt es nur darauf an, wo man so einen Fernschalter unterbringen will bzw. kann.

Ähnlich ist es mit der Wahl von passenden Fernschaltern für die Nachrüstung von Elektromotoren, die in zwei Drehrichtungen betrieben werden sollen. In den meisten Fällen wird es sich hier um Elektromotoren handeln, bei denen bisher ein einfacher manueller Schalter ein versehentliches gleichzeitiges Einschalten von beiden Drehrichtungen verhindert hat. Dies muß bei der Umrüstung auf eine Fernbedienung *unbedingt* durch ein zusätzliches elektrisches Blockieren *(nach Abb. 3.6, 3.8 oder 3.10)* ebenfalls verhindert werden.

In einigen Fällen kann bei so einer elektrisch fernbetriebenen Vorrichtung die Gefahr bestehen, daß ein versehentlich liegengebliebener Gegenstand als Hindernis „auf der Fahrbahn" beschädigt bzw. zerquetscht wird. Derartige Gefahr kann am einfachsten durch eine zusätzliche (preiswerte) Lichtschranke nach *Abb. 3.11* gebannt werden. Die eigentliche Schaltung dieser Motorsteuerung kennen wir bereits aus *Abb. 3.6.* Hier wurde nur zusätzlich zwischen den Endschalter **ES2** und den Motor der Relaiskontakt **K3** eines (unten eingezeichneten) Lichtschranken-Empfängers angebracht.

Die Funktion der Lichtschranke und ihres Empfängers ist einfach: Ein Laserpointer fungiert hier als der „Sender" eines Laserstrahles, der den Optosensor des Lichtschranken-Empfängers beleuchtet. Der Lichtschranken-Empfänger ist in diesem Fall so ausgelegt, daß sein Relais anzieht – und somit den Motor über den Kontakt **K3** abschaltet (stoppt) – wenn der Lichtschranken-Laserstrahl durch ein Hindernis unterbrochen wird.

Wie aus der Schaltung hervorgeht, wirkt sich dieser Lichtsschranken-Schutz auf den Motorantrieb nur in einer Drehrichtung (in der „kritischen" Drehrichtung) aus – was in den meisten Fällen genügt. Andernfalls kann auf dieselbe Weise noch eine zweite Lichtschranke in die andere Drehrichtung des Motorantriebes (zwischen den Endschalter **ES1** und den Motor) integriert werden – was in der Regel u. a. bei Garageneinfahrts-Schwenktoren praktiziert wird.

Was die Wahl des Lichtschranken-Empfängers betrifft, muß sich für das Vorhaben vor allem die Schaltleistung seines Relais-Kontaktes eignen und zudem ist wichtig, daß sein Relaiskontakt auf „EIN" steht, wenn der Laserstrahl *nicht* unterbrochen wurde. Auf diese Bedingung ist jedoch nur dann zu achten, wenn das Relais des Lichtschranken-Empfängers nur über einen

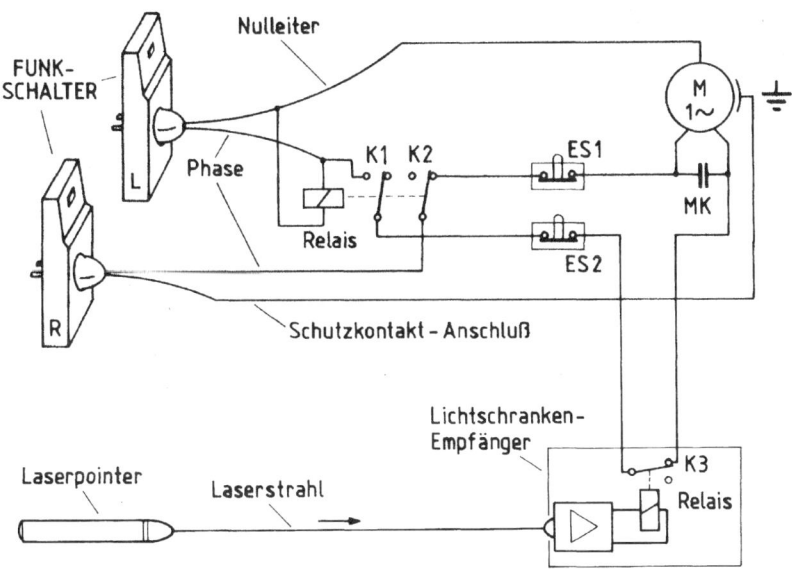

Abb. 3.11: Eine Lichtschranke als Schutzvorrichtung gegen versehentliches Beschädigen eines Hindernisses oder Gegenstandes, der einem motorbetriebenen System im Wege steht (siehe weiter im Text)

einzigen Kontakt („1 x EIN") verfügt. Viele der Lichtschranken-Empfänger (bzw. deren Bausätze) verfügen jedoch über einen Umschaltkontakt („1 x UM") und hier hängt dann die erwünschte Funktion nur davon ab, an welche Kontakte die Zuleitung angeschlossen wird.

Derartige Sätze lösen leicht unnötige Verwirrungen aus und daher behelfen wir uns einfachheitshalber mit einem konkreten Beispiel: Im Kap. 2.1 haben wir kurz den Lichtschranken-Empfänger-Bausatz aus *Abb. 2.6* beschrieben und dabei erwähnt, daß sein Relais bei *nicht unterbrochenem* Laserstrahl angezogen ist und erst bei einer Unterbrechung des Strahles abfällt. Dieses Relais verfügt zwar auch über einen Umschaltkontakt (wie das Relais in unserer *Abb. 3.11*), aber der Lichtschranken-Empfänger funktioniert dort genau umgekehrt. Er würde in der hier aufgeführten Schaltung verursachen, daß der Motor in der „geschützten Drehrichtung" nur dann laufen kann, wenn der Laserstrahl unterbrochen wird – was hier ja nicht der Sinn der Sache wäre.

Die Abhilfe ist jedoch sehr einfach: Die Zuleitung zum Motor wird nicht an den oberen **K3**-Kontakt, sondern an den darunterliegenden (freien) Kontakt angeschlossen – und damit funktioniert auch der Empfänger vortrefflich.

Allerdings mit einem kleinen Nachteil: wenn das Relais während des „nicht unterbrochenen" Laserstrahls ständig aktiviert (angezogen) bleibt, verbraucht es mehr Strom (und heizt evtl. ICs mehr auf), als wenn es nur bei einer „Fehlfunktion" den Kontakt **K3** magnetisch an sich heranzieht (wie in *Abb. 3.11*). Dieser Vorteil bezieht sich allerdings nur auf die hier angesprochene Anwendung und gilt nicht generell.

In der Praxis kommen die meisten motorbetriebenen Vorrichtungen ohne einen derartigen Lichtschrankenschutz aus. Die meisten benötigen entweder überhaupt keinen solchen zusätzlichen Schutz oder geben sich mit einem Mikroschalter zufrieden, der in Reihe mit dem Endschalter **ES2** *(Abb. 3.11)* angeschlossen wird. Wenn es dagegen die Funktionsweise einer komplizierteren Vorrichtung befürwortet, können beliebig viele Sicherheitsschalter in Reihe mit den Endschaltern **ES1** und **ES2** angeschlossen werden.

Nicht alles, was wir gerne fernbedient herausfahren oder anderweitig mit Hilfe von einem Elektromotor bewegen möchten, ist bereits mit einem Motor versehen, aber kann oft leicht im Eigenbau erstellt oder aus verschiedenen vorgefertigten handelsüblichen Bausteinen zusammengesetzt werden (mehr darüber finden Sie im Kap. 18).

3.5 Drahtloses Schalten von Rollos, Markisen und Gardinen

Rollos, Markisen, Jalousien und Gardinen mit Motorantrieb erfreuen sich zunehmender Beliebtheit. Einige von ihnen sind bereits mit Fernsteuerungen erhältlich, andere sind zwar nur für manuell geschaltete Elektroantriebe ausgelegt, können jedoch ziemlich problemlos mit einer zusätzlichen Fernsteuerung nachgerüstet werden.

Es gibt erstaunlicherweise eine Unmenge an sehr nützlichen Fertigprodukten mit Motorantrieb, die nur wenig bekannt sind. Zudem gibt es auch sehr viele Antriebssysteme, die als Fertigbausteine auch später problemlos einzubauen sind und erfreuliche Dienste leisten können.

Motorbetriebene Rolläden, Jalousien und Markisen sind bei Neuanschaffungen auf Wunsch bereits herstellerseits mit einer Fernsteuerung erhältlich. Ältere Systemen lassen sich in den meisten Fällen nachrüsten – sowohl mit zusätzlichen Motoren, als auch mit evtl. Fernbedienung oder programmierbarer Automatik.

Für **Rolläden** kommen zwei Arten von Motorantrieben in Frage:

a) *Rohrmotoren*, die in die bestehende Rolladen-Antriebswelle eingebaut werden

b) *kleine Getriebemotoren,* die speziell für *gurtbetriebene Rolladen* anstelle der mechanischen Gurtrolle in die Mauer eingebaut werden *(Abb. 3.12)*

Zu beiden dieser Antriebssystemen ist auch das benötigte Zubehör erhältlich.

Die meisten Rohrmotoren verfügen über eine integrierte Sicherheitsabschaltung, die bei auftretenden „Fahrbahn-Hindernissen" den Motor automatisch stoppt. Die Endpositionen der Rolladen sind einstellbar bzw. unkompliziert auch im nachhinein verstellbar. Als Zubehör ist wahlweise nur ein mechanischer Unterputz-Motorschalter [Auf – Stop – Ab] oder ein elektronisches Steuerset erhältlich – das allerdings nicht immer für eine Fernbedienung ausgelegt ist. Dies dürfte jedoch für einen, der sich mit dem Inhalt dieses Buches etwas näher befaßt, kein Problem darstellen, denn so ein Rohrmotor läßt sich fernbedient z. B. mit Hilfe einer einfachen Eigenbau-Lösung nach *Abb. 3.6* schalten.

Die Getriebemotoren nach *Abb. 3.12* sind wahlweise sowohl mit, als auch ohne IR-Fernsteuerung erhältlich. Der kleine Getriebemotor und seine elektronische Steuereinheit werden einfach in die Mauer anstelle der mechanischen Gurtrolle eingebaut.

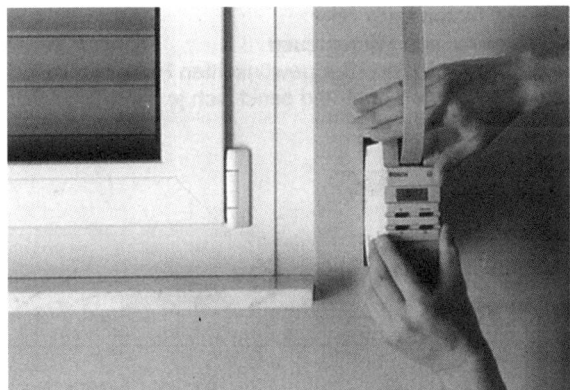

Abb. 3.12: Kleine Getriebemotoren, die speziell für *gurtbetriebene Rolladen* ausgelegt sind, lassen sich problemlos anstelle der mechanischen Gurtrolle in die Mauer einsetzen. Der vorhandene Rolladengurt wird weiter verwendet (Foto Bosch)

In der einfachsten (und preiswertesten) Version sind die Antriebs-Einheiten zwar nicht fürs Fernbedienen ausgelegt, aber arbeiten nach einem vorgegebenen Schaltprogramm vollautomatisch – und somit quasi auch „drahtlos". Sie lassen sich oft mit einer intelligenten integrierten Elektronik vielseitig programmieren. Manche der spezielleren Systeme verfügen über eine interne Schaltuhr, die für ein Wochenprogramm mit mehreren Schaltzeiten und einem Zufallsgenerator ausgelegt ist. Der Zufallsgenerator bewirkt, daß das Schließen und Öffnen der Rolläden (bei längerer Abwesenheit der Bewohner) mit einer variierenden Zeitverschiebung zwischen 0 und 30 Min. stattfindet – um evtl. „lauernden Dieben" nicht als „Automatik" aufzufallen.

Die Antriebseinheit beinhaltet oft eine Batterie, die bei Stromausfall über eine ca. 8 Std. Gangreserve verfügt und zudem intern mit einer Sicherheitsabschaltung bei Hindernislauf ausgestattet ist.

Eine teurere Version dieses Models verfügt über die bereits aufgeführten Vorteile, beinhaltet eine integrierte LCD-Uhr mit der Uhrzeitanzeige fürs Wochenprogramm und ist zusätzlich für eine Infrarot-Fernsteuerung konzipiert.

Als Zubehör ist zu einigen dieser Antriebssysteme optional ein *Sonnen- und Dämmerungsmodul* erhältlich, dessen Sensor die Sonneneinstrahlung am Fenster mißt und die Rolladen in jede vorgegebene Position steuert. Dieses Modul wird in zwei Versionen angeboten: mit oder ohne einen integrierten IR-Empfänger. Beim Kauf dieses Moduls ist darauf zu achten, für welche Art der „Lichtverhältnisse" es ausgelegt ist. Reine *Dämmerungsmodule* reagieren *nur* auf die abendliche Dämmerung und schließen automatisch die Rolladen nur nachtsüber. Geräte, die als *„Sonnen / Dämmerungs-Module"* ausgelegt sind, schließen zusätzlich die Rolladen auch bei praller Sonne automatisch zu (was vor allem bei Abwesenheit von Vorteil ist).

Einige der gehobeneren Rolladen-Steuerungssysteme verfügen über eine Zentralsteuerungs-Einheit, die über das elektrische Hausnetz beliebig viele Rolladenantriebe steuern kann. Somit entfällt eine individuelle Bedienung (jeder Rolladen einzeln) bzw. eine zusätzliche Verkabelung aller Rolladen mit einer zentralen Steuereinheit.

Der eigentliche Elektromotor des Rolladenantriebs wird dennoch in den meisten Fällen eine neu angelegte Netzspannungs-Zuleitung benötigen – es sei denn, es steht bereits an der richtigen Stelle eine Steckdose zur Verfügung (wer hat aber schon so viel Glück?).

Die VDE-Vorschriften lassen zwar ein auf der Wand angebrachtes Kabel auch zu, aber auf so eine „Innendekoration" werden die meisten von uns verzichten wollen. So bleibt nur noch das Hacken oder Bohren (bzw. Hacken *und* Bohren) in der Wand übrig. Aus diesem Grund dürften solche Projekte bevorzugt in Zusammenhang mit anderen Renovierungen kombiniert (und rechtzeitig gut vorbereitet) werden.

Dasselbe gilt auch bei der „Modernisierung" eines Vorhang- bzw. Gardinen- und Übergardinen-Antriebs mit Elektromotor. Dem Heimwerker stehen hier sowohl leicht montierbare Fertigprodukte zur Verfügung, als auch diverse Eigenbau-Lösungen, bei denen verschiedene kleine Getriebemotoren aus dem Modellbau oder aus dem Kfz-Zubehör eingesetzt werden können. Auch hier bleibt das Problem der Zuleitung, aber dies läßt sich manchmal – zumindest „vorübergehend" (bis zum nächsten Tapezieren) – mit einem Provisorium umgehen.

Wesentlich einfacher kann es bei der „Modernisierung" eines ferngesteuerten Markisen-Motorantriebs sein, denn wer nicht eine Stromzuleitung anlegen will, der kann auf einen photovoltaischen (solarelektrischen) Antrieb nach *Abb. 3.13* ausweichen.

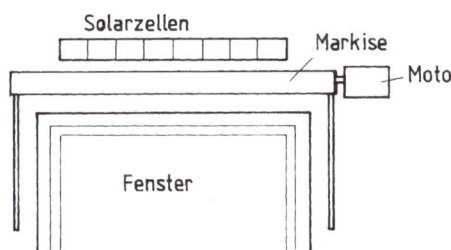

Abb. 3.13: Wenn das Fenster zum Süden ausgerichtet ist, können die Solarzellen oberhalb der Markise angebracht werden; sie sollten bevorzugt eine Neigung von ca. 30° bis 40° (von waagrechter Linie aus) erhalten. Je kleiner die Neigung, desto höher ist die Energieausbeute während der Sommermonate und desto kleiner ist sie wiederum während der kühleren Jahreszeit

Da eine Markise – bis auf relativ seltene Ausnahmen – ohnehin nur an sonnigen Tagen herausgefahren wird, ist eine Stromversorgung mit Solarzellen sehr rationell: Gibt es Sonne, gibt es auch Solarstrom; gibt es keine Sonne, braucht man die Markisen nicht herauszufahren. Diese etwas zu lakonische Anwendungs-Interpretation bezieht sich allerdings nur auf die eigentliche Philosophie der „Projektberechtigung", aber nicht ausgesprochen auf den konkreten Motorbetrieb: Die Markisen werden zwar überwiegend *nur* an sonnigen Tagen herausgefahren, aber möglicherweise erst dann wieder hereingefahren, wenn sich die Sonne (tageszeit- oder wetterabhängig) schon verabschiedet hat.

Dieser Aspekt ändert jedoch an der zuverlässigen Funktion eines solchen Antriebes gar nichts, denn der Elektromotor wird hier nicht direkt von den Solarzellen aus, sondern über einen kleinen Akku mit elektrischem Strom versorgt.

Das Solarzellen-Modul fungiert hier nur als „Ladegerät" und der ganze Antrieb ist beispielsweise mit einem Akkuschrauber vergleichbar, dessen Akku nur „ab und zu" nachgeladen werden muß. Dieser Vergleich ist sehr zutreffend, denn gerade ein normaler preiswerter Akkuschrauber kann direkt als „Getriebemotor" für so eine Markise verwendet werden. Hier stimmt sowohl die Leistung, als auch die Drehzahl. Wer nicht ausgesprochen zwei linke Hände hat, dem wird es auch nicht schwerfallen so einen Akkuschrauber mit der Welle des mechanischen Antriebssystems der Markise zu verbinden und den Akkuschrauber wettergeschützt abzudecken. Dabei kann in diesem „fremdgenutzten" Werkzeug sogar sein Original-Akku bleiben und als Energiespeicher einer solchen „Mini-Solaranlage" weiter seine Dienste leisten.

Bleibt noch die Frage des optimalen Nachladens aus den Solarzellen. Das ist jedoch gerade in diesem Fall sehr einfach, denn der tägliche Nachladebedarf der Akkuschrauber-Batterie läßt sich problemlos bereits mit einem winzigen Solarzellen-Modul bewältigen, das einen Ladestrom von ca. 20 mA aufbringt und eine Ladespannung liefern kann, die ca. *18 % bis 20 %* höher ist, als die Nennspannung des Werkzeug-Akkus.

Für diese Anwendung kommen Akkuschrauber in Frage, die für Nennspannungen von 4,8 V, 6 V, 9,6 V und 12 V ausgelegt sind. Als Solarmodule eignen sich zu diesem Zweck u. a. die „gekapselten Solar-Minipaneele" von Conrad-Electronic. Sie liefern pro Modul eine „3 V-Ladespannung", einen „80 mA-Ladestrom" und lassen sich – ähnlich wie Batterien – einfach in Reihe schalten. Somit kann man sich einen Solargenerator zusammenstellen, der nach *Abb. 3.14* jeweils an den vorhandenen Akkuschrauber-Motor angepaßt ist.

Wer bereits über die Problematik der Solarelektrik Bescheid weiß, dem ist bekannt, daß zwischen den *Solargenerator* und den Akku grundsätzlich immer eine Schutzdiode angebracht werden muß. Andernfalls würde sich die Batterie nachts (oder bei schlechteren Bestrahlungs-Verhältnissen) über die Solarzellen entladen. Als Schutzdiode wird hier eine Schottky-Diode verwendet (in unseren Schaltungen ist es die *BAT 43)*, denn an ihr entsteht ein wesentlich geringfügiger Spannungsverlust (von nur ca. 0,3V) als an einer

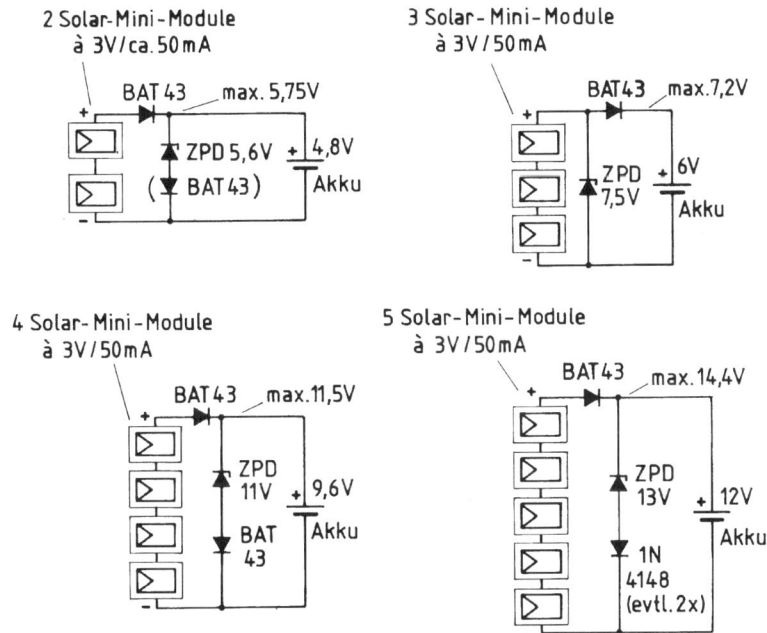

Abb. 3.14: Konzeptlösung eines mit Solarzellen betriebenen Markisen-Motorantriebs in 4 Varianten, die jeweils auf die Nennspannung des verwendeten Gleichstrommotors (Akkuschrauber-Motors) abgestimmt sind (siehe weiter im Text)

normalen Siliziumdiode (an der der Spannungsverlust doppelt bis dreifach so hoch ist).

Falls Sie an mehr Informationen über das Akku-Laden von Solarzellen interessiert sind, finden Sie diese im Kap. 10. Dort wird auch die Aufgabe eines Solar-Ladereglers beschrieben. Wenn jedoch – wie hier bei den Markisen-Antrieben – nur mit einem sehr bescheidenen Ladestrom gearbeitet wird, kann oft nur mit einer preiswerten Zenerdiode die maximale Ladespannung voreingestellt werden.

Beim Voreinstellen der Ladespannung darf jedoch nicht außer acht gelassen werden, daß die tatsächliche Zenerspannung der Zenerdioden von der angegebenen Spannung mehr abweichen kann, als für unsere Anwendung akzeptabel wäre. Ein Nachmessen mit einem Voltmeter ist daher bei dieser Ladespannungsregelung sehr empfehlenswert.

Der Grund: In den meisten Akkuwerkzeugen sind NiCd-Akkus eingebaut, die sich bei Überschreiten der Ladespannung um mehr als ca. 20 % , zu sehr aufwärmen können. Der Begriff „können" wurde deshalb benutzt, weil wir hier mit einem sehr geringen Ladestrom arbeiten, der den Akku nur sehr schonend nachlädt und auch bei einer größeren Überschreitung der max. Ladespannung nur sehr geringfügig aufwärmt.

Dimensionierung des Solarzellen-Moduls: Die *Modulen-Nennspannung* muß hoch genug sein, um eine Ladespannung liefern zu können, die 20 % höher ist, als die offizielle Akku-Nennspannung. Eine zusätzliche Spannungsreserve ist dabei willkommen. Da sich Solarzellen-Module ähnlich seriell oder parallel schalten lassen, wie z. B. Batterien, kann man anstelle eines einzigen Moduls auch mehrere „kleinere" Module verwenden, um somit die gewünschte Ausgangsspannung zu erhalten.

Normalerweise ist bei der Wahl der optimalen ***Modulen-Nennspannung*** damit zu rechnen, daß sich diese Herstellerangabe auf eine *Modulen-Ausgangsspannung* bezieht, die in unserem Breitengrad nur bei sehr kräftigem Sonnenschein vorkommt – und nur dann, wenn das Solarmodul optimal zur Sonne ausgerichtet ist, bzw. wenn es sich evtl. automatisch der Sonne nachführt.

Bei fest montierten Modulen, die vor allem während der Sommerzeit verwendet werden, begnügt man sich damit, daß sie möglichst optimal zum Süden und mit einer Neigung von ca. 30° bis 40° ausgerichtet werden.

Bei einer Serienschaltung von mehreren Modulen ist für den Ausgangs-Nennstrom das „schwächste Glied in der Kette" bestimmend. Wir haben in *Abb. 3.14* den Modulen-Nennstrom als *„ca. 50 mA"* angegeben. Für das eigentliche Nachladen von kleinen Werkzeug-Akkus, deren Kapazität nur zwischen ca. 1 Ah und 2,2 Ah liegt, würde ein Ladestrom von ca. 25 mA genügen (man fährt ja so eine Markise üblicherweise nur einmal pro Tag aus und wieder ein und der Energieverbrauch des Motors ist somit sehr gering). Wer jedoch an diese kleinen Akkus neben dem eigentlichen Elektromotor auch noch einen kleinen Funkempfänger mit Relais anschließt, der muß mit einem entsprechend erhöhten Dauer-Energieverbrauch rechnen (hier ist darauf zu achten, daß der Funk-Empfänger einen möglichst niedrigen Standby-Stromverbrauch hat).

Anderseits gibt es im Handel kaum Solar-Kleinmodule, die für einen Nennstrom von *nur* 50 mA ausgelegt sind (wir selber mußten für unsere Experimentier-Anlage die erwähnten 80 mA-Module verwenden, da es keine kleineren gegeben hat).

Weiterhin sollte man bei der Modulen-Wahl anstreben, daß die Modulen-Nennspannung ca. 50 % höher liegt, als die Akku-Nennspannung. Auf diese Vorbedingung haben wir bei den meisten der in *Abb. 3.16* aufgeführten

Schaltungen (mit Ausnahme des 6 V-Akkus) bewußt verzichtet. Der Grund: die Kosteneinsparung. Die Verteidigung dieser Lösung: der Energieverbrauch ist hier derartig gering, daß ein ausreichendes Nachladen dennoch stattfindet.

Ansonsten spricht nichts dagegen, daß andere Solarzellen-Module mit höheren Nennspannungen verwendet bzw. mehrere 3 V-Einzelmodule pro Kette eingesetzt werden (was hier für die 4,8 V, 9,6 V und 12 V Akkus zutrifft). Sollte ein Solarzellen-Modul verwendet werden, dessen Nennspannung wesentlich höher ist, als die angesprochenen 150 % der Akku-Nennspannung oder liegt der Modulen Nennstrom überhalb von ca. 200 mA, sollten anstelle der ZPD-Zenerdioden (die nur für 0,5W ausgelegt sind) bevorzugt die 1-Watt-ZPY-Zenerdioden eingesetzt werden.

Was man so einer Zenerdiode zumuten darf, läßt sich leicht ausrechnen.

Beispiel: Als Solar-Generator für den 12 V-Akku in *Abb. 3.14* soll ein 17 V / 140 mA- Solarmodul verwendet werden. Wenn dieses Modul seine volle 17 V-Nennspannung als Ladestrom aufbringt, gehen davon theoretisch ca. 0,3 V an der Schottky-Diode *BAT 43* verloren. Bleiben 16,7 V übrig, wovon dem angeschlossenen Akku nur 14,4 V zugeführt werden dürfen. Die Differenz von 2,3 V muß die Zenerdiode *ZPD 13 V* „in Zusammenarbeit" mit der Siliziumdiode *1N4148* in Wärme umwandeln. Wir gehen bei dieser Berechnung vorsichtshalber davon aus, daß die Siliziumdiode nur einen Spannungsanteil von 0,65 V übernimmt. Für die Zenerdiode bleiben somit nur noch 1,65 V an Restspannung übrig, die in der Form von Wärme entsorgt werden muß. Allerdings nicht als *Spannung,* sondern als *Leistung.* Als die höchstmögliche Leistung kommt hier eine Leistung in Frage, die sich aus dem maximalen Solarstrom *(von 140 mA)* und der Restspannung *(von 1,65V)* errechnet:

$$1,65 \text{ V} \times 0,14 \text{ A} = 0,231 \text{ W}.$$

Fazit: In diesem Fall genügt es, wenn eine 0,5 W-Zenerdiode verwendet wird.

Bemerkung: Wie an anderer Stelle erwähnt wurde, weicht die tatsächliche Dioden-Zenerspannung von der typenbezogenen Angabe praktisch immer ab. Wir gehen bei dieser Kontroll-Berechnung von einer Zenerdiode aus, deren tatsächliche Zenerspannung bei max. 13,75 V liegen dürfte. Sollte dieses Maximum durch eine noch größere Herstellungs-Toleranz überschritten werden, müßte die Zenerdiode eine entsprechend höhere Spannung – und somit auch Leistung – in Wärme umwandeln.

Zu unseren Schaltungsbeispielen in *Abb. 3.14:*

Für einen *4,8 V-Akkuschrauber-Motor* sollte – wie in *Abb. 3.14* einge-zeichnet ist – die Ladespannung theoretisch die 5,75 Volt (120 % der Nenn-spannung) nicht überschreiten. Die *theoretische Nennspannung* der zwei Module beträgt 6 Volt. Davon gehen bereits an der Schottky-Diode *BAT 43* etwa 0,3 V verloren und somit bleiben in dem Fall sowieso nur 5,7 V an La-despannung übrig. Allerdings wird als *Modulen-Nennspannung* grundsätz-lich immer eine *Spannung bei max. Belastung* angegeben. Wenn so ein Mo-dul nicht voll belastet ist, steigt seine theoretische Nennspannung in Richtung seiner Leerlaufspannung, die bis zu etwa 20 % höher ist als die Nennspannung.

Um dem vorzubeugen, daß unser Akku während des Nachladens nicht mit zu hoher Ladespannung erwärmt wird, haben wir parallel zu dem Akku ei-ne Zenerdiode *ZPD 5,6 V* und mit ihr in Serie noch eine zweite Schottky-Diode *BAT 43* (in Klammern) eingezeichnet. In Klammern deshalb, weil sie in den meisten Fällen gar nicht eingelötet werden muß (nur dann, wenn die Zenerdiode die Toleranzstreuung, z. B. nur eine Spannung von 5,45 V – an-stelle der theoretisch benötigten 5,75 V – als Zenerspannung aufweist).

Wenn dagegen die „zur Verfügung stehende" *5,6 V-Zenerdiode* eine höhe-re Spannung als die angegebenen 5,6 V aufweist (was sehr oft vorkommt), kann man an ihrer Stelle eine Zenerdiode mit einer niedrigeren theoreti-schen Zenerspannung – z. B. den *Typ ZPD 5,1V* einlöten und mit einem Voltmeter nachmessen, welche tatsächliche Zenerspannung sie aufweist. Sind es z. B. ca. 5,4 V (anstelle der theoretischen 5,1 V), kann eine Sottky-Diode in Serie (wie in Klammern eingezeichnet) die Ladespannung auf ca. 5,7 V erhöhen – weil auf ihr ein Spannungsverlust von 0,3 V entsteht. Die-ser rechnet sich dann zu der Zenerspannung bei. Da Zenerdioden – im Ge-gensatz zu „normalen" Dioden in der „Sperrspannungsrichtung" betrieben werden, ergeben sich in der Reihenschaltung unterschiedliche Polungen dieser Halbleiter.

Nebenbei: nichts spricht dagegen, daß anstelle einer Schottky-Diode nicht mehrere Schottky- oder auch „normale" Siliziumdioden in Reihe geschaltet werden. Der „Spannungsverlust" (*Durchlaßspannung*) an einer normalen Siliziumdiode liegt zwischen ca. 0,65 und 0,9 V. Man kann als rein experi-mentell die passenden Dioden so aussuchen und zusammenstellen, daß sie jeweils in Serie mit einer Zenerdiode die gewünschte Spannungsbegren-zung erzielen. Mit anderen Worten: Anstelle der Zenerdiode *ZPD 5,6 V* könnte man z. B. auch ca. acht normale Siliziumdioden in Reihe schalten und man bekäme eine Spannungsbegrenzung die – abhängig von der Vorselektion der verwendeten Dioden – zwischen ca. 5,2 V ca. 7,2 V liegen würde.

Für einen *6 V-Akkuschrauber-Motor* sollte die Ladespannung ca. 7,2 V nicht überschreiten. Vorausgesetzt, daß die verwendete Zenerdiode *ZPD 7,5 V* auch tatsächlich die 7,5 V genau „abschneidet", senken wir diese Spannung um die erwünschten 0,3 V (auf die 7,2 V) dadurch, daß die Schottky-Schutzdiode *BAT 43* nicht vor, sondern nach der Zenerdiode (zwischen sie und den Akku) eingelötet wird. Sollte hier die „erstandene" Zenerdiode eine höhere Zenerspannung haben, als erwartet wurde, kann sie durch den Typ *ZPD 6,8 V* ersetzt werden und man geht dann ähnlich vor, wie in Zusammenhang mit dem 4,8 V-Akku beschrieben wurde.

Bei dem *9,6 V-Akkuschrauber-Motor* sollte die Ladespannung ca. 11,5 V nicht überschreiten. Die eingezeichnete Zenerdiode *ZPD 11 V* und die an sie in Serie angeschlossene Schottky-Diode *BAT 43* müßten zwar theoretisch eine Spannungsbegrenzung von nur ca. 11,3 V ergeben, aber in der Praxis wird möglicherweise sogar nur die Zenerdiode als solche bereits eine Zenerspannung von den gewünschten 11,5 V aufweisen – wenn nicht sogar etwas mehr. Notfalls kann man sich mit dem „Schaltungstrick" aus dem vorhergehenden Beispiel behelfen und die „oben eingezeichnete" Schottky-Diode „von links nach rechts" (also in Serie mit dem Akku) einlöten (um somit eine Zenerspannung von 11,8 V um die 0,3 V zu reduzieren).

Für einen *12 V-Akkuschrauber-Motor* sollte die Ladespannung höchstens ca. 14,4 V betragen. Man müßte über einen größeren Vorrat an *ZPD 13 V*-Zenerdioden verfügen, um eine zu finden, die auch tatsächlich *genau* diese Zenerspannung aufweist. Mit einer oder zwei kleinen Siliziumdioden (evtl. auch in Kombination mit einer Schottky-Diode) läßt sich jedoch die Spannungsbegrenzung experimentell einstellen.

Für die *Fernsteuerung per Funk* stehen dem Interessenten diverse FM-Bausätze zur Verfügung, die in der Grundausführung aus einem Handsender und einem Empfänger mit Schalter bestehen. Ein experimentierfreudiger Elektroniker kann jedoch zu diesem Zweck z. B. auch einen preiswerten Funk-Wandschalter-Empfänger entsprechend modifizieren (dieser ist zwar für die Netzspannung ausgelegt, aber nicht seine eigentliche Elektronik).

3.6 Weiherfontainen, Garten-Bachläufe und Mini-Wasserfälle

Wasser im Garten bedeutet Leben im Garten. Aber auch Wasser muß leben. Ein totes Wasser, das sich nicht bewegt, stirbt früher oder später ab. Dagegen gibt es aber eine einfache Abhilfe: Eine kleine Elektropumpe, die entweder als Umlaufpumpe oder als Springbrunnenpumpe für die Bewegung des Wassers und evtl. gleichzeitig auch für die Belüftung eines Gartenweihers sorgt.

Elektropumpen benötigen elektrischen Strom und dieser muß geschaltet werden. Eine Ausnahme bilden direkt betriebene Solarpumpen, die ohne einen Energie-Zwischenspeicher (Akku) arbeiten: Sie laufen einfach, wenn die Sonne scheint und hören auf, wenn es keine – oder zu wenig – Sonne gibt.

Ob, wann und wie alle die anderen, vom Netzstrom betriebenen Pumpen ein- und abgeschaltet oder sogar reguliert werden sollen, hängt von den individuellen Gegebenheiten ab. Ein privater Garten ist kein Park, in dem eine Fontaine den ganzen Tag laufen müßte. Zudem sind in privaten Gärten in letzter Zeit auch kleine Bachläufe oder Mini-Wasserfälle beliebt, bei denen die Kosten für das verdunstete Wasser oft mehr betragen, als die Kosten für den eigentlichen Verbrauch des elektrischen Stroms. Bei derartigen Anlagen ist es daher nicht empfehlenswert, daß die Pumpen Tag und Nacht auf „volle Kraft" laufen, anderseits soll das Wasser wiederum nicht nachtsüber – oder während der Abwesenheit der Hausbewohner – ganz versickern. Das läßt sich am einfachsten dadurch lösen, daß die Pumpenleistung reguliert wird.

Dies kann beispielsweise auf die Art geschehen, daß bei einem Garten-Bachlauf oder bei einem „Mini-Wasserfall" für einen „Dauerbetrieb" die Pumpenleistung auf eine derartig niedrige Stufe eingestellt wird, daß das Wasser gerade noch in einer kaum sichtbaren Bewegung bleibt. Erhöht wird die Pumpenleistung nur „bedarfsbezogen" (was individuellen Bedingungen oder Gewohnheiten überlassen werden darf).

Das Regulieren einer Pumpenleistung kann auch mittels einer Funk-Fernsteuerung stattfinden. Zu diesen Zwecken gibt es spezielle „Funk-Fernsteuerungen für Springbrunnen- und Umlaufpumpen". Es handelt sich dabei um Sets, die den Funkschalter-Sets in Zwischenstecker-Ausführung ähneln. Hier haben jedoch die „Zwischenstecker-Empfänger" ausgangsseits oft ein Verlängerungskabel als Pumpenzuleitung mit Schutzkontakt-Stekker. Der Empfänger ist für eine stufenlose Feinregulierung von Pumpen mit max. Leistungen von bis ca. 400 W und als „Outdoorbereich-Gerät" wettergeschützt ausgelegt.

Ein kleiner Fernbedienungs-Handsender verfügt in der Regel über einen EIN/AUS-Taster zum Schalten und über einen PLUS/MINUS-Taster zur Regulierung der Pumpenleistung.

Hinweis: Der Funkempfänger läßt sich am einfachsten am Weiherrand auf ein Stückchen Styropor legen und mit einem kleinen Kunststoff-Stein abdecken. Es ist nichts dagegen einzuwenden, wenn anstelle eines Steines aus Kunststoff ein echter Stein verwendet wird, in den man sich bei einem Steinmetz eine entsprechend große Vertiefung hineinfräsen läßt.

Eine alternative Lösung bietet ein Zweipumpen-System: Eine kleinere Pumpe läuft ständig und hält sozusagen nur den Wasserstand im Bachlauf oder in den Schalen eines Miniwasserfalls (in denen die Vögel baden) aufrecht. Eine zweite Pumpe wird fernbedient nur bedarfsbezogen eingeschaltet.

Als eine sympathische Alernative bietet sich hier eine völlig netzunabhängige Solarstrom-Versorgung für die kleinere von den zwei parallel arbeitenden Umlaufpumpen an. Für solche Vorhaben gibt es spezielle Solarpumpen mit einem hohen Wirkungsgrad (das benötigte Solarzellenmodul kann somit klein und preiswert sein). Wer eine Wasser Umlaufpumpe z. B. auf seinem Freizeitgrundstück betreiben möchte, wo ihm kein Stromanschluß zur Verfügung steht, der kann die Solarenergie evtl. auch mit Windenergie kombinieren, um eine bessere Kontinuität der Stromversorgung zu erhalten.

Wer an diesen Spezialthemen interessiert ist, dem empfehlen wir folgende Literatur vom Franzis Verlag (Autor Bo Hanus):

„Solaranlagen richtig planen, installieren und nutzen" / 300 Seiten

„Das große Anwenderbuch der Solartechnik"; 2. Auflage / 367 Seiten

„Wie nutze ich Solartechnik in Haus und Garten?"; 3. Auflage / 99 Seiten

„Das große Anwenderbuch der Windenergie-Technik" / 319 Seiten

„Wie nutze ich Windenergie in Haus und Garten?" / 99 Seiten

4 Kabellose Klangübertragung

Zu den bekanntesten Anwendungsmöglichkeiten der kabellosen (drahtlosen) Klangübertragung im Wohnbereich gehört die Signalübertragung vom Verstärker einer HiFi-Anlage (bzw. eines Fernsehers) zu Kopfhörern oder zu Lautsprecherboxen. Ähnlich wie die bereits in vorhergehenden Kapiteln beschriebenen drahtlosen Schalter-Sets, basieren auch die kabellosen Klangübertragungs-Bausteine sowohl auf dem Prinzip der Infrarotübertragung, als auch auf dem Prinzip der Funkübertragung.

Die Vor- und Nachteile beider Systeme stimmen mit dem überein, was bereits über diese zwei Übertragungsmethoden in vorhergehenden Kapiteln erläutert wurde: Die Reichweite der IR-Kopfhörer-Systeme liegt meisten nur bei etwa 10 m, die Reichweite der Funkkopfhörer-Systeme beträgt (typenbezogen) ca. 25 bis 100 m.

Der gemeinsame Vorteil beider Systeme liegt bei Kopfhörern in der Bewegungsfreiheit im Rahmen des „Empfanggebietes". Ein kabelloser Anschluß der Lautsprecherboxen dürfte vor allem dann geschätzt werden, wenn eine Verbindung mit Kabeln aus ästhetischen Gründen unerwünscht ist, bzw. wenn die Verbindungskabel als lästige „Stolpersteine" auf dem Fußboden herumliegen müßten. Hier wird dann oft einer Funkverbindung vor einer IR-Verbindung Vorrang gegeben, denn andernfalls stört jede Unterbrechung des IR-Strahles den Empfang (was z. B. durch eine Person, die sich im Raum zwischen dem Sender und dem Empfänger bewegt, verursacht werden kann).

Neben den vielen „speziellen" kabellosen Kopfhörer- oder Lautsprecher-Sets bei denen die IR- oder Funkempfänger direkt in den mitgelieferten Kopfhörern oder Lautsprecherboxen untergebracht sind, gibt es auch IR- oder Funkübertragungs-Systeme nach *Abb. 4.1*. Sie bestehen nur aus einem Sender und einem Empfänger, an den „normale" Kopfhörer oder auch beliebige „aktive Lautsprecherboxen" (in denen ein Verstärker integriert ist) angeschlossen werden können.

Diese Lösung hat den Vorteil, daß man z. B. seinen bestehenden „Qualitäts-Kopfhörer" oder seine perfekten Lautsprecherboxen weiterhin nutzen kann

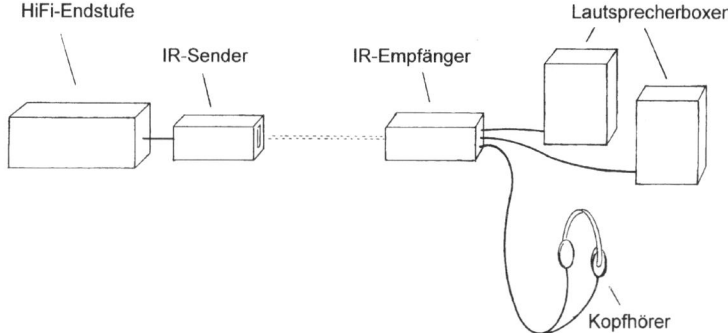

Abb. 4.1: Einige der IR- oder Funkübertragungs-Systeme sind so ausgelegt, daß an ihren Empfänger sowohl Kopfhörer als auch Lautsprecherboxen angeschlossen werden können

(oder daß sich ein Tüftler seine Lautsprecherboxen selber bauen kann). Die eigentliche kabellose Tonübertragung findet hier jedoch beim Kopfhörer nur zwischen dem Sender und dem Empfänger statt, denn der Kopfhörer muß über sein Kabel mit dem Empfänger verbunden sein.

4.1 Kabellose Kopfhörer

Für eine kabellose Klangübertragung vom Verstärker (einer HiFi-Anlage bzw. eines Fernsehers) zu den Kopfhörern gibt es inzwischen eine sehr große Auswahl an speziellen *„kabellosen Kopfhörer-Sets"*, die handelsüblich als *„Infrarot-Kopfhörer (IR-Kopfhörer)"*, oder als *„Funkkopfhörer"* bezeichnet werden.

Sowohl die *IR-Kopfhörer-Sets,* als auch die *Funkkopfhörer-Sets* bestehen üblicherweise immer aus zwei Grundbausteinen: Aus einem *Sender* (der an die HiFi-Anlage oder an den Fernseher angeschlossen wird) und einem *Empfänger,* der in den Kopfhörern eingebaut ist. Der Sender ist in der Regel mit einem Netzanschluß (Netzschnur) versehen, der Empfänger in den Kopfhörern bezieht seine Stromversorgung aus einem kleinen wiederaufladbaren Akku, der nur für eine limitierte Betriebsdauer ausgelegt ist und bedarfsbezogen nachgeladen werden muß.

Diese Lösung (zu der es bei kabellosen Kopfhörern noch keine Alternative gibt) stellt objektiv eine gewisse Schwachstelle des ganzen Systems dar: Der wiederaufladbare Kopfhörer-Akku, darf einerseits weder zu groß, noch zu schwer sein, sollte jedoch anderseits einen „angemessen langen" Betrieb des Kopfhörers ermöglichen.

Was man unter dem Begriff „angemessen langer Betrieb" zu erwarten hat, läßt sich den technischen Daten entnehmen und variiert – abhängig von der Marke und dem Typ – zwischen ca. 4 und 20 Stunden Betriebsdauer pro Akkuladung.

Eine lange Akku-Betriebsdauer ist bei einem kabellosen Kopfhörer allerdings kein objektives Qualitätskriterium, denn sie beruht u. a. auf dem Ermessen des einen oder anderen Herstellers. Dieses geht von einem „subjektiv eingeschätzten Optimum" zwischen einer zumutbaren Betriebszeit und einem ebenfalls zumutbaren Gewicht des Akkus aus (der für das Endgewicht des Kopfhörers mitbestimmend ist).

So ist beispielsweise der Akku des drahtlosen *Sennheiser Infrarot-Kopfhörers Typ „IS 380"* für eine Betriebszeit von ca. 4 Stunden dimensioniert. Danach muß er durch einen Zweitakku ersetzt und neu geladen werden.

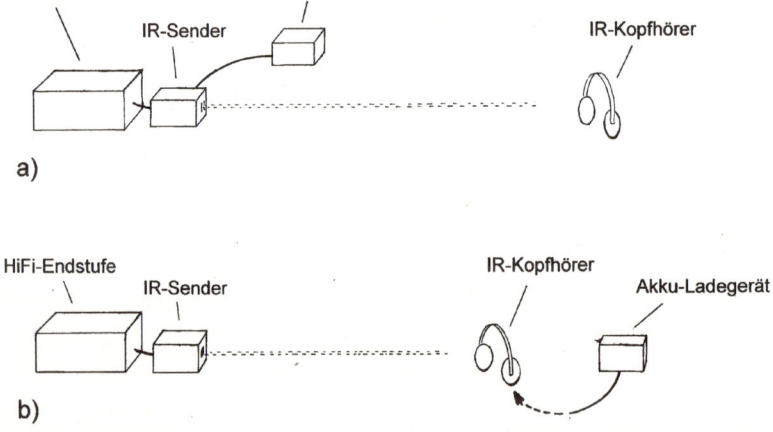

Abb. 4.2: Prinzipdarstellung einer IR-Tonübertragung vom HiFi-Verstärker zum Kopfhörer: a) Bei einem Kopfhörer-Set, in/an dessen *Sender* gleichzeitig ein Ladegerät für das Laden des Kopfhörer-Akkus untergebracht ist, wird üblichwerweise jeweils ein „Zweitakku" geladen, während der andere Akku im Kopfhörer die Stromversorgung übernimmt; b) Einige der „kabellosen" Kopfhörer sind so ausgelegt, daß die Empfänger-Akkus direkt in den Kopfhörern nachgeladen werden können (über ein „Ladekabel", das während des Ladens die Kopfhörer mit einer Netz-Steckdose – manchmal jedoch auch mit dem Sender – verbindet).

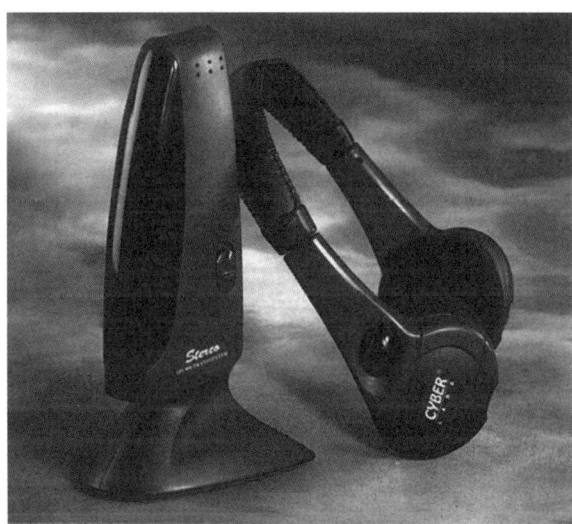

Abb. 4.3: Ausführungsbeispiel eines modernen kabellosen Kopfhörer-Sets

Das Problem der relativ kurzen Betriebszeit wird in diesem Fall hersteller-seits dadurch gelöst, daß mit diesem IR-Kopfhörer gleich zwei Akkus mit-geliefert werden und daß zudem im *Sender-Baustein* auch eine kleine „Ak-ku-Ladestation" integriert ist. Somit kann jeweils der eine Akku geladen werden, während der andere im Kopfhörer seine Arbeit leistet. Die Anord-nung der Funktionsteile eines derartigen Kopfhörer-Sets zeigt *Abb. 4.2 a*.

Eine ähnlich „umständliche" Stromversorgung muß vorerst leider auch bei anderen Marken und Systemen (worunter auch Funk-Kopfhörer) in Kauf ge-nommen werden. Bei manchen IR- oder Funk-Kopfhörern können die Akkus direkt im Kopfhörer nachgeladen werden, wie in *Abb. 4.2 b* dargestellt ist.

Dies geschieht allerdings nicht drahtlos, sondern über ein „Ladekabel", das während des Ladens den „kabellosen" Kopfhörer mit einer Netz-Steckdose verbindet (was bevorzugt dann stattfinden kann, wenn der Kopfhörer nicht gebraucht wird). Die meisten Hersteller (bzw. Anbieter) von Funkkopfhö-rern liefern auch hier mit dem Set zwei Akkus, von denen der eine jeweils als Reserve zur Verfügung steht.

Als eine dritte Möglichkeit des Nachladens des Kopfhörer-Akkus bietet sich ein separates Ladegerät an – soweit es dafür Gründe gibt.

Der Energieverbrauch eines jeden Kopfhörers – bzw. eines jeden elektro-akustischen Wandlers – hängt sowohl von seinem Wirkungsgrad, als auch von der eingestellten Wiedergabe-Lautstärke ab. Je größer diese Lautstärke ist, desto höher ist auch der jeweilige Energieverbrauch. Die Membrane des Kopfhörers muß ja bei größerer Lautstärke mehr Leistung aufbringen und somit mehr Energie (aus dem Mini-Akku) beziehen.

Über die wichtigsten technischen Parameter erfahren Sie weiteres im Kap. 4.3.

4.2 Kabellose Lautsprecherboxen

Eine kabellose Klangübertragung von der HiFi-Anlage bzw. vom Fernseher zu den Lautsprecherboxen kann prinzipiell sowohl mit dem Infrarot- als auch mit dem Funksystem konzipiert werden. Wie jedoch bereits am Anfang dieses Kapitels angesprochen wurde, ist eine IR-Übertragung zu störungsempfindlich auf z. B. Personen, die sich zwischen dem Sender und dem Empfänger bewegen und den Übertragungs-IR-Strahl unterbrechen.

Zudem bietet eine kabellose Funkübertragung die Möglichkeit, daß eine störungsfreie Verbindung zwischen dem Sender und den Lautsprechern auch auf größere Distanz möglich ist. Bedarfsbezogen können somit die Lautsprecher z. B. auch auf die Terrasse, auf den Balkon oder in beliebige andere Räume „mitgenommen" werden und die eigentliche HiFi-Anlage kann auf ihrem Platz bleiben. Allerdings ist auch hier die Reichweite der *„Funklautsprecher"* herstellerseits „angemessen sparsam" dosiert und liegt (produktabhängig) zwischen ca. 20 und 100 m.

Die handelsüblichen kabellosen *IR- oder Funk-Lautsprecher-Sets* bestehen – ähnlich, wie die kabellosen Kopfhörer – aus einem separaten Sender und aus zwei speziellen Lautsprecherboxen, in denen jeweils ein Funkempfänger mit Audio-Verstärker eingebaut ist. Mit dem Anschluß des Senders an die HiFi-Anlage oder an den Fernseher gibt es keine Probleme: Man schließt ihn über (meist mitgelieferte) Klinkenstecker einfach an die Lautsprecher-Ausgangsbuchsen des HiFi-Gerätes (bzw. des Fernsehers) an, und die Installation ist damit erledigt. Allerdings benötigen auch hier die beiden Lautsprecherboxen eine eigene Stromversorgung.

Dies kann bei manchen Lautsprecherboxen wahlweise sowohl mit einer Batterie, als auch mit einem Netzgerät (pro Lautsprecherbox) bewerkstelligt werden. Manche der kabellosen Funklautsprecher-Systeme sind nur für eine Stromversorgung aus dem Netz (aber nicht alternativ aus Batterien) ausgelegt.

Im Gegensatz zu der Stromversorgung der kabellosen Kopfhörer spielt bei den zwei kabellosen Lautsprecherboxen das Gewicht des Akkus keine Rolle. Das trifft sich gut, denn so eine Lautsprecherbox ist ein kräftiger Stromfresser. Auch hier hängt jedoch der Stromverbrauch von der Lautstärke bzw. Leistung der jeweiligen Box ab. Dennoch erlauben manche der Boxen eine Akku-Betriebsdauer pro Ladung von bis zu 50 Stunden. Einige Hersteller haben ihre Lautsprecherboxen sogar mit vollautomatisch arbeitenden Ladegeräten versehen, die bei einem „Wiederanschluß" der Box ans elektrische Netz die Akkus nachladen (ohne daß dafür ein zusätzlicher Schaltbefehl erforderlich ist).

Zu den interessanten Funklautsprechern gehören auch diverse spezielle kabellose Subwoofer, die als Zusatzlautsprecher für bestehende HiFi-Anlagen gedacht sind – um ihre Basswiedergabe auszubessern. Manche dieser Boxen bieten trotz kleiner Abmessungen von z. B. 130 x 200 x 130 mm (B x H x T) eine Musikleistung von 100 W bzw. eine Sinus-Nennleistung von 50 W und einen Übertragungsbereich *von* 60 Hz *bis* 150 Hz.

Wie schön es auch so manche Hausfrau finden mag, daß diese „Dinge" so niedlich klein geraten sind, die Untergrenze des Übertragungsbereichs (60 Hz) ist hier nicht gerade umwerfend.

Man dürfte zwar „großzügig" (oder notgedrungen) darauf verzichten, daß so eine Mini-Anlage unbedingt auch die allertiefsten Musiktöne von 16,3 Hz wiedergeben muß – denn bei dieser Frequenz handelt es sich um den tiefsten *C-Ton* der *„Subkontra-Oktave"*, den ohnehin nur sehr große Kirchenorgeln, bzw. große E-Orgeln und Synthesizer produzieren können. Aber schon der tiefste Ton eines Klaviers hat eine Frequenz von „nur" 27,5 Hz, der tiefste Ton einer Baßgitarre (oder eines Kontrabasses) immerhin noch eine Frequenz von 41,2 Hz.

Abgesehen davon bestehen alle Klänge, mit denen wir in unseren „Lebensräumen" laufend konfrontiert werden, aus einer Mischung von Frequenzen, die tatsächlich das volle hörbare Klangspektrum (ab 16 Hz) ausfüllen. Bei fehlenden tiefen Tönen – bzw. Klängen – verliert die Klangfarbe an ihrer Natürlichkeit und an „Wärme". Man kann es zwar einigermaßen dadurch camouflieren, daß die Bässe in diesem Fall (oder bei ähnlichen „missgeratenen" Geräten) oberhalb der 60 Hz kräftiger „aufgedreht" werden. Bei dieser Lösung bietet sich hier der Vergleich mit fehlendem Salz im Salat, das z. B. durch etwas mehr Essig ersetzt wurde. Da trifft dann sowohl bei der Speise als auch bei der Musikübertragung der bekannte Slogan zu: „Da hast Du den Salat".

Dennoch kann prinzipiell eine gute zusätzliche kabellose Bassbox die Wiedergabequalität der meisten Stereo- oder Surround-Anlagen enorm verbessern (weil sie vorher noch lausiger war). Das Sympathische an so einer Nachrüstung ist, daß für die Wiedergabe der tiefen Frequenzen auch bei einer Stereo- oder Surround-Anlage nur eine einzige (gemeinsame) Bassbox genügt. Unsere Ohren können die Richtung, aus der die tiefen Töne kommen, nicht orten und daher nicht wahrnehmen, ob es sich um eine Stereo- oder Mono-Ausstrahlung handelt.

4.3 Worauf beim Kauf von kabellosen Kopfhörern und Lautsprechern zu achten ist

Beim Kauf eines kabellosen Kopfhörer- oder Lautsprechersystems sollte vor allem auf folgende wichtige Eigenschaften geachtet werden:

- IR-Übertragungen können – im Gegensatz zu Funkübertragungen – nicht von einem Nachbarn gestört werden, setzen jedoch eine ausreichend gute „Sichtverbindung" zwischen dem Sender und dem Empfänger voraus. Falls die kabellosen Kopfhörer oder Lautsprecher gelegentlich auch auf dem Balkon, auf der Gartenterrasse oder in einem anderen Raum genutzt werden sollen, kommt verständlicherweise nur eine Funkübertragung in Frage.
- Wer auf eine möglichst perfekte Klangwiedergabe gehobenen Wert legt, der muß auf den *„Übertragungsbereich"* der vorgesehenen Kopfhörer oder Lautsprecherboxen achten. Dies sollte im Idealfall das Klangspektrum von 16 Hz bis zu etwa 20 000 Hz (20 kHz) in voller Breite und dynamisch ausgewogen wiedergeben können.

Das hörbare Klangspektrum (Frequenzbereich) unserer Ohren liegt zwischen 16 Hz und ca. 16 000 bis 20 000 Hz. Kinder und junge Menschen (die sich ihre Ohren durch zu laute Musik oder anderen Krach noch nicht verdorben haben), hören alle Frequenzen von 16 Hz bis zu etwa 20 000 Hz bzw. sogar noch etwas höher. Mit zunehmendem Alter, oder mit zunehmenden „Strapazen" des Gehörs, sinkt die Obergrenze des Hörbereichs von Jahr zu Jahr nach unten (viele von uns hören nur noch Frequenzen, die zwischen ca. 16 Hz und 16 000 Hz liegen).

Für eine gute Klangwiedergabe ist somit die untere Grenze des Übertragungsbereichs im allgemeinen von größerer Bedeutung, als die obere Grenze. Wenn tiefe Frequenzen (im Idealfall ab 16 Hz) gut übertragen werden,

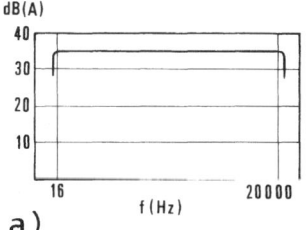 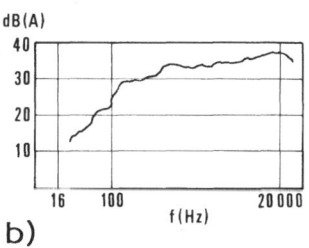 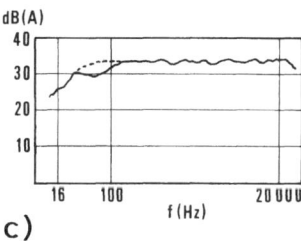

a)   b)   c)

Abb. 4.4: In den technischen Unterlagen von Kopfhörern oder Lautsprecherboxen gehobener Preisklassen wird der Übertragungsbereich auch mittels einer Graphik angegeben: a) Graphik einer *ideal* ausgewogenen (linearen) Klangwiedergabe, die herstellungstechnisch anähernd nur bei Qualitäts-Kopfhörern, aber (noch) nicht bei Lautsprecherboxen realisierbar ist; b) Graphik einer sehr unausgewogenen Klangwiedergabe; c) In der Praxis verzeichnet auch die Graphik einer „relativ guten" Klangwiedergabe (von einer Lautsprecherbox gehobener Preisklasse) immer einige Abweichungen von dem idealen Verlauf;)

ist der Klang „warm" und wohltuend. Höhere Frequenzen verleihen dem Klang zwar Farbe, aber bei einer „Überdosis" auch zu viel unnatürliche Schärfe. Daher ist beim Kauf von Kopfhörern (und Lautsprechern) darauf zu achten, daß vor allem die untere Grenze des Übertragungsbereichs möglichst „nahe" bei den 16 Hz anfängt und zudem bereits in dieser „Region der tiefen Töne" ausreichend dynamisch ausgewogen ist.

Wie aus der Abb. 4.4 hervorgeht, hat eine Graphik den Vorteil, daß man ihr entnehmen kann, wie ausgewogen (linear) die Frequenzen des angegebenen Übertragungs-Bereichs tatsächlich sind. So verläuft die Übertragungs-Kurve in Abb. 4.4 a ideal ausgewogen. In der Praxis weisen – allerdings nur annähernd – eine derartig lineare Klangwiedergabe nur einige der Qualitäts-Kopfhörer aus. Bei Lautsprecherboxen gibt es dagegen immer noch Probleme mit der Linearität im Frequenzbereich zwischen 10 Hz und 100 Hz.

Eine derartig unausgewogene Klangwiedergabe, wie in Abb. 4.4 b dargestellt ist, weisen heutzutage zwar nicht einmal die billigsten Kopfhörer auf, dagegen aber viele Lautsprecherboxen sowie auch sehr viele Fernsehgeräte. Wie aus der Übertragungscharakteristik hervorgeht, werden die Töne desto lauter wiedergegeben, je höher ihre Frequenz liegt. Mit Tönen unterhalb von ca. 100 Hz (manchmal sogar bereits unterhalb von ca. 200 Hz), kommen viele der Billig-Boxen nur dürftig zurecht. Ein absolutes Schlußlicht bilden hier die im Fernseher eingebauten Lautsprecher (was auch auf teure Fernseher zutrifft, wenn sie nicht mit guten zusätzlichen Lautsprecherboxen versehen sind). So eine „lausige" Klangwiedergabe stellt verständlicherweise kein Hersteller mit einer Graphik zur Schau. Hier flüchtet man sich in der Regel zu einer Angabe des Übertragungsbereichs in der Form „von – bis".

Von der Seriosität (bzw. dem Ermessen) des einen oder anderen Herstellers hängt ab, wie er die Grenzen des Übertragungsbereichs angibt. So kann z. B. der Übertragungsbereich nach Abb. 4.4 b von einem Hersteller als „von 25 Hz bis 22000 Hz", von einem anderen (gewissenhafteren) Hersteller beispielsweise als „von 100 Hz bis 20000 Hz" angegeben werden (weil die Wiedergabe der tiefen Töne unterhalb von 100 Hz viel zu schwach ist).

In vielen Katalogen oder Datenblättern wird die „von-bis-Form" als Kurzinformation auch bei sehr guten Boxen oder HiFi-Geräten angewendet und ist daher kein Indiz für „verschleierte" Schwachstellen. Dennoch sollte man sich vor allem vor dem Kaufentschluß von Lautsprecherboxen (jeder Art) die graphische Darstellung der Übertragungs-Charakteristiken (nach Abb. 4.4) ansehen und vergleichen.

In der Praxis nehmen wir auch bei „Qualitäts-Lautsprecherboxen" einen Verlauf der Klangwiedergabe nach Abb. 4.4 c in Kauf – vorausgesetzt, die Box kann auch die tiefsten Töne des hörbaren Frequenzspektrums „zufriedenstellend gut" wiedergeben.

Was darunter zu verstehen ist, bleibt eine Ermessensfrage. Genau genommen müßten die dynamischen Abweichungen des ganzen Klangspektrums unterhalb von 3 dB(A) liegen, denn diesen Schwellenwert nimmt unser Ohr als deutliche Lautstärkeerhöhung wahr. Einen dynamischen „Sprung" von 10 dB(A) in Richtung nach oben, nehmen wir subjektiv als Verdoppelung der Lautstärke, bzw., in Richtung nach unten als eine Halbierung der Lautstärke subjektiv wahr.

Demnach dürfte daher der Frequenzverlauf einer guten Lautsprecherbox dynamische Schwankungen von höchstens 2 dB(A) aufweisen. Dies ist bei wirklich guten Boxen im Frequenzbereich zwischen 100 Hz und 20 000 Hz realisierbar, aber unterhalb von 100 Hz geht es da meistens „bergabwärts". Einige der bessseren Boxen halten es mit einer guten Linearität nur bis zu etwa 50 Hz durch (wie in Abb. 4.4 c gestrichelt eingezeichnet ist), aber danach setzt meistens die „Talfahrt" ein. Hier hilft in der Praxis momentan nur eines: Suchen, vergleichen und auf die grahphisch dargestellten Übertragungsbereiche achten.

An dieser Stelle wäre noch darauf hinzuweisen, daß sich herstellungstechnisch bei Kopfhörern sowohl eine ausgewogenere Klangwiedergabe, als auch eine wesentlich bessere Wiedergabe der tiefen Frequenzen viel leichter erzielen läßt, als bei Lautsprecherboxen.

Einige der handelsüblichen Qualitäts-Kopfhörer weisen Frequenzbereiche von z. B. „15 – 20 000 Hz" oder sogar „5 – 30 000 Hz" auf. Bei den meisten Kopfhörern für Funk- oder IR-Übertragung beträgt der Frequenzbereich laut Herstellerangaben oft nur ca. „20 – 19 000Hz". Die obere Grenze (von 19 000 Hz) dürfte man hier eigentlich wohlwollend akzeptieren (vielleicht hören wir sowieso gar nicht mehr so hoch). Mit der Untergrenze von 20 Hz läßt sich auch noch leben – soweit diese nicht nur eine ausgesprochene „Alibi-Funktion" hat, wie in Zusammenhang mit der Abb. 4.4 b erklärt wurde.

Bei Funk-Lautsprecherboxen streben viele Hersteller einen günstigen Preis an, der den Kaufentschluß des Kunden erleichtert. Viele dieser Boxen sind daher ziemlich klein und ihre Klangwiedergabe ist bei tieferen Frequenzen bescheiden bis miserabel – allerdings nur nach Maßstäben eines anspruchsvollen Anwenders, der die Musik nicht nur als eine Hintergrund-Klangkulisse benutzt.

Die Wiedergabequalität einer Lautsprecherbox hängt jedoch nicht nur von einer gut ausgewogenen Übertragungs-Charakteristik ab. Diese stellt zwar eine wichtige Vorbedingung für eine gute Klangwiedergabe dar, aber sagt nichts über die Verzerrungen der angewendeten Lautsprecher und der Box aus.

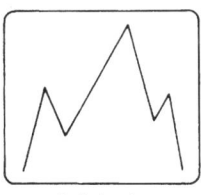 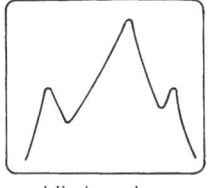

Original   Wiedergabe

Abb. 4.5: Auch durch die Massenträgheit der Membrane entsteht bei jeder „Richtungsänderung" ihrer Bewegung (von hinten nach vorne oder umgekehrt) immer eine kurze Pause, die eine Verzerrung des Klangbildes zufolge hat

Wer näher daran interessiert ist, wodurch es bei der Klangwiedergabe zu unerwünschten Verzerrungen in Lautsprechern am häufigsten kommt, dem hilft folgende (etwas vereinfachte) Kurzinformation: Die Membrane eines Lautsprechers muß fähig sein, extrem schnell „hin und her" im Rhythmus der Klangwellen zu „pumpen" (zu vibrieren). Sie müßte zudem die ihr zugeführten elektrischen Signale – die z. B. einen Verlauf nach *Abb. 4.5* aufweisen – naturgetreu in Luftschwingungen umwandeln. Diese Anforderung ist jedoch annähernd ähnlich schwer realisierbar, wie wenn man von einem

Auto verlangen würde, daß es sofort stillsteht, sobald auf die Bremse getreten wird. Das erlaubt jedoch weder bei dem Auto, noch bei einer Lautsprechermembrane die *Massenträgheit.*

Natürlich versucht man bei einer Lautsprechermembrane die Massenträgheit auf ein machbares Minimum zu reduzieren – was im Gegensatz zu einem Auto viel leichter realisierbar ist. Um die Massenträgheit völlig zu eliminieren, müßte jedoch – physikalisch bedingt – die Lautsprechermembrane ein „Nullgewicht" haben. Andernfalls kommt es beim „Pumpen" der Membrane zu „kurzen Pausen", die jeweils bei der „Richtungsänderung" der Bewegung (nach vorne/nach hinten/nach vorne) entstehen. Graphisch dargestellt werden somit *(nach Abb. 4.5)* viele der filigranfeinen Klangverläufe deformiert und das wiedergegebene Klangbild entspricht nicht mehr dem Original.

Obwohl diese „Schwachstelle" sehr einleuchtende Gründe hat, bleibt natürlich noch die Frage offen, was man mit diesem „Wissen" in der Praxis anfangen kann (und darum sollte es hier ja gehen). Leider gibt es unter den normalen technischen Daten einer Lautsprecherbox keine Informationen über diese Eigenschaften, die dann in der Praxis oft nur subjektiv (durch Hörproben) beurteilt werden.

Derartige subjektive Hörproben ergeben allerdings keine objektive Resultate, denn sie orientieren sich überwiegend am persönlichen Geschmack.

Bei einigen der kleineren Kunststoff-Lautsprecherboxen wird zudem die Klangfarbe der Wiedergabe durch Beimischung der Gehäuse-Resonanzen geprägt. Übertrieben formuliert hört sich die Musikwiedergabe so einer Box an, als ob sie aus einem Kanalrohr herauskäme. Ein Vergleich derselben Musikwiedergabe über alternative (und größere) Qualitätsboxen (die nicht unbedingt für kabelloses Übertragen ausgelegt sein müßten) kann oft bereits beim Händler stattfinden und den Kaufentschluß erleichtern.

Beim Vergleich der Lautsprecherboxen-Ausgangsleistung diverser Fabrikate ist darauf zu achten, daß es ein Unterschied ist, ob *„Musikleistung"* oder *„Sinusleistung"* angegeben wird. Um den Unterschied einfach zu erklären, dürfte folgendes genügen: Die *„Sinusleistung"* stellt einen „qualitativen Parameter" dar (bis zu diesem Leistungs-Maximum ist die Übertragung nur wenig verzerrt). Die *Musikleistung* stellt eigentlich nur ein Leistungsmaximum dar, das der Verstärker gerade noch verkraftet – quasi ohne Rücksicht auf die Übertagungsqualität.

Die Betriebsdauer kabelloser Kopfhörer (pro Akkuladung) steigt in der Regel mit dem Kopfhörer-Gewicht (größerer Akku = höheres Gewicht). Zu schwere Kopfhörer drücken nicht nur auf den Kopf, sondern oft auch auf das Gemüt. Achten Sie beim Vergleich der unter den technischen Daten angegebenen Kopfhörer-Gewichte darauf, daß hier manche Hersteller das Kopfhörer-Gewicht **ohne Akku**, andere **mit Akku** angeben!

● Die meisten Empfänger der kabellosen Kopfhörer und Lautsprecherboxen sind so ausgelegt, daß sie sich automatisch abschalten, wenn z. B. zwei oder drei Minuten lang der Sender „schweigt". Bei manchen Systemen schaltet sich sogar auch der Sender ab, wenn er kein Signal erhält – weil die HiFi-Anlage oder der Fernseher abgeschaltet wurden, aber nicht der Sender bzw. der (oder die) Empfänger der kabellosen Geräte. So eine Abschaltautomatik ist sehr praktisch, denn sie spart Strom und evtl. Batterien.

● Neben den aufgeführten Eigenschaften bzw. „technischen Parametern" bieten manche der Systeme noch verschiedene zusätzliche „Features", wie z. B. Lautstärkeregelung am Kopfhörer bzw. Lautstärke- und Klangregelung an den Boxen usw. Hier liegt es im Ermessen des Anwenders, ob ihm derartige „Extras" einen eventuellen Aufpreis wert sind.

● Die Reichweite der kabellosen Anlagen spielt nur dann eine wichtigere Rolle, wenn sie situationsbedingt aus dem Rahmen der normalen Anwendung fällt. Wer z. B. im 8. Stockwerk wohnt und seine sündhaft teure Wohnzimmer-HiFi-Anlage auch in seinem Keller-Hobbyraum genießen möchte, dem wird (schon wegen der vielen Stahlbeton-Dekken) eine Reichweite *„von bis zu 40 m"* möglicherweise nicht genügen. Hier geht dann Probieren über Studieren – was sich insbesondere bei Fachhändlern in kleineren Ortschaften (in denen der Kunde bekannt ist) leicht bewerkstelligen läßt.

4.4 Funk-Mikrofone

Im Gegensatz zu den vorhergehenden kabellosen Kopfhörern oder Lautsprecherboxen wird bei kabellosen Mikrofonen nur das Funkübertragungs-System (und nicht die IR-Übertragung) angewendet. Der Grund leuchtet ein: Kabellose Mikrofone werden vor allem als Bühnen- oder Podium-Mikrofone (für Gesang, Vorträge usw.) genutzt.

Die Ausführungs-Vielfalt ist gegenwärtig groß: Es gibt komplette Übertragungssets, die sowohl mit kleinen Ansteckmikrofonen oder Bügelmikrofonen, als auch mit großen Handmikrofonen ausgelegt sind.

Mit dem unteren Frequenzbereich gibt es bei den kabellosen Mikrofonen ähnliche Schwierigkeiten, wie bei den Lautsprecherboxen: er fängt laut technischer Daten oft erst bei 40 oder 50 Hz an. Insofern mit solchen Mikrofonen nur Sprache oder Gesang übertragen wird, kommt man nicht einmal in die Nähe der 40 bzw. 50 Hz. Kritisch kann es mit dieser unteren Frequenzabgrenzung z. B. nur dann werden, wenn sich z. B. ein Musiker ein solches Mikrofon an seinen Kontrabaß montiert, dessen tiefster Ton eine Frequenz von „nur" 41,2 Hz hat.

Drahtlose Mikrofone sind für den Einsatz in „Haus und Garten" oft zu teuer. Hier kann anstelle eines „echten" drahtlosen Mikrofons z. B. auch ein *FunkBabyfon* verwendet werden, dessen Klangwiedergabe sich mit Hilfe eines zusätzlichen Selbstbau-Verstärkers (mit einer größeren Lautsprecherbox) eindrucksvoll verbessern läßt. Für die meisten Vorhaben genügt oft ein kleiner Selbstbau-Verstärker mit dem IC Typ TDA 7052. Wie aus der Schaltung in *Abb. 4.6* hervorgeht, benötigt dieses moderne IC für den Aufbau eines Verstärkers fast keine externe Bauteile.

Alternativ kann dieser Verstärker als Mikrofon-Verstärker genutzt werden, an dessen Ausgang - anstatt des eingezeichneten Lautsprechers - der Sender einer preiswerten Funk-Lautsprecherbox angeschlossen wird. In dem Fall steht dem Benutzer eine Stereo-Übertragung zur Verfügung, die jedoch bei den meisten Anwendungen nur als „mono" betrieben wird. Eine Stereo-Tonübertragung dürfte zum Beispiel als „akustische Beaufsichtigung" von zwei nebeneinander liegenden Kinderzimmern in Frage kommen. Hier

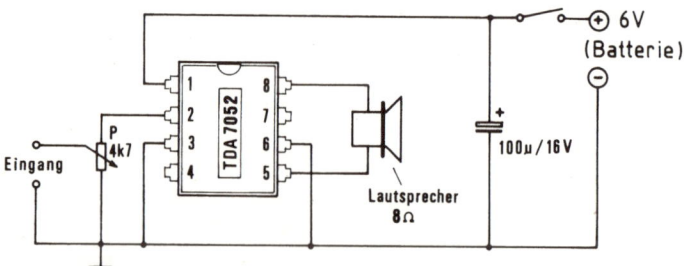

Abb. 4.6: Ein nachbauleichter 1-Watt-Miniverstärker mit dem IC TDA 7052 *(Pin 4 und 7 des ICs werden nicht angeschlossen);* anstelle der Batterie kann ein 6 V/ 0,4 A-Netzteil verwendet werden

wären dann zwei Mikrofone und zwei Verstärker nötig, die an den Funksender (ähnlich, wie der Verstärker einer Stereo-Anlage) angeschlossen werden).

4.5 Funk-Geräuschmelder

Handelsübliche Funk-Geräuschmelder sind Geräte, die im Prinzip von jedem Geräusch, Klang oder Lärm aktiviert werden und eine Meldung per Funk durchgeben (oft in der Form von einem piependen Alarmton). Man stellt so einen Sender des Geräuschmelders z. B. neben sein Telefongerät, und nimmt den Empfänger mit in den Garten oder in den Hobbyraum, um einen wichtigen Telefonanruf nicht zu verpassen. Auf dieselbe Art kann der Geräuschmelder das Klingeln der Türglocke, das Weinen des Babys, oder Geräusche anderer Art weiterleiten.

So meldet beispielsweise ein einfacher Funk-Geräuschmelder mit lauten, einige Sekunden lang dauernden Pieptönen im Empfänger an, daß das Mikrofon des Senders ein Geräusch wahrgenommen hat. Der Sender kann somit u. a. neben ein Telefon, neben eine Türglocke oder neben ein Kinderbettchen aufgestellt bzw. aufgehängt werden um zu melden, daß es klingelt, bzw. daß das Kind wach geworden ist und weint. Der Empfänger ist als ein kleines Gerät ausgeführt, daß in der Tasche (Schürzentasche) oder am Gürtel getragen, oder auch nur an einem entfernten Aufenthaltsplatz im Hörbereich aufgestellt werden kann. Die Stromversorgung geschieht hier mittels Batterien.

5 Kabellose Bildübertragung

Kabellose Bildübertragung ist in den meisten Fällen mit kabelloser Ton-übertragung kombiniert und findet ihren Einsatz im privaten Bereich vor allem beim Einbruchsschutz, bei der Überwachung von Kinderzimmern, in Anlagen der Unterhaltungs-Elektronik und als Video-Türsprechanlagen.

Die meisten Geräte dieser drahtlosen Systeme bestehen aus einer Videokamera mit integriertem Funk-Sender und aus einem Empfänger, der entweder an ein normales (vorhandenes) Fernsehgerät angeschlossen werden kann oder der mit einem eigenen selbständigen Monitor geliefert wird.

Viele der Geräte der drahtlosen Bild & Ton-Übertragung, die in die Kategorie der Unterhaltungselektronik fallen, sind nur für ganz spezielle Aufgaben konzipiert und es lohnt sich, daß man sich vor ihrer Anschaffung gut über ihre Anwendungsmöglichkeit informiert.

Die eigentliche Installation aller dieser „drahtlosen" Geräte ist ziemlich einfach, denn der Aufwand mit der Verkabelung entfällt. Damit reduziert sich die „Bewältigung" derartiger Vorhaben nur auf die Anschaffung und auf die Inbetriebnahme der Anlage, die in der Regel aus nur wenigen Fertigbausteinen besteht – es sei denn, man hat sich etwas ganz Kompliziertes einfallen lassen und kombiniert miteinander mehrere Systeme bzw. Funktionen (aber auch dann hilft Ihnen dieses Buch weiter).

5.1 Kabellose Video-Überwachungssysteme

Eine kabellose Überwachungskamera findet vor allem ihre Anwendung auf dem Gebiet des Einbruchschutzes und der Überwachung des Kinder – bzw. Krankenzimmers.

Wie bereits am Anfang dieses Kapitels erwähnt wurde, besteht hier die Grundausführung aus einer Videokamera mit integriertem Sender und aus einem Empfänger, der z. B. an ein bestehendes Fernsehgerät angeschlossen werden kann. *Abb. 5.1* zeigt die Anordnung der Geräte.

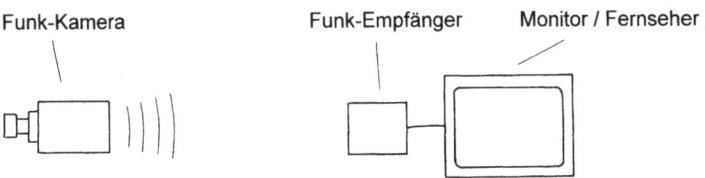

Abb. 5.1: Ausführungsbeispiel eines modernen Funk-Video-Überwachungssets, das nur aus zwei Geräten besteht: Aus einer Videokamera mit integriertem Funksender und aus einem Empfänger

Die Funktionen (bzw. „Fähigkeiten") einer solchen Anlage weisen hersteller- und typenabhängig viele Unterschiede in den Ausführungen und Features aus, die bereits im Planungsstadium überlegt und mitberücksichtigt werden sollten:

a) Genügt ein schwarz/weiß-Bild oder ist Farbe erwünscht?

b) Muß die Video-Kamera als „Außenkamera" (wettergeschützt) ausgelegt sein oder genügt eine Innenkamera?

c) Soll das Überwachungssystem einen eigenen Monitor haben oder möchte man einen bereits vorhandenen Monitor (Fernseher) verwenden?

d) Wie groß soll der Übertragungsbereich (als Abstand zwischen der Kamera und dem Empfänger) sein?

e) Verdient eine Videokamera Vorrang, in der ein Infrarot-Scheinwerfer integriert ist (und die somit auch in dunklen Räumen bzw. außen in der Nacht ein zufriedenstellend gutes Bild liefert)?

f) Ist es erwünscht, daß zwei oder mehrere Kameras über einen gemeinsamen Bildschirm kontrolliert werden können und daß der Empfänger evtl. automatisch in Intervallen (von z. B. einer einstellbaren Intervallzeit) zwischen den Kameras ständig hin und her schaltet?

g) Sind mehrere Kontroll-Monitore erwünscht, um von mehreren Räumen aus die Überwachung kontrollieren zu können?

h) Soll die Kamera einen eigenen PIR-Bewegungsmelder haben?

i) Wird Wert darauf gelegt, daß der Kamera-Funksender neben Bild und Ton auch ein zusätzliches Alarmsignal (Warnsignal) erzeugt, das z. B. dann erklingt, wenn sich der Funksender bei Wahrnehmung einer Bewegung einschaltet?

j) Muß das System mit einem Standby ausgelegt sein, daß von einem Bewegungsmelder aktiviert wird (und in das die Kamera, bzw. auch der Monitor nach einer vorgegebener Zeit wieder zurückfallen)?

k) Ist eine Gegensprechverbindung erwünscht?

l) Sollte die Kamera ferngesteuert (motorbetrieben) schwenken bzw. drehen können?

m) Muß der Empfänger mit einem Anschluß für einen Kontroll-Videorekorder versehen werden? Wenn ja, ist ein passender Langzeit-Videorekorder als Zubehör des Überwachungssystems aus derselben Bezugsquelle erhältlich? *Siehe hierzu Kap. 5.2.*

n) Wird eine „gehobene" Bildqualität gewünscht ?

Neben diesen Eigenheiten verfügen die immer perfekter werdenden Überwachungssysteme noch über viele weitere Features, deren Nutzen oft aber nur anwendungsbezogen von Bedeutung ist. Oft handelt es sich dabei nur um Kleinigkeiten, wie zusätzliche Kontroll-LEDs oder Relais im Empfängerteil (an die sich z. B. Signalgeber anschließen lassen) usw.

Zu Punkt c): ein separater Überwachungsmonitor verdient in fast allen Fällen Vorrang vor der „kombinierten Nutzung" eines Fernsehers. In so manchem Haushalts-Abstellraum steht ein älterer Fernseher, der nicht mehr gebraucht wird, noch gut (oder relativ gut) funktioniert und ohne weiteres als Überwachungs-Monitor verwendet werden kann. Vorausgesetzt, man akzeptiert, daß er z. B. nicht von der Überwachungskamera aus auf Standby-Betrieb umgeschaltet wird, wenn es jeweils keinen Grund zur Überwachung gibt. Falls dieser Fernseher nicht über einen passenden Video-Anschluß (Scart-Anschluß) verfügt, bietet ein UHF-Modulator (als Zwischenbaustein) eine preiswerte Abhilfe (siehe hierzu Kap. 5.7).

Unter dem Begriff „kein Grund zur Überwachung" dürfte ein Außen-Überwachungssystem zu verstehen sein, bei dem ein Infrarot Bewegungsmelder nur dann die Kamera einschaltet, wenn sich in ihrer Nähe etwas bewegt (und diese nach einer eingestellten Zeitspanne wieder automatisch abschaltet).

Bei einer Video- Kinderüberwachung wird dagegen Wert darauf gelegt, daß das Kinderzimmer bzw. das Kinderbettchen eines Babys möglichst ständig unter Kontrolle bleibt. Hier ist ein automatisches Ein- oder Abschalten, das z. B. nur auf Bewegung reagiert, unerwünscht, denn die Kontrolle soll aus Sicherheitsgründen laufend möglich sein.

Zu Punkt d): der in den technischen Daten angegebene *„Übertragungsbereich innerhalb von Gebäuden"* darf keinesfalls als eine Garantie dafür eingestuft werden, daß die Funkverbindung unter allen Umständen funktionieren wird. Die Faustregel „Probieren geht über Studieren" ist besonders dann anzuwenden, wenn die Funkverbindung in „vertikaler Richtung" durch mehrere Stahlbetondecken ihren Weg finden muß. In manchen der modernen Stahlbetondecken sind (pro Decke) zwei oder teilweise sogar drei übereinander vollflächig einbetonierte Stahlmatten-Schichten, die sich auf die Funkübertragung bekanntlich als Hindernisse auswirken (diese Bauweise wird bereits seit einigen Jahrzehnten auch bei vielen Einfamilienhäusern bzw. Reihenhäusern angewendet).

Zu Punkt e): den meisten handelsüblichen SW/CCD-Kameras genügt bei Dunkelheit ein Infrarot-Licht, um gut sichtbare Aufnahmen zu liefern. Soweit die Überwachungskamera über keinen integrierten IR-Scheinwerfer verfügt, kann dieser als zusätzlicher „Baustein" installiert werden. Derartige Scheinwerfer sind wahlweise als Bausätze oder als Fertiggeräte erhältlich.

Zu Punkt l): Mit einer Funkkamera, die sich ferngesteuert um ihre Vertikalachse drehen läßt, kann man bedarfsbezogen z. B. einen größeren Raum bzw. ein Grundstück besser überwachen. Die meisten der handelsüblichen Funkkameras sind zwar mit diesem „Komfort" nicht ausgestattet, aber ein Tüftler kann sich da ziemlich problemlos mit einer Eigenbau-Lösung nach *Abb. 5.2* behelfen.

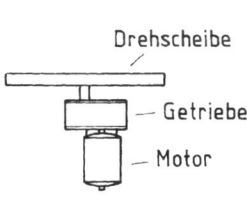

Abb. 5.2: Eine einfache Eigenbau-Konstruktion für motorbetriebenes Ausschwenken bzw. Drehen einer Überwachungs-Videokamera: Mit Hilfe eines kleinen Modellbau-Getriebemotors kann eine drehende Scheibe erstellt werden, auf der die Videokamera montiert wird. Zwei zusätzliche Endschalter sind unter die Drehscheibe so anzubringen, daß die Drehbewegung nicht Grenzen überschreitet, denen das Stromversorgungs Zuleitungskabel nicht gewachsen ist. Es sei denn, die Kamera wird solarelektrisch betrieben und das ganze Stromversogungs-System befindet sich ebenfalls auf der Drehscheibe.

Allerdings fehlt nun noch die zusätzliche Fernbedienung. Diese kann mit Hilfe von normalen Funk-Schalter-Sets nach *Abb. 3.10* in 3. Kapitel realisiert werden.

Zu Punkt n): Die Bildqualität einer Funkübertragung hängt verständlicherweise von der Auflösung bzw. der Anzahl der Bildpunktc ab, aus denen sich das übertragene Bild zusammensetzt. Je kleiner die Anzahl der Bildpunkte ist, desto unschärfer bzw. undeutlicher fällt das Bild aus.

Soweit bei der Bildübertragung an der Empfangsseite nicht ein winziger LCD- Monitor verwendet wird (der eine zu bescheidene Auflösung haben könnte), verdient eine größere Aufmerksamkeit nur die Bildauflösung der Videokamera. Diese wird in den Prospekten – bzw. unter den technischen Daten – in der Form von *„Anzahl der Bildpunkte"* oder/und *„Auflösung"* angegeben.

So kann z. B. bei einer Videokamera angegeben werden:

Bildpunkte: 292 x 356; Auflösung 240 TV-Linien.

Bei einer anderen Kamera gibt der Hersteller an:

Bildpunkte: 512 x 582; Auflösung 330 TV-Linien.

Die Anzahl der Bildpunkte und somit die Bildqualität hängt sowohl mit dem Preis als auch mit der Größe der Videokamera zusammen. Je kleiner eine Videokamera ist, um so schwieriger (und kostspieliger) ist es herstellungstechnisch eine hohe Bildauflösung zu erzielen. Es bleibt daher eine Ermessungsfrage welcher Bildqualität man anwendungsbezogen den Vorzug geben will (vor dem Kaufentschluß sollten – z. B. beim Fachhändler – praktische Vergleiche vorgenommen werden).

5.2 Videorekorder für Überwachungsanlagen

Professionelle Überwachungssysteme werden in der Regel mit speziellen *„Langzeit-Videorekordern"* ausgestattet, die für Langzeit-Aufzeichnungen und Zeitraffer-Aufnahmen ausgelegt sind.

So bietet z. B. die Fa. Samsung einen 960 h-Langzeitrekorder an, der bis zu 960 Stunden (= 40 Tage) auf eine 180 Minunten-Videokassette aufzeichnen kann.

Die Aufnahmen werden in einstellbaren Zeitintervallen in der Form von einzelnen Halbbildern aufgenommen. Die Gesamtaufnahmen umfassen anstelle der „normalen" Zeitspanne von 180 Minuten (der Videokassetten-Kapazität) wahlweise eine Zeitspanne von 3, 12, 24, 72, 96, 120, 168, 240, 480, 720 und 960 Stunden.

Im privaten Bereich ergibt sich der Bedarf nach solchen Aufzeichnungen nur in Ausnahmefällen – aber dennoch. Es kann sich dabei z. B. um Aufzeichnungen vom nächtlichen Tierleben oder von böswilligem Vandalismus handeln, was sich nur auf diese Weise ermitteln läßt.

Derartige Aufzeichnungen werden allerdings in der Praxis nur sehr selten und zudem meistens auch nur vorübergehend benötigt. Hier dürfte in den meisten Fällen so ein spezieller Langzeit-Videorekorder nur als Leihgerät eingesetzt werden (insofern man einen entsprechenden Fachhändler findet). Andernfalls läßt sich zu diesem Zweck auch ein normaler Videorekorder verwenden, der von einem Bewegungsmelder aus eingeschaltet wird, sobald in seinem „Erfassungsfeld" ein Lebewesen auftaucht.

Viele der normalen Videorekorder lassen sich jedoch durch das eigentliche Einschalten über einen Bewegungsmelder nicht dazu bringen, daß sie auch gleichzeitig das Aufnehmen starten. So mancher erfahrene Elektroniker wird sich hier meist behelfen können und notfalls sein Gerät entsprechend für diese „Spezialanwendung" modifizieren. Das kann sich allerdings leicht zu einer ziemlich arbeitsintensiven Angelegenheit entfalten.

Eine einfache und leicht realisierbare Zwischenlösung kann ein „elektromagnetischer Finger" bieten, der im *Kap. 15.2* beschrieben wird.

5.3 Drahtlose Funk-Türsprechanlagen

Das Angebot an drahtlosen (kabellosen) Video-Türsprechanlagen ist noch relativ bescheiden, denn die potentiellen Kaufinteressenten schreckt noch der viel zu hohe Preis vor solcher Anschaffung ab. Das Problem liegt jedoch bei diesen Systemen darin, daß hier auch an der Kameraseite neben dem *Funksender* ein *Funkempfänger* vorhanden sein muß, um eine Gegensprechverbindung zu ermöglichen.

Zum Glück gibt es bei einigen handelsüblichen Überwachungssets die Möglichkeit einer zusätzlichen Gegensprechverbindung (dies muß jedoch vor dem Kauf gut geprüft werden). Andernfalls läßt sich aber problemlos eine zusätzliche separate Gegensprech-Funkverbindung mit einem Video-Funksystem kombinieren, in dessen Videokamera ein Mikrofon und ein akustischer Alarmgeber integriert sind (der Alarmgeber wird als „Türglocke" genutzt).

Bei dieser Lösung kann die Videokamera vor einem Gartentor so aufgestellt werden, daß sie sowohl den am Tor läutenden Besucher als auch unerwünschte Personen am Grundstück außerhalb des Tores erfaßt – was jedoch manchmal eine fernbediente schwenkbare Videokamera voraussetzt.

„Echte" funkgesteuerte Video-Türsprechanlagen bestehen in der Grundausführung aus einer *„Torstation"* und einem *„Haus-Bildtelefon"*.

Die *Torstation* beinhaltet eine kleine Videokamera, ein Mikrofon, einen Lautsprecher und eine „Klingeltaste" (Ruftaste) als „Grundausstattung" und außerdem einen Funk-Sender/Empfänger. Der Empfänger wird hier wegen der integrierten Gegensprechanlage benötigt und ist normalerweise nur für eine drahtlose *Tonübertragung* zuständig. Der Sender dient dagegen sowohl der drahtlosen Bild-, als auch der Tonübertragung.

Im *Haus-Bildtelefon,* das ebenfalls einen Funk-Sender/Empfänger beinhaltet, sind ein Monitor, ein Lautsprecher, ein Telefonhörer und einige Bedienungstasten integriert.

An die meisten Video-Torstationen können zwei, drei oder auch mehrere Haus-Bildtelefone angeschlossen werden (dies wird bei den technischen Daten angegeben). Moderne Torstationen sind zudem oft mit einer eingebauten Infrarot-Beleuchtung ausgestattet, die eine gute Bildübertragung auch noch spät am Abend bzw. nachts gewährleistet.

5.4 Stromversorgung drahtloser Außenanlagen

Eine drahtlose Funkübertragung büßt selbstverständlich sehr viel an ihrem Reiz ein, wenn der Sender (egal in welcher Form) einen aufwendigen Stromanschluß braucht, der zusätzlich zu seinem Außenstandort angelegt werden müßte.

In dem Fall kann – besonders bei Anlagen, die nur relativ selten aktiviert werden – eine Stromversorgung aus einem wiederaufladbaren Akku vorteilhaft sein. Die meisten Funk-Kameras bzw. andere Funksender benötigen eine Versorgungs-Gleichspannung zwischen ca. 9 V= und 15 V=.

Soweit es sich nicht um Geräte handelt, die ohnehin nur für einen Batteriebetrieb ausgelegt sind, wird die Versogungs-Gleichspannung von einem Netzteil bezogen (das meist mit dem Set mitgeliefert wird). Wie hoch diese Gleichspannung ist, läßt sich entweder den technischen Daten oder auch direkt dem Netzteil entnehmen (an seinem Gehäuse ist oft sowohl die Ausgangsspannung, als auch der Ausgangsstrom angegeben).

Bei viel betriebenen Außenanlagen kann bequemlichkeitshalber das Nachladen des Akkus mit Hilfe von Solarstrom ähnlich gelöst werden, wie bei der Solargarage in Kap. 10. Für kleinere Außenanlagen genügt auch eine einfachere Solarstromversorgung nach *Abb. 3.14* in Kap. 3/Seite 60.

5.5 Spezielle Bildübertragungs-Systeme und Zubehör

Im Kap. 5.1 wurden drahtlose *Überwachungssysteme* behandelt, die zwar auch in die Kategorie der drahtlosen Bildübertragungen fallen, aber anwendungsbezogen eine Gruppe für sich darstellen. Nichts spricht dagegen, daß dieselben Geräte auch für Bild- und Tonübertragungen genutzt werden, die anderen Zwecken, als einer Überwachung oder Kontrolle dienen.

Anders liegt die Sache bei Bild&Ton-Übertragungen, die nicht mittels einer Videokamera, sondern direkt zwischen zwei Geräten der Unterhaltungselektronik stattfinden sollen.

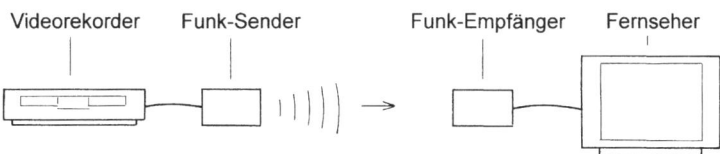

Abb. 5.3: Prinzipdarstellung einer kabellosen Signalübertragung von einem Videorekorder zu einem Fernseher

Zu den beliebtesten Repräsentanten dieser Spezialsysteme gehören Video-Funksets, die einen Videorekorder oder einen Satellitenempfänger (Receiver) kabellos mit dem Fernsehgerät (oder mit einem PC) verbinden. Ähnlich wie das Funkset einer drahtlosen Klangübertragung (Kap. 4), besteht auch das Video-Funkset in der Grundausführung nur aus zwei Bausteinen: Einem Sender und einem Empfänger.

Ein einfaches Anwendungsbeispiel geht aus *Abb. 5.3* hervor. Der Anschluß und die Inbetriebnahme eines derartigen Funksets ist sehr einfach: Das Verbindungskabel, das „normalerweise" einen Videorekorder oder Satellitenempfänger mit dem Fernseher verbindet, wird in diesem Fall an den Funksender angeschlossen. Die Verbindung zwischen dem Empfänger und dem Fernseher wird nochmals auf dieselbe Weise erstellt (die zusätzlichen Kabel werden üblicherweise mit dem Funkset geliefert, womit die ganze Installation noch leichter wird).

Es versteht sich von selbst, daß so ein Video-Funkset sowohl das Farbbild als auch den Stereoton überträgt. Die Reichweite dieser Funksets liegt (typenabhängig) bei ca. 20 bis 30 Meter innerhalb von Gebäuden und bei etwa 100 Meter bei freier Sicht.

Mit einem derartigen Set kann z. B. ein Satellitenempfänger am Dachboden (oder am Balkon) kabellos mit einem oder mehreren Fernsehern verbunden werden. Damit entfällt bei „Neuinstallationen" das umständliche Verlegen von Koaxialkabeln und der Fernseher kann ohne Rücksicht auf den „Antennen-Anschluß" einfach dort aufgestellt werden, wo es gerade erwünscht ist: auf dem Balkon, auf der Terrasse, im Garten, im Keller-Hobbyraum oder einfach nur im Wohn- oder Schlafzimmer, dort, wo es am besten paßt.

Natürlich haben die Hersteller daran gedacht, daß so ein Satellitenempfänger (bzw. ein Videorekorder) üblicherweise über eine drahtlose IR-Fernbedienung gesteuert werden muß. Dies geschieht bei derartigen Funksets (wieder typenabhängig) auf zweierlei Arten: Bei den „bedienungsfreundlicheren" Funksets ist direkt der *Funkempfänger* so konzipiert, daß er gleichzeitig als *IR-Empfänger* der normalen IR-Fernbedienung fungiert und ihre Befehle an das „Basisgerät" (Satellitenempfänger bzw. Videorekorder) per Funk weiterleitet. Man kann so mit der bestehenden Fernbedienung den Satellitenempfänger (oder den Videorekorder) funkgesteuert auf dieselbe Weise bedienen, als wenn er in demselben Raum stehen würde.

Dies wird dadurch bewerkstelligt, daß in dem *Funkempfänger* eines derartig konzipierten Video-Funksets gleichzeitig ein IR-Sensor mit *Funksender* integriert ist, der in der Gegenrichtung arbeitet. In dem eigentlichen *Video-Funksender* ist wiederum ein zusätzlicher *Funkempfänger* integriert, der nur für den Empfang der IR-Befehle der Fernbedienung ausgelegt ist. In diesem Fall werden verständlicherweise die ursprünglichen IR-Befehle erst in Funksignale umgewandelt und nach dem Empfang wieder als IR-Befehle in Richtung des Satellitenempfängers (Receivers) oder des Videorekorders ausgestrahlt.

Für einen derartigen „Zweirichtungs-Verkehr" sind jedoch nicht automatisch alle Systeme ausgelegt (darauf ist beim Kauf zu achten!). Allerdings gibt es fast zu allen der „weniger komfortablen" Video-Funksets zusätzliche Erweiterungs-IR/Funksender/Funkempfänger *nach Abb. 5.4* (die auch als *„Erweiterungsmodule"* oder *„Infrarot-Fernbedienungs-Verlängerung"* bezeichnet werden). Sie sind speziell nur für die Übertragung der Befehle von der Fernbedienung zu dem „Basisgerät" (durch Wände und Decken hindurch) ausgelegt. Hier lohnt sich vor dem Kauf ein sorgfältigerer Vergleich mehrerer Produkte in bezug auf das Preis/Leistungs-Verhältnis (siehe hierzu auch Kap. 6.2).

Bei allen diesen Übertragungen muß jedoch auf die Display-Informationen verzichtet werden, die z. B. am Receiver anzeigen, welcher Sender gerade

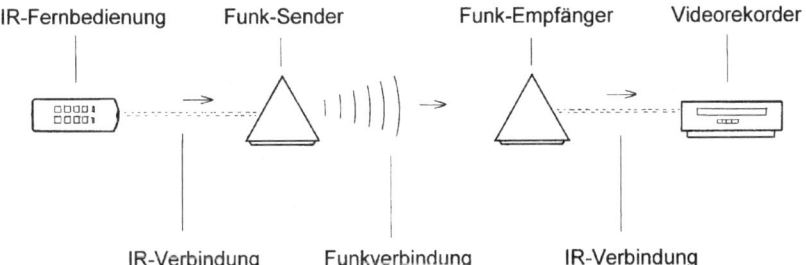

IR-Fernbedienung   Funk-Sender   Funk-Empfänger   Videorekorder

IR-Verbindung   Funkverbindung   IR-Verbindung

Abb. 5.4: Nicht jeder Empfänger eines Video-Funksets kann gleichzeitig in der Gegenrichtung die IR-Befehle der normalen Handfernbedienung an das Basisgerät durchfunken; in dem Fall kann ein zusätzliches Erweiterungs-Funkmodul diese Aufgabe übernehmen (die abgebildeten pyramidenförmigen Funksets sind unter den Namen „Power-Mid" bei Conrad Electronic erhältlich)

eingeschaltet ist. Da aber am Bildschirm des Fernsehers ohnehin jeweils das Emblem des eingeschalteten Senders (in einer der Ecken) diese Auskunft bietet, läßt sich mit so einem „Übertragungs-Manko" leben.

Wie jedem anderen Sender auch, ist es einem Video-Funksender egal, wieviele Empfänger von seiner Ausstrahlung profitieren. Daher können auch mehrere Fernseher über zusätzliche Funkempfänger die vom Sender ausgestrahlten Funksignale gleichzeitig empfangen. Allerdings nur in der Form von einheitlichem Programm.

5.6 Fernsehen oder Überwachen am PC über Funk

Daß man Fernsehprogramme auch über den PC – bzw. über seinen VGA-Monitor- empfangen kann, ist allgemein bekannt. Und natürlich spricht nichts dagegen, daß dazu die Video-Funksysteme aus dem vorhergehenden Kapitel verwendet werden.

Ein normaler PC ist jedoch nicht für den Empfang von Fernsehprogrammen konzipiert. Kein Problem: bereits seit langer Zeit gibt es verschiedene zu-

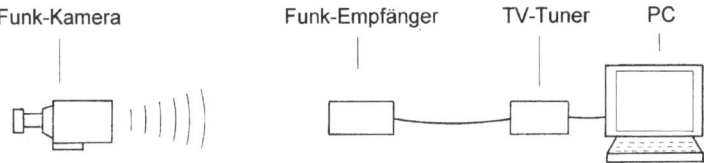

Funk-Kamera   Funk-Empfänger   TV-Tuner   PC

Abb. 5.5: Ein zusätzlicher TV-Tuner wandelt einen PC bzw. einen VGA-PC-Monitor in ein Fernsehgerät um;

sätzliche „*TV-Tuner*", die man einfach nach *Abb. 5.5* bei einer Funkübertragung zwischen den Video-Funkempfänger und den PC anschließen kann.

Derartige *TV-Tuner* sind wahlweise als externe Bausteine (mit eigener Fernbedienung) oder als „Einbau-Karten" mit Treiber-Software erhältlich. Die Features – worunter z. B. die Möglichkeit der Digitalisierung von Einzelbildern oder Videostreams bei Überwachungsaufgaben – sind von Produkt zu Produkt sehr verschieden und individuell aufklärungsbedürftig.

Wer nur am Fernsehempfang bzw. gelegentlichen Abspielen eines Videorekorders über den PC interessiert ist, der sollte einem externen TV-Tuner Vorrang vor einer „Einbau-Karte" geben. Das spart Zeit, Nerven und hat zusätzlich den Vorteil, daß bei einer PC Neuanschaffung der TV-Tuner leichter zu installieren ist, als eine Karte mit oft umständlicher Treibersoftware, zu der nicht selten eine stümperhafte Gebrauchsanweisung geliefert wird.

5.7 Kamera-Kleinmodule

Der Fach- und Versandhandel bietet gegenwärtig sehr viele preiswerte *Kamera-Module* an, mit denen sich viel anfangen läßt. Vorausgesetzt man verfügt über eine angemessene Portion Mut (um das Geld auszugeben und Vertrauen zu haben, daß man der Sache Herr wird) und über eine gewisse Portion Wissen (um hoffen zu dürfen, daß sich so ein Baustein auch entsprechend entgegenkommend verhält).

Wer sich hier nach dem Motto richtet: „Frisch gewagt ist halb gewonnen", wird meistens überrascht davon sein, wie einfach sich eigentlich so manches Vorhaben realisieren läßt.

Auf eines ist jedoch beim Kauf eines solchen Bausteines vor allem anderen zu achten: Daß mit ihm eine brauchbares Anschlußschema geliefert wird. Bei einigen dieser Kamera-Module handelt es sich um Restposten, die dem Kunden ohne jeglichen Hinweis auf die Anschlüsse verkauft werden. Derartige Kamera-Module haben meistens nur drei bis fünf Anschlüsse, aber ohne ein brauchbares Schaltschema ist auch ein erfahrener Elektroniker ziemlich hilflos.

Einige von diesen Einbau-Minikameras geben sich mit einer *nur dreiadrigen* ungeschirmten Leitung zufrieden, über die sie an den „*Videoeingang*" eines jeden Fernsehers oder Monitors angeschlossen werden können. Das klingt ja an sich ganz einfach – und ist auch einfach, wenn man weiß, wie es sich in der Praxis bewerkstelligen läßt. Theoretisch müßte zwar einer der drei Anschlüsse mit der Masse verbunden sein, einer ist für den Anschluß der positiven Spannungs-Versorgung und der dritte für die Übertragung des eigentlichen Videosignals zuständig. Die Frage: „who ist who?", bleibt aber offen, solange nicht mindestens einer von den zwei zuletzt genannten Anschlüssen durch irgendeinen Hinweis „identifiziert" ist (die Masse und ihr zugehörender Anschluß läßt sich ja meistens relativ leicht finden).

Wenn man ein solches Kamera-Modul an einen älteren Fernseher anschließen möchte, der über keinen Video-Scart-Eingang, sondern nur über eine Antennen-Buchse verfügt, muß das Kamera-Modul über einen speziellen „UHF-Modulator" *(über eine Video-UHF-Weiche)* an den Fernseher angeschlossen werden.

Diese Einbau-Kameramodule werden als CCD-schwarz/weiß-Module oder als CCD Farbmodule angeboten, teilweise auch mit einem integrierten Mikrofon. Aus den meist ausführlichen technischen Daten (die auch in Katalogen diverser Elektronik-Versandhäuser aufgeführt sind) gehen auch diverse weitere Eigenschaften bzw. technische Parameter solcher Kleinkameras hervor. Wichtig ist hier eine ausreichend hohe Auflösung, gute Lichtempfindlichkeit und evtl. der Erfassungswinkel.

So bietet z. B. Conrad Electronic ein *Miniatur-CCD-Farbkameramodul* nach *Abb. 5.6* an, das nach *Abb. 5.7* direkt an die Scart-Buchse eines Fernsehgerätes angeschlossen werden kann. Bei älteren Fernsehgeräten, die über keinen Scart-Anschluß verfügen, ist ein zusätzlicher Video/UHF-Modulator notwendig.

Abb. 5.8 zeigt eine nachbauleichte Schaltung des benötigten Netzteiles. Wir haben hier einfachheitshalber einen Trafo eingezeichnet, der mit den angegebenem Sekundär von 15 V/ 186 mA als Standard-Baustein erhältlich ist (u. a. bei Conrad Electronic).

Dieses Kameramodul verfügt über eine hohe Lichtempfindlichkeit, automatische Blendeneinstellung und Weißabgleich.

Technische Daten: Abmessungen 38 x 38 mm, Gewicht 20 g, Betriebsspannung 12 V=, Stromaufnahme 170 mA, Ausgangspegel 1 Vpp an 75 Ohm, Horizontalauflösung 330 Zeilen, Lichtempfindlichkeit 3 Lux, Bildwinkel horizontal 85°, Signal/Rauschabstand 42 dB.

Zu den meisten Einbau-Kameramodulen bietet der Fach- und Versandhandel auch passende Gehäuse und zusätzliche Teleobjektive. Manche der Mi-

Abb. 5.6: Kleiner als eine Streichholzschachtel: Das CCD-Farbkameramodul für Überwachungsaufgaben

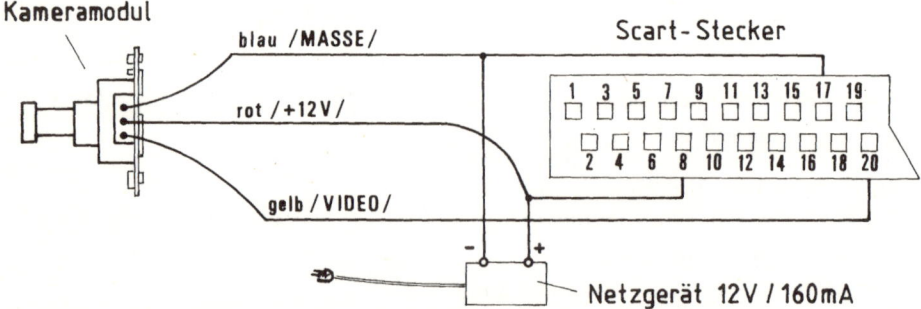

Abb. 5.7: Das CCD-Farbkameramodul aus vorhergehender Abbildung kann direkt an den Scart-Eingang eines Fernsehers angeschlossen werden

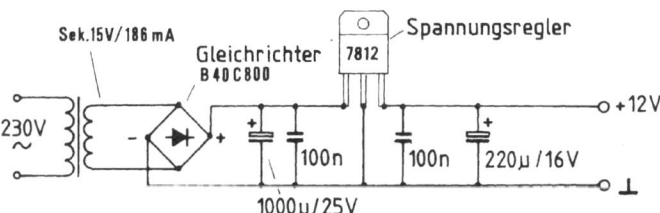

Abb. 5.8: Das benötigte 12 V/160 mA Netzteil kann leicht im Eigenbau nach diesem Schaltungsbeispiel erstellt werden

niatur-Kamera-Module sind jedoch derartig winzig, daß man sie im Innenbereich auch völlig „unauffällig" in Bücher im Buchregal, in Deckenlampen, Dekorationen, Blumentöpfe (mit Kunstblumen), Vasen usw. auch ohne Gehäuse einbauen kann. Zusätzliche Funk-Sender und Funk-Empfänger für kabellose Übertragung sind auch als Bausätze erhältlich.

5.8 Video/UHF-Weichen (Modulatoren)

Video/UHF-Weichen (Modulatoren) sind kleine handelsübliche Bausteine, deren Aufgabe bereits am Ende des vorhergehenden Kapitels erklärt wurde. Zumindest zum Teil. Im allgemeinen kann so eine *Video-UHF-Weiche* (die oft auch als *UHF-Modulator* bezeichnet wird), auch die Video- und Audiosignale eines Videorekorders oder einer Videokamera in UHF-Signale umwandeln, die direkt in die Antennenbuchse des Fernsehers eingespeist werden können.

Abb. 5.9 zeigt, wie es mit der Belegung der Anschlüsse eines solchen „mysteriösen" Kleingerätes in der Praxis „in etwa" aussieht. Hersteller- und typenbezogen weisen sowohl die Belegung der Anschlüsse, als auch die Versorgungsspannung Unterschiede auf, die jedoch an der eigentlichen Funktion des Kleingerätes nichts (oder nicht viel) ändern. Erhältlich sind diese Video/UHF-Weichen (UHF-Modulatoren) wahlweise als Fertigprodukte oder auch als Bausätze (u. a. bei Conrad Electronic).

Wird das in *Abb. 5.9* eingezeichnete Fernsehgerät speziell nur z. B. als Überwachungs- oder Kontroll-Monitor für die Mini-Kamera (bzw. für ein beliebiges Kamera-Modul) verwendet, bleibt der Antennen-Eingang des Modulators – der für den Anschluß einer Fernsehantenne vorgesehen ist – einfach unbeachtet.

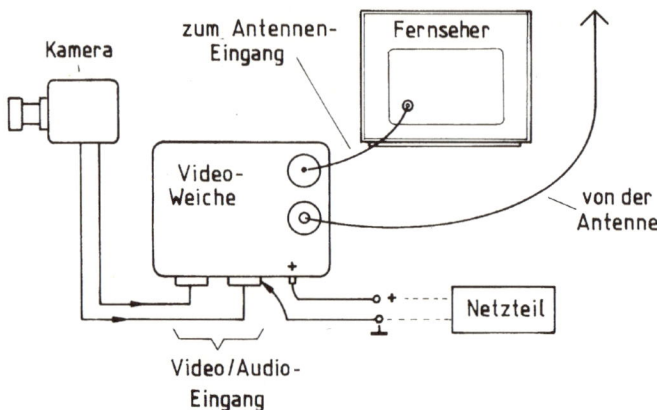

Abb. 5.9: Wenn der Funkempfänger eines Video-Übertragungs-Sets an einen Fernseher angeschlossen werden soll, der über keinen speziellen Scart- oder Cinchan-
schluß, sondern nur über eine einfache Antennenbuchse verfügt, kann dies nur über
eine zusätzliche Video/UHF-Weiche (über einen UHF-Modulator) geschehen. Die
Versorgungs-Gleichspannung variiert typenabhängig zwischen ca. +5 V und +12 V

Das in *Abb. 5.9* eingezeichnete Netzteil der Video/UHF-Weiche muß üblicherweise separat gekauft (als kleines Steckernetzteil) oder im Eigenbau erstellt werden. Wenn der UHF-Modulator für eine 12 V-Versorgungsspan-
nung ausgelegt ist, kann das Netzteil aus *Abb. 5.8* verwendet werden.

Falls dieses Netzteil sowohl für die Stromversorgung des UHF-Modulators,
als auch für die des Kamera-Moduls genutzt werden soll, ist ein angemessen größerer Trafo fällig, der für einen Sekundärstrom von ca. 350 mA ausgelegt ist (der Strombedarf der meisten UHF-Modulatoren liegt bei ca. 150
mA).

Eine Überwachungskamera kann über eine solche Video/UHF-Weiche an
einem Fernseher ständig angeschlossen bleiben – auch während des Emp-
fangs des normalen Fernsehprogramms. Mit dem Fernbedienungs-Handsender des Fernsehers kann dabei jederzeit auf das „Programm" der Überwachungskamera umgeschaltet werden. Hier muß einer der nicht belegten
UHF-Fernsehkanäle für die Überwachungskamera ausgewählt werden, die
Weiche wird auf ihn abgestimmt (mit einem kleinen Einstellpotentiometer,
der zu diesem Zweck in ihr integriert ist) und danach braucht man sich nur
noch zu merken, unter welcher „Nummer" dieses „Sonderprogramm" jederzeit abgerufen werden kann.

Unsere einfache Video/UHF-Weiche aus *Abb. 5.9* verfügt nur über einen einzigen Video/Audio-Anschluß, an den anstelle der Videokamera auch andere Video/Audio-Geräte – wie Videorekorder oder Receiver – angeschlossen werden können. Hier allerdings jeweils nur eines dieser Geräte. Möchte man auf diese Weise mehrere Video-Quellen gleichzeitig betreiben, braucht man dazu eine Weiche, die über mehrere Video/Audio-Eingänge verfügt. Unter den handelsüblichen Geräten dieser Art gibt es Video/UHF-Weichen (Modulatoren), die zwei bis vier unabhängige Eingänge haben. Somit können beispiels- weise 4 Kameras (oder zwei Kameras, ein Receiver und ein Videorekorder) an einen Fernseher angeschlossen werden. In diesem Fall benötigt jede dieser Kameras (bzw. andere Geräte) einen eigenen Fernsehkanal.

6 Drahtlose Datenübertragung

Vom rein technischen Standpunkt lassen sich zwar bekanntlich auch Audio- oder Video-Signale in der Form von „Daten" übertragen, aber in diesem Kapitel wollen wir uns die Übertragung von „Daten als solchen" näher ansehen.

Es kann sich dabei z. B. um Daten handeln, die vom PC zum Drucker oder zum Scanner über einen modulierten Infrastrahl drahtlos übertragen werden, um eine IR-Verbindung von der Tastatur zum PC, oder um Daten, die ein Außenthermometer per Funk an eine Wetterstation im Wohnzimmer sendet usw.

6.1 Drahtlose Datenübertragung rund um den PC

Die Infrarot-Datenübertragung zwischen dem PC und seiner Randapparatur gehört zwar zu den „altbekannten" Methoden, hat sich aber noch nicht allzusehr durchgesetzt. Das könnte sich jedoch ziemlich bald ändern, denn es wachsen inzwischen Generationen nach, bei denen sowohl die Eltern, als auch die Kinder den PC als einen „persönlichen" Gebrauchsgegenstand beanspruchen.

Was für den eigentlichen PC gilt, muß jedoch keinesfalls für den Drucker oder Scanner gelten. Hier kann im Gegenteil der Qualität vor der Quantität Vorrang gegeben werden und ein teurer(er) gemeinsamer Drucker oder Scanner wird nach Belieben mit einem der Home-PCs kabellos verbunden.

Eine Funkverbindung von mehreren Heim-PCs zum gemeinsamen Drucker *(nach Abb. 6.1)* kann dabei den üblichen Kabelsalat etwas dezimieren. Wenn es die Anordnung der einzelnen PC-Arbeitsplätze erfordert, kann auch eine IR-Fernbedienung mit Hilfe von zusätzlichen „Verlängerungsgeräten" verlängert werden (siehe hierzu das folgende Kap. 6.2).

Als eine andere Anwendungsmöglichkeit bietet sich hier eine kabellose IR-Verbindung zwischen der PC-Tastatur, einem Tisch-PC und einem Note-

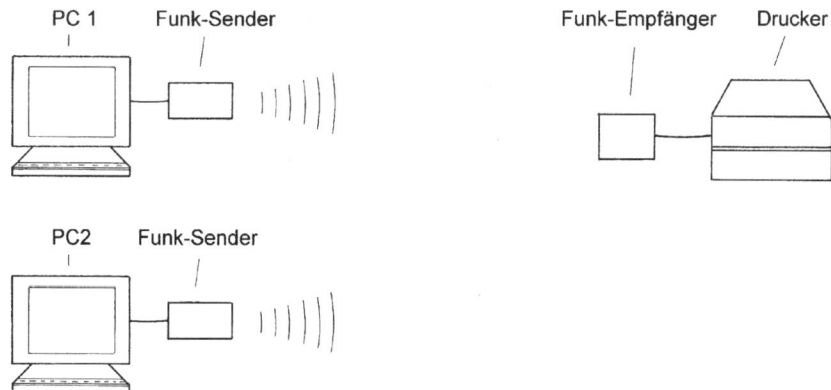

Abb. 6.1: Mit Hilfe einer kabellosen IR-Verbindung können zwei oder mehrere PCs einen gemeinsamen Drucker, Scanner bzw. ein anderes Pheripherie-Gerät abwechselnd benutzen

book. Viele der echten PC-Profis, die eine PC-Tastatur mit allen 10 Fingern „bespielen" können (wie es sich gehört), kommen mit den „Mikey-Mouse-Tastaturen" der meisten Notebooks nur unzufriedenstellend zurecht. Die „besseren" Notebooks verfügen zum Glück über einen Anschluß für eine zusätzliche „echte" PC-Tastatur und werden dann sowohl am Arbeitsplatz, als auch zuhause auf diese Weise gehandhabt. Mit Hilfe von zwei IR-Verbindungen können z. B. von einer Tastatur aus zwei Computer bedient werden. Somit entfällt der lästige Wechsel von Tastaturen oder Kabelverbindungen und nur ein einfacher zusätzlicher Umschalter U stellt jeweils die „Weiche".

Eine andere Anwendugsmöglichkeit einer IR-Datenverbindung bietet sich auch beim Surfen im Internet über den Fernseher. Eine kabellose „IR-Tastatur" ermöglicht hier eine bequeme kabellose Verbindung, die sich vor allem bei einem Fernseher mit größerem Bildschirm als sehr vorteilhaft erweist, weil man weit genug vom Bildschirm sitzen kann, ohne daß das Kabel ständig im Weg liegt.

Auch kabellose IR-Mäuse können situationsbezogen zu dem Bedienungskomfort beitragen. Hier ist jedoch bei der Anschaffung einerseits darauf zu achten, daß so eine IR-Maus – oder Funk-Maus durch die eingebaute Elektronik (und Batterie) nicht allzu groß bzw. schwer ist, anderseits sollte die Batterie wiederum groß genug sein, um eine ausreichend lange Betriebsdauer zu gewährleisten.

6.2 Infrarot-Fernbedienungsverlängerung

Zu einigen der handelsüblichen IR-Fernbedienungen hat es bisher keine Funk-Alternative gegeben, die auch Übertragungen durch Wände oder Zimmerdecken ermöglichen würde.

Inzwischen sind diverse spezielle *Funk/Infrarot-Fernbedienungen (Hand-sender)* erhältlich, die bei jedem Tastendruck sowohl Infrarot- als auch Funksignale senden. Anstelle der im vorhergehenden Kapitel angesproche-nen zusätzlichen *Fernbedienungsverlängerung* die aus einem Funk-Sender und einem Funk-Empfänger besteht, ist nun nur noch der eigentliche Funk-Empfänger (nach *Abb. 6.2*) nötig. Ein solcher Funkempfänger kann dabei beliebig viele Einzelgeräte bedienen, die in seiner IR-Reichweite stehen.

Manche der „Universal IR/Funk-Fernbedienungen" *(worunter die CV 300 von Conrad Electronic)* ersetzen bis zu 8 Standard Fernbedienungen. So ei-ne Fernbedienung kann dann über mehrere Funkempfänger (Funk/Infrarot-Wandler) in verschiedenen Räumen Zugriff auf diverse Geräte der Heim-elektronik haben.

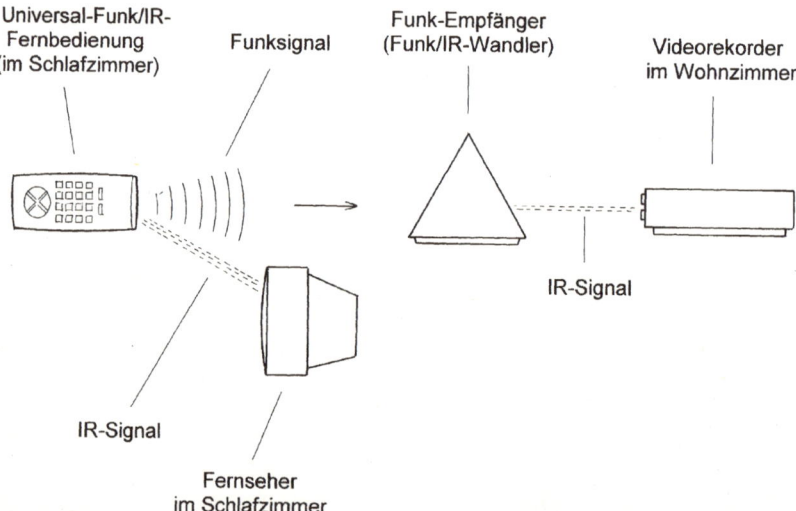

Abb. 6.2: Einige der modernen Universal-Fernbedienungen (Handsender) sind ge-genwärtig so ausgelegt, daß sie gleichzeitig IR- und ein Funksignal senden und so-mit auch entfernte Funkempfänger bedienen können. Die Bezeichnung „Universal" deutet darauf hin, daß dieses Fernbedienungsgerät mehrere Einzel-Fernbedienun-gen ersetzt (siehe weiter im Text)

Geräte, die sich in demselben Raum, wie die Fernbedienung, befinden (und dabei in der optischen Reichweite stehen), werden nur über die IR-Signale bedient. Geräte, die in anderen Räumen bzw. ausserhalb der optischen Reichweite stehen, werden über einen zusätzlichen speziellen Funkempfänger bedient. Dieser wandelt die empfangenen Funksignale in entsprechende IR-Signale um und sendet diese in Richtung der Geräte, die mit seiner Hilfe fernbedient werden.

6.3 Funk-Wetterstationen

Die einfachsten Funk-Wetterstationen bestehen nur aus einem Außenthermometer mit Funksender und einer „Innen-Basisstation" mit einem Funkempfänger und einigen LCD-Displays, die sowohl die Außen-, als auch die Innentemperatur und zusätzlich meist auch die Uhrzeit anzeigen.

Der Sender des Außenthermometers sendet in regelmäßigen Zeitintervallen (z. B. alle 30 Sekunden) die aktuelle Temperatur über Funk an die Basisstation. In der Basisstation ist normalerweise noch ein zweites Thermometer integriert, das die Innentemperatur mißt. Das ganze System wird in der Regel von einer Funkuhr gesteuert. Daher beinhalten die meisten Basisstationen auch ein Funkuhr-Display und fungieren somit gleichzeitig als eine Uhr.

Komfortablere Wetterstationen zeigen auch die Luftdruck- und Wettertendenz (meistens mit Hilfe einfacher Zeichensymbole) an und verfügen über verschiedene weitere Features. Darunter fällt z. B. eine Speicherung der höchsten und der tiefsten Temperatur, die während der letzten 24 Stunden ermittelt wurde (und die auf Tastendruck abgerufen werden kann) usw.

So zeigt z. B. die Funk-Wetterstation *WS 3010 (Abb. 6.3)* in ihrem mittleren Feld eine Art Wettervorhersage an. Ihr elektronisches „Wetter-Infocenter" umfaßt Thermometer, Barometer, Hygrometer für innen und außen. Die Meßwerte, die der Außenfühler erfaßt, werden per Funk über eine Entfernung von bis zu 20 m an die Innenstation übertragen. Aus der Luftdrucktendenz, den Feuchtigkeits- und Temperaturwerten ermittelt das Gerät eine ortsbezogene Wetterprognose, zeigt zusätzlich auch Uhrzeit, Weltzeit und Datum an.

Einige der „noch aufwendigeren" Wetterstationen messen und speichern neben der Temperatur auch Feuchte, Luftdruck, Niederschlag, Windstärke, Windrichtung und erstellen Wettervorhersagen usw.

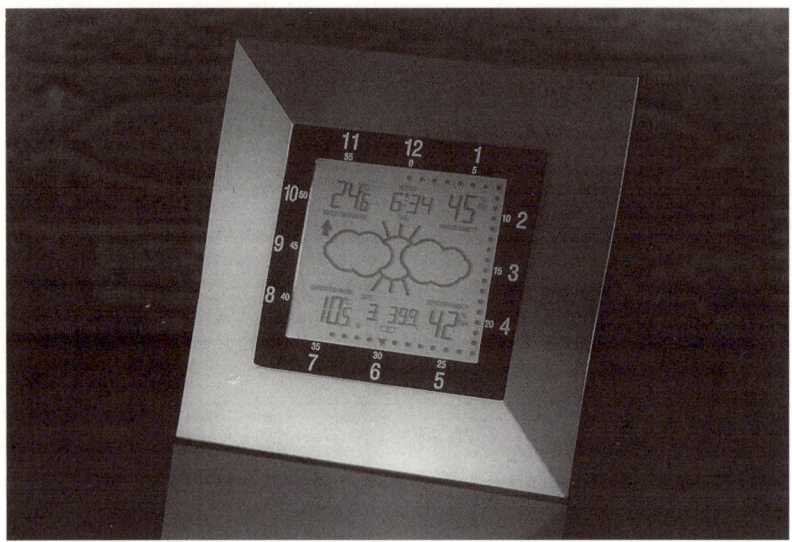

Abb. 6.3: Die moderne Funk-Wetterstation WS 3010 ähnelt einem Bild an der Wand; auf dem äußeren Displaykranz laufen Punkte und Pfeile, um die Uhrzeit auch aus größerem Abstand leicht erkennen zu lassen (Anbieter Conrad Electronic)

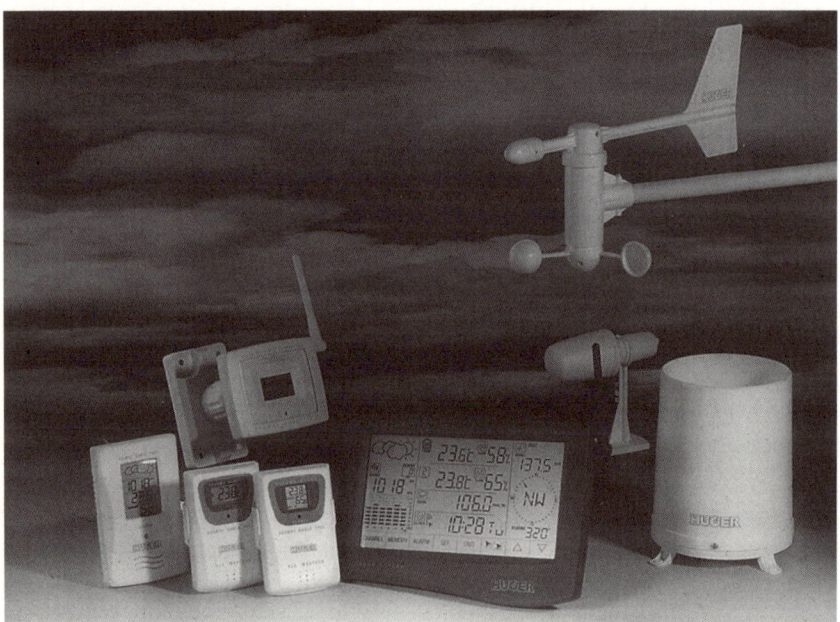

Abb. 6.4: Die Wetterstation „Meteomaster" (Abmessungen 205 x 138 x 37 mm) ermittelt mit Hilfe mehrerer Funksensoren laufend die Wetterdaten und erstellt ortsbezogene Wettervorhersagen (Anbieter Conrad Electronic)

Ein Ausführungsbeispiel einer solchen Wetterstation (gehobener Preisklasse) zeigt *Abb. 6.4:* Das große Display der Wetterstation zeigt permanent alle aktuellen Daten sowie den Wettertrend: Innen- und Außentemperatur, relative Luftfeuchtigkeit, Luftdruck, Niederschlagsmenge, Windgeschwindigkeit und Windrichtung. Diese Daten werden mit sechs separaten Sensoren gemessen und per Funk an die Empfangseinheit übertragen.

Die Sensoren – die sowohl über eigene Funksender als auch über eigene Solarstrom-Versorgung verfügen – werden je nach örtlichen Gegebenheiten im und um das Haus verteilt, um eine optimale Erfassung der Daten zu gewährleisten. Was unter dem Begriff „Datenerfassung" zu verstehen ist, verdeutlicht die folgende kurze Beschreibung:

Funk- Temperatur- und Feuchtigkeitsfühler

Diese Sensoreinheit für den Außenbereich ist mit Solarzellen-Energieversorgung und Pufferbatterie ausgestattet. Gemessen wird ein Temperaturbereich von −50 °C bis +70 °C, sowie relative Luftfeuchte zwischen 25 % und 95 %. Minimum- und Maximumwerte werden gespeichert und können im nachhinein abgerufen werden. Ermittelt werden außerdem die Taupunkt- sowie die Wind-Chill-Temperatur . Beim Über- und Unterschreiten vorgegebener Grenzwerte kann ein Alarm ausgelöst werden.

Funk-Windmesser

Auch dieser Außensensor ist mit Solarzellen und Ladebatterie ausgestattet. Die durchschnittliche Windgeschwindigkeit läßt sich wahlweise in m/s, kph, mph oder Knoten darstellen. Die durchschnittliche Windrichtung und die Richtung von einzelnen Böen erfolgt numerisch, alphabetisch oder als Kompass-Anzeige.

Funk-Regenmesser

Diese mit Solarzellen und Ladebatterie ausgestattete Einheit mißt die tägliche Niederschlagsmenge oder die Menge seit dem letzten Reset (seit der letzten Daten-Rücksetzung). Bei einem vorgegebenen Grenzwert läßt sich Alarm auslösen.

Luftdruck-/Temperatur-/Feuchtigkeitssensoren für innen

Der Meßbereich des Barometers liegt zwischen 795 und 1.050 hpa. Angezeigt werden neben dem aktuellen Luftdruckwert (absolut oder korrigiert auf NN) die Meßdaten der letzten 24 Stunden in einem Balkendiagramm. Bei plötzlicher Druckänderung kann ein Alarm ausgelöst werden. Ein in der Wetterstation integriertes Auswerteprogramm berechnet aus diesen Werten eine Wettervorhersage, die als Displaysymbole angezeigt wird (sonnig, teilweise bewölkt, regnerisch).

Die Meßbereiche der Innentemperatur liegen zwischen $-10\,°C$ und $+70\,°C$, die relative Luftfeuchtiggkeit zwischen 25 % und 95 %. Auch für diese beiden Meßwerte lassen sich Grenzwerte vorgeben, bei denen ein Alarm ausgelöst wird.

Das Stations-Display fungiert gleichzeitig als Touchscreen-Bedieneroberfläche: man muß nur mit dem Finger auf die Bedienleiste drücken, um beispielsweise die Meßwerte der angeschlossenen Temperatursensoren einzeln abzurufen oder individuelle Anzeigeparameter einzustellen.

Anwender, die nur an einigen dieser Messungen interessiert sind, können diese auch nur mit einfacheren Einzelgeräten vornehmen. So bietet z. B. *Conrad Electronic* einen *Funk-Regenmesser* an, der aus einem Außen-Regenmesser (Regenspeicher) und einer Innenstation besteht. Hier kann neben der Regenmenge des letzten Niederschlags wahlweise auch die Regenmenge der letzten Stunde, des letzten Tages, der letzten Woche, sowie auch der letzten 7 Wochen oder 7 Monate abgerufen werden.

Bei der Bestellung bzw. beim Kauf bitte nicht verwechseln: Neben den kabellosen *Funk-Wetterstationen* bietet der Fach und Versandhandel auch Wetterstationen an, die auf einem Foto von den Funk-Wetterstationen optisch nicht zu unterscheiden sind, bei denen jedoch das Außenthermometer (oder ein anderer Außenfühler) mit der „Basisstation" über ein Kabel verbunden werden muß.

7 Drahtlose Kommunikation in Heim und Garten

Mit der drahtlosen Kommunikation in Heim und Garten ist es sehr einfach: Solange man sich durch lautes Schreien ohne jegliche technische Hilfsmittel verständigen kann, dürfte sich der Einsatz von technischen Mitteln erübrigen. Andernfalls führt der Handel für fast jede Situation ein passendes Gerät.

7.1 Funk-Babysitter

Unter der populären Bezeichnung *„Funk-Babysitter"* oder *„Babyruf-Anlagen"* werden einfache (und oft preiswerte) Funksysteme gehandelt, die für drahtlose Klangübertragung vom Kinderzimmer (bzw. Kinderbettchen) zu einem kleinen Empfänger vorgesehen sind. Sie funktionieren im Prinzip ähnlich, wie die normalen Funkmikrofone und bestehen aus einem Mikrofon mit Sender und einem Empfänger mit Verstärker und Lautsprecher. Der Funkempfänger ist tragbar und kann – je nach Bedarf – im Wohnzimmer, Eltern-Schlafzimmer, in der Küche oder in einem anderen Raum aufgestellt werden, in dem sich einer der „ausfsichtshabenden" Eltern gerade befindet.

Sowohl der Sender, als auch der Empfänger – die z. B. nach *Abb. 7.1* konzipiert sind – haben kleine Abmessungen (Zigarettenschachtel-Größe) und ein geringes Gewicht.

Einige dieser Geräte ermöglichen eine Gegensprechfunktion, was z. B. auch bei Kranken-Überwachung oder Überwachung von Kindern im „kommunikationsfähigen Alter" von Vorteil sein kann (zumindest solange sie es sich gefallen lassen).

Folgende weitere (unterschiedliche) Eigenheiten bzw. Features dieser Geräte sollten beim Kauf verglichen und beachtet werden:

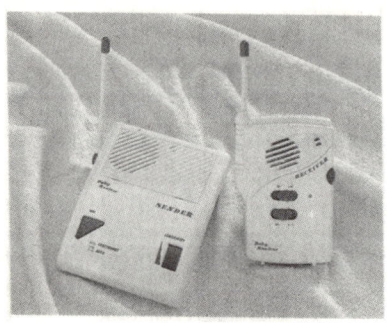

Abb. 7.1: Ausführungsbeispiel eines Funk-
Babysitter-Sets; der Empfänger ist bei einigen Geräten mit einem Gürtelclip versehen,
so daß er auch am Gürtel getragen werden
kann

- Manche der Funk-Babysitter sind sowohl für **Batteriebetrieb,** als auch für **Netzbetrieb** (über einen Netzteil) ausgelegt. Andere können nur über Batterien betrieben werden – es sei denn, man modifiziert sie selber auch für den Netzteil-Anschluß um.

- Geräte, die über eine **Einschaltautomatik** verfügen, schalten sich vom Standby auf Sendung (bzw. ebenfalls auch auf Empfang) erst dann ein, wenn sie ein Geräusch bzw. einen Laut wahrnehmen. Das ist besonders beim Batteriebetrieb sehr vorteilhaft.

- **Funkstörungen vom Nachbarn** (der zufällig auch eine ähnliche Funk-anlage benutzt) werden „mehr oder weniger" bei allen Babysitter-Gerä-ten dadurch verhindert, daß der Betreiber auf einen anderen Kanal umschalten kann oder daß eine im Gerät integrierte elektronische „Nachbarkanal-Abschirmung" die Funksignale aus der Nachbarschaft nicht an den Empfänger durchläßt.

- Einige dieser Geräte sind mit einer **Digital-Codierung** ausgestattet. Mit Hilfe von DIP-Schaltern am Sender und Empfänger kann jeder Benutzer seine eigene Codierung einstellen, die Fremdeinflüße ausschließt: Sobald hier der Sender Geräusche – z. B. Babyweinen – wahrnimmt, sendet er den eingestellten Code (in der Form von einem für Menschen unhörbaren Bit-Signal) zum Empfänger. Nur wenn der Empfänger die-ses Signal „erkennt", schaltet er auf Empfang – andernfalls bleibt er inaktiv.

- Die **Reichweite** verdient besonders dann etwas mehr Beachtung, wenn eine gelegentliche Überwachung auf größere Entfernung (im Garten bzw. zum Nachbarn) vorgesehen ist.

- Die **Übertragungs-Klangqualität** ist bei den meisten Babysitter-Funk-geräten ziemlich bescheiden, aber die Unterschiede sollte man dennoch vor dem Kauf vergleichen, um evtl. Enttäuschungen zu vermeiden.

Ein Funk-Babysitter ist ebenso als Geräuschmelder oder für eine beliebige Klang- oder Tonübertragung per Funk einsetzbar – soweit keine hohen Ansprüche an die Übertragungsqualität gestellt werden. Geräte, die über eine Gegensprechfunktion verfügen, können auch „zweckentfremdet" als Funk-Haustelefon (Funk-Interkom) oder als Türsprechanlage genutzt werden – evtl. in Kombination mit einer preiswerten Funk-Türglocke.

7.2 Funk-Türglocken und Personenruf

Die meisten der Funk-Türglocken (oder Tür-Gongs) sind so ausgeführt, daß sie alternativ als Personenruf eingesetzt werden können. So ein Funkset besteht in der Grundausführung aus einem kleinen Sender und einem etwas größeren Empfänger. Der Sender ist oft (aber nicht immer!) in einem spritzwassergeschützten Gehäuse untergebracht, das sich bei Bedarf fest an eine Wand oder auf einen Gartentür-Pfosten montieren läßt (anstelle eins normalen Klingelknopfes).

Abb. 7.2: Funk-Türgong mit Taster

Manche dieser Klingelknopf-Sender sind mit einer transparenten Abdeckung für das Namensschild versehen. Im Gehäuse des Senders ist normalerweise auch Raum für die Batterie. Dieser Sender wird logischerweise jeweils nur durch die Betätigung der Klingeltaste aktiviert, beansprucht keine kontinuierliche Stromversorgung des Standby-Betriebs und arbeitet somit sehr energiesparend.

Der Empfänger ist bei manchen Türglocken als „mobiler Baustein" für Batteriebetrieb ausgelegt und kann u. a. am Gürtel getragen werden. Bei anderen Türglocken ist der Empfänger (bzw. Türgong) für Netzversorgung konzipiert, bzw. direkt als „Steckdosen-Baustein" konstruiert, den man z. B. auch in einen anderen Raum mitnehmen und ohne zu viel Aufwand installieren kann.

Einige der Funk-Türglocken bzw. Tür-Gongs verfügen über eine zusätzliche Signalleuchte, die wahlweise auch eine optische Anzeige ermöglicht (was für den Einsatz in lauter Umgebung oder bei Schwerhörigen gedacht ist).

Die sehr günstigen Preise der Funk-Türglocken (die inzwischen teilweise unter die 50 DM-Grenze gesunken sind) machen bei Neubauten oder bei altersschwachen Anlagen eine Installation (bzw. Neuinstallation) mit traditionellen Kabeln völlig überflüssig. Zudem sind zu etlichen dieser Sets auch separate zusätzliche Sender und Empfänger erhältlich, wodurch man auch mehrere Sender (einer an der Gartentür, einer an der Haustür) oder mehrere Empfänger (einer in der Halle, einer im Hobbykeller) anbringen kann. Eine evtl. Kombination der Nutzungsmöglichkeiten von Türklingel und Personenruf ist im Familienkreis ebenfalls möglich, denn hier kommt es nur auf die „intern vereinbarten" Signal-Reihenfolgen an.

Als eine interessante Alternative zu den Türklingel-Sendern gibt es auch Funksender, die einfach nach *Abb. 7.3* parallel zu einer bestehenden Türglocke (in der Halle) angeschlossen werden können. Wenn diese läutet – und somit unter Strom gesetzt wird – bezieht der Funksender seine Versorgungsspannung direkt aus dem Klingeltransformator und löst in „seinem"

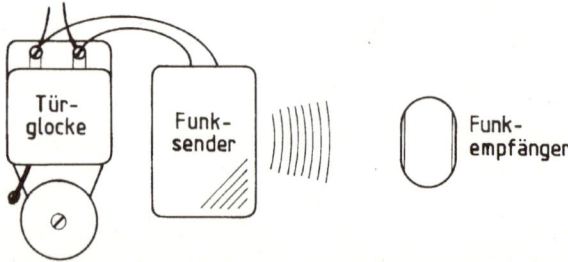

Abb. 7.3: Einige der Türglocken-Funksender sind so konzipiert, daß man sie einfach parallel zu der bestehenden Türglocke anschließen kann; sobald die Glocke läutet, läßt der Funksender einen (oder mehrere Funkempfänger) läuten, die entweder überall dort aufgestellt werden – bzw. am Gürtel aufgesteckt mitgenommen werden – wo die Türglocke nicht hörbar ist

Funk-Empfänger ein melodisches Signal aus. So kann ein Funkempfänger in einem abgelegenen Raum des Hauses oder im Garten (evtl. am Gürtel) melden, daß die Türklingel betätigt wurde.

7.3 Funk-Heim-Interkom

Ein Familien-Funk-Interkom (Gegensprechanlage) besteht aus zwei – oder mehreren – Geräten, die beide   bzw. alle – sowohl senden, als auch empfangen können. Am empfehlenswertesten sind Geräte, bei denen beide Teilnehmer gleichzeitig sprechen und zuhören können (ohne das lästige „OVER"). Ansonsten ist beim Kauf nur darauf zu achten, daß der Übertragungsbereich und die Klangqualität dem Vorhaben gerecht sind.

In den meisten Fällen wird so eine Anlage im Hausinneren benutzt und die Geräte sollten daher für Stromversorgung aus dem Netz ausgelegt sein.

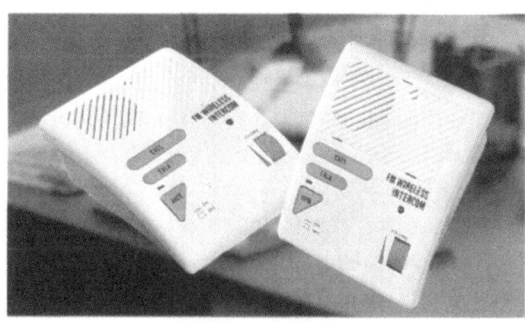

Abb. 7.4: Ein Funk-Interkom hat den Vorteil, daß man ihn überall mitnehmen kann: in den Hobbykeller, in den Garten oder auch zum Nachbarn

7.4 Fernschalten per Telefon

Das Fernschalten per Telefon dürfte strikt genommen unter „drahtloses Schalten" nur dann fallen, wenn die Telefonverbindung drahtlos – also per Funk (per Handy) – stattfindet. Dieser Aspekt wird aber in der Praxis kaum jemanden kümmern – und zudem spielt es in Hinsicht auf die konkreten Anwendungsmöglichkeiten keine Rolle.

Die einfachsten handelsüblichen Fernschalter sind zu diesem Zweck als Zwischenstecker ausgelegt und haben viel Ähnlichkeit mit den gängigen Funk-Steckdosen. Der einzige Unterschied besteht hier darin, daß der *Telefon-Fernschalter* noch eine zusätzliche kurze Telefonschnur hat, die ihn mit der normalen Telefon-Steckdose *(TAE-Anschlußdose)* verbindet.

Über diese Steckdose können dann beliebige Geräte oder Anlagen ferngeschaltet werden. So kann z. B. die Heizungsanlage übers Telefon wieder etwas „heraufgedreht" werden, wenn man vom Winterurlaub unterwegs nachhause ist oder eine Klimaanlage wird auf dieselbe Weise rechtzeitig eingeschaltet, bevor man bei großer Hitze zuhause ankommt usw. So ein Telefon-Fernschalter kann ziemlich vielseitig auch für gelegentliche einfachere Aufgaben genutzt werden – worunter z. B. die „Fernbedienung" einer Kaffeemaschine, einer PC-Anlage usw.

Neben den einfacheren Fernschaltern in Zwischenstecker-Ausführung gibt es auch aufwendigere Geräte, über die auch Rückmeldungen über den Betriebszustand einer Anlage oder eines Verbrauchers, sowie auch diverse andere Daten abgefragt werden können.

Konkrete Beispiele: Nachdem in unserem Lande Überschwemmungen so richtig „IN" sind, ist es für einen, der mit seiner Familie gerade einen Urlaub im Ausland verbringt, sehr beruhigend, wenn er übers Telefon ab und zu den Wasserpegel in seinem Keller abfragen kann. Dasselbe gilt auch für die Abfrage des Einbruchschutz-Systems (ob z. B. Sensoren Alarm meldeten, die nur bei einem echten Einbruch aktiviert werden können).

Die Attraktivität der spezielleren Geräte für das Fernschalten bzw. für die Fernabfrage per Telefon kommt allerdings in letzter Zeit durch das Internet etwas ins Schwanken, denn vergleichbare Aufgaben kann ein jeder „Internettaugliche" Heim-PC bewerkstelligen. Es fehlt jedoch oft noch an passender Randapparatur und an geeigneten Einzelbausteinen, die sich – ähnlich wie die Bausteine einer Modelleisenbahn – einfach anwendungsgerecht zusammenstecken lassen, ohne daß zu viel herumexperimentiert werden muß.

Wer zufälligerweise gegen etwas Experimentieren nichts hat, der kann z. B. auch einen normalen „fernabfragetauglichen" Anrufbeantworter so modifizieren, daß dieser Kurzinformationen von entsprechend ausgelegten Eigenbau-Sensoren aufnimmt und bei Anruf weitergibt. So ein Anliegen kommt jedoch nur für erfahrene Elektroniker in Frage, die sich mit der Materie derartig auskennen, daß sie zu diesem Tip keine ausführliche Bauanleitung benötigen (denn die wäre sehr aufwendig).

8 Moderner drahtloser Einbruchsschutz

Viele der Geräte der drahtlosen Klang- und Bildübertragung, die wir bereits in Kap. 4 und 5 beschrieben haben, eignen sich auch für den Einbruchschutz. Daneben gibt es ein großes Angebot an verschiedensten „drahtlosen" Alarmsystemen mit diversen Alarmgebern (Sensoren), die gezielt nur zu Zwecken des Einbruchsschutzes entwickelt wurden.

Ein „moderner" Einbruchsschutz läßt sich heutzutage leicht ohne die traditionelle Verkabelung realisieren. Das spart Installationskosten und Zeit. Durch diverse Neuentwicklungen vereinfacht und perfektioniert sich auch ständig die Philosophie der Einbruchschutz-Konzepte.

Die Brutalität der Einbrecher nimmt laut offiziellen Berichten in unserem Lande kräftig zu. Aus diesem Grund verdient ein Einbruchsschutz-Konzept Vorrang, bei dem der Einbrecher noch *vor* dem Betreten der Wohnung oder des Hauses an seinem Vorhaben gehindert wird. Alarmanlagen, die erst dann loslegen, wenn der Einbrecher schon im Wohn- oder Schlafzimmer steht, sollten *nur* als Zusatzmaßnahmen betrachtet und angewendet werden.

Die größte Schwachstelle aller Außen-Alarmanlagen bzw. Einbruchsschutz-Einrichtungen liegt leider immer noch bei der mangelnden Unterscheidungsfähigkeit der elektronischen Sensoren. Die meisten Sensoren (worunter die IR-Bewegungsmelder) können bekannterweise nicht einmal zwischen einer winzigen Fledermaus und einem zwei Pfund schweren Kerl unterscheiden.

Handelsübliche Einbruchsschutz-Geräte sollten daher miteinander so kombiniert werden, daß sie trotz all ihrer Schwächen „per Saldo" einen zuverlässigen Schutz ergeben. Wer es fertigbringt, auch noch einige eigenhändig erstellte Zusatzvorrichtungen zusammenzubasteln, der kann bei den Möglichkeiten der heutigen Elektronik einen wirklich sicheren Einbruchsschutz auf die Beine stellen. Auch deshalb, weil bei so einem individuell ausgetüftelten Einbruchsschutz nur der Inhaber weiß, wie das Ganze funktioniert.

Eine „Lücke" weisen aber noch alle normalen Einbruchsschutzanlagen auf: Wenn der Einbrecher z. B. ein Familienmitglied noch vor dem Haus „kidnappt" oder wenn er sich Zutritt in die Wohnung durch einen Trick verschafft, hilft eine „normale" Alarmanlage oft gar nichts. Zum Glück gibt es jedoch verschiedene Notrufsysteme, deren Miniatursender z. B. als Halsketten- oder Schlüsselanhänger, Armbanduhren und Ohrringe ausgelegt sind und die somit z. B. jeder Familienangehörige ständig „griffbereit" bei sich haben kann.

In den nun folgenden Kapiteln werden sowohl einige interessantere handelsübliche Sicherheits-Spezialgeräte, als auch einige Eigenbau-Lösungen vorgestellt und an der Hand von Anwendungsbeispielen erklärt.

8.1 Funk-Hausalarm-Systeme

Wie bereits erwähnt wurde, benötigen die modernen Funk-Hausalarmsysteme keine Verkabelung, da hier alle Alarmsensoren nur per Funk mit der Haus-Alarmzentrale verbunden sind. Auch das Ein- und Ausschalten der ganzen Alarmanlage kann üblicherweise über einen kleinen Funksender bewerkstelligt werden, der u. a. als Handsender bzw. als Armband- Halsketten- oder Schlüsselanhänger oft im Zubehör enthalten ist und der gleichzeitig als der vorher angesprochene Notruf-Sender verwendet werden kann (um eine automatische Telefon-Wähleinrichtung zu aktivieren).

Einer schnellen Übersicht dürfte hier am besten ein kurzer Blick auf die in *Abb. 8.1* skizzierten Funkbausteine einer einfachen Hausalarm-Zentrale dienlich sein: Einfachheitshalber ist hier jeder der gebräuchlichen Spezial-Bausteine jeweils nur einmal eingezeichnet. In der Praxis werden oft mehrere gleiche Sensoren *(Melder)* desselben Typ – worunter z. B. die Magnetkontakt-Sensoren – in der Wohnung bzw. im Haus angebracht. Die maximale Anzahl der Sensoren(typen), die an eine Zentrale per Funk „angeschlossen" werden dürfen, ist jeweils vom Hersteller limitiert und sollte bei der Planung mitberücksichtigt werden.

Bei den meisten Anlagen wird nur die eigentliche Alarmzentrale und evtl. einige ihrer *alarmgebenden* Zusatzbausteine (Sirene, Blitzlicht, automatischer Telefon-Notrufwählgerät) vom elektrischen Netz versorgt. Die einzelnen *alarmmeldenden* Sensoren sind samt ihrer integrierten Funksender für Batteriebetrieb ausgelegt. Die „intelligenteren" *Alarmmelder* senden an die Zentrale per Funk auch einen „Hilferuf", sobald die Spannung ihrer Batte-

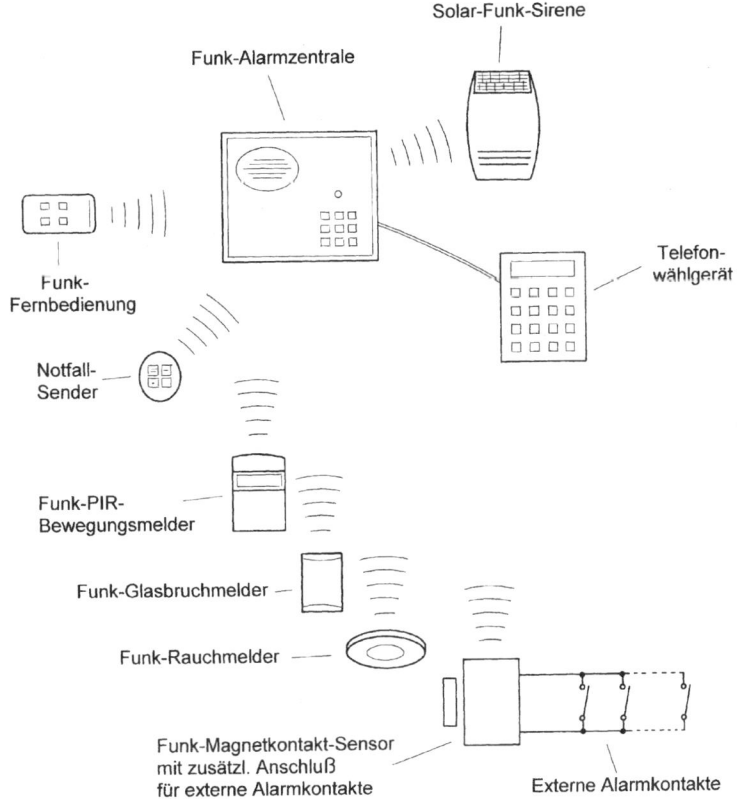

Solar-Funk-Sirene

Funk-Alarmzentrale

Funk-Fernbedienung

Telefon-wählgerät

Notfall-Sender

Funk-PIR-Bewegungsmelder

Funk-Glasbruchmelder

Funk-Rauchmelder

Funk-Magnetkontakt-Sensor mit zusätzl. Anschluß für externe Alarmkontakte

Externe Alarmkontakte

Abb. 8.1: Handelsübliche Funk-Hausalarm-Anlagen bestehen in der Regel aus einer Zentrale, die an einer beliebigen Stelle im Haus aufgestellt bzw. angebracht werden kann und aus verschiedenen Alarmmeldern (Sensoren), die mit der Zentrale nur per Funk kommunizieren

rie auf ein kritisches Minimum gesunken ist (die Zentrale signalisiert dann z. B. mit Blinklicht oder mit einem Minipiepser, daß ein Batteriewechsel fällig ist). Solchen Sensoren sollte man unbedingt Vorrang einräumen, denn eine derartig bequeme automatische „Spannungs-Selbstkontrolle" erspart einen unnötigen Kontrollaufwand bzw. unerwünschte Fehlfunktionen, die durch leere Batterien verursacht werden.

Einige der Funk-Alarmanlagen bzw. deren Steuereinheiten verfügen über speziellere Features, auf die beim Kauf zu achten ist:

- **Einteilung der Sensoren in mehrere Sicherheitszonen**, die separat ein- oder abgeschaltet werden können (so daß man sich z. B. in einem

Teil der Wohnung bewegen kann, während das Gästezimmer und die Garage abgesichert bleiben).

- **In mehrere Sektoren getrennte Meldereingänge (Melderlinien)**, die eine selektive Anzeige – z. B. am Paneel der Alarmzentrale – ermöglichen (so wird optisch angezeigt, aus welchem Raum die Alarm-Meldung kommt.
- Ein in der Alarmzentrale **integriertes Telefon-Wählgerät** bietet den Vorteil, daß man ohne ein Zusatzgerät einen „Hilferuf-Text" eingeben kann, der im Alarmfall (durch einfache Betätigung eines mitgelieferten Anhänger- oder Armbandsenders) an mehrere vorprogrammierte Rufnummern automatisch wiedergegeben wird.
- Die meisten Alarmzentralen sind für eine **Notstromversorgung** aus einem „internen" Akku ausgelegt, der jedoch meistens *nicht* im Lieferumfang ist.
- Ähnlich, wie bei allen anderen Funkgeräten ist auch hier der **Übertragungsbereich** produktbezogen unterschiedlich. Kritisch kann es jedoch nur in Ausnahmefällen werden (z. B. bei einer abgelegenen Garage). Bei Zweifel ist Probieren angesagt.

Bitte beachten: Nicht alle handelsüblichen Alarmzentralen sind für eine Funkverbindung zu den einzelnen Sensoren ausgelegt! Bei einigen muß immer noch die traditionelle Verbindung per Kabel gehandhabt werden.

Welche der in *Abb. 8.1* eingezeichneten Bausteine tatsächlich auch mit der einen oder anderen Alarmzentrale mitgeliefert werden (als Grundausstattung) oder werden können (als Zusatzgeräte), läßt sich am einfachsten den Katalogen entnehmen.

Eine allzugroße „Qual der Wahl" ist bei den Standard-Angeboten nicht zu befürchten, denn sowohl die eigentlichen handelsüblichen Alarm-Sensoren (an der Eingangsseite der Zentrale), als auch die alarmgebenden Bausteine (an der Ausgangsseite der Zentrale) weisen keine zu große Vielfalt auf. Wir sehen uns übersichtshalber nochmals näher an, was es alles auf diesem Gebiet gibt und wozu es gut sein kann:

Funk-**Magnet-Sensoren** wurden bereits im Kap. 4.7 unter der Bezeichnung *Türöffnungs-Sensoren* angesprochen. Es handelte sich zwar im Prinzip um dieselbe Lösung, aber dort verfügte das Set über einen eigenen kleinen Empfänger, der ein Warnsignal gegeben hat, wenn der Sensor aktiviert wurde. Daß sich nun in unserem Fall der Empfänger in einer gemeinsamen Alarmzentrale befindet, ermöglicht eine vielseitigere Nutzung (bzw. Weiterleitung) der „Alarm-Meldung".

In beiden Fällen hat der Magnet-Sensor (der auch als *„Tür/Fenstersensor"* bezeichnet wird) den großen Vorteil, daß er – im Gegensatz zu den meisten anderen Sensoren – keinen Strom verbraucht, solange er inaktiv ist. Dies ist darauf zurückzuführen, daß im Sender ein Zungenschalter (Reed-Schalter) integriert ist, dessen Kontakt quasi als „Hauptschalter" für die Senderelektronik fungiert. Wenn hier der Magnet aus der unmittelbaren Nähe des Zungenrelais entfernt wird, schaltet der Relaiskontakt die Stromzufuhr zu der ganzen Elektronik ein und löst den Alarm aus.

Funk-**Bewegungsmelder,** die wir auch in der Form von normalen „Passiv-Infrarot-Bewegungsmeldern" (PIR-Schaltern) kennen, benötigen einen Standby-Strom, um reaktionsfähig zu bleiben. Einige der modernen Funk-Bewegungsmelder begnügen sich jedoch mit einer Standby-Stromaufnahme von bescheidenen 0,05 mA. Wird so ein Bewegungsmelder nicht allzu oft aktiviert, reicht ein einziger Batteriewechsel pro Jahr aus (achten Sie jedoch beim Kauf auf den in technischen Daten angegebenen Standby-Stromverbrauch!).

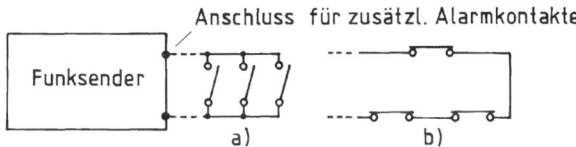

Abb. 8.2: Wenn der Funk-Sensor (Funksender) entsprechend ausgelegt ist, können an ihm auch noch zusätzliche Alarmkontakte angeschlossen werden: a) parallele Kontakt-Anordnung; b) serielle Kontakten-Anordnung

Einige der Funk-Magnetsensoren und der Funk-Bewegungsmelder sind mit einer kleinen Anschluß-Steckbuchse versehen, an die bei Bedarf beliebig viele zusätzliche mechanische Alarmschalter bzw. Alarmkontakte nach *Abb. 8.2* angeschlossen werden können. Manche dieser Magnetsensoren oder Bewegungsmelder reagieren mit Alarm einfach auf jede Veränderung des Betriebszustandes der Kontakte. Sie lösen jeweils einen Alarm aus, wenn einer der Kontakte nach *Abb. 8.2 a* geschlossen oder danach wieder geöffnet wird, bzw. wenn einer der Kontakte nach *Abb. 8.2 b* geöffnet oder danach wieder geschlossen wird.

Mit solchen zusätzlichen Alarmkontakten können Türen, Fenster oder Haushaltsgüter abgesichert werden. Zwar nicht kabellos (sondern über ein dünnes Kabel), aber das kann manchmal dennoch eine willkommene Zusatz-Absicherung ermöglichen.

Als Alarmschalter können diverse handelsübliche Mikroschalter, Zungen-schalter, Neigungsschalter (Quecksilberschalter), Kontakt-Trittmatten oder auch Eigenbau-Alarmkontakte verwendet werden (siehe auch Kap. 16.5).

Funk-**Glasbruchmelder** dienen zur Überwachung von Fensterglas auf Bruch und bestehen oft aus zwei Bausteinen: Aus einem Sensorkopf und aus dem dazugehörenden Funksender. Der Sensorkopf, der an der Fenster-scheibe angebracht (angeklebt) wird, ist an den Funksender mit einem dün-nen Kabel (bzw. Spiralkabel) angeschlossen. Der Funksender wird an einer beliebigen Stelle neben dem Fensterflügel angebracht (soweit es das Ver-bindungskabel erlaubt). Der Funk-Glasbruchmelder benötigt im Ruhezu-stand keinen Strom. Somit hängt hier die Batterie-Lebensdauer nur von ih-rer Selbstentladung ab.

Funk-**Geräuschmelder** (bereits im Kap. 4.7 beschrieben) werden bei klei-neren Funk-Hausalarm-Systemen nur seltener im Zubehör angeboten. Man kann ihn jedoch auch in eine „Fremdanlage" einbauen, wenn z. B. der Piep-ser durch die Eingangs-LED eines Optokopplers ersetzt wird. Der „Schalt-Ausgang" des Optokopplers wird dann anstelle eines der Kontakte aus *Abb. 8.2* als „alarmgebender Schalter" angewendet (siehe hierzu Kap. 17).

So ein kleiner „chirurgischer Eingriff" setzt jedoch entsprechende Fach-kenntnisse voraus. Auf deutsch: Wer keine Ahnung hat, wie man so etwas machen könnte, der sollte es vorerst lassen. Und umgekehrt: Für wen so ei-ne Modifizierung kein Problem darstellt, der kann unseren „Tip" auch ohne eine zusätzliche Aufklärung nutzen.

Im allgemeinen sind die meisten der vorher beschriebenen Alarmgeber und anderen Systembausteine nicht markenunabhängig wahllos miteinander kombinierbar. Daher sollte bereits im Planungsstadium gut überlegt wer-den, welche der Alarmsensoren bzw. andere Funktionen wünschenswert sind. Erst dann können mehrere Angebote verglichen werden, um das Opti-mum zu finden.

Anderseits ist bei diesen Überlegungen auch zu erwägen, ob für die vorge-sehene Absicherung des Hauses oder der Wohnung auch tatsächlich eine kompakte Alarmzentrale notwendig ist. Oft läßt sich der Einbruchsschutz auch nur mit einigen Einzelgeräten konzipieren, die eine „maßgerechtere" (oder preiswertere) Lösung darstellen. Ein erfahrener (bzw. kreativer) Elek-troniker kann dabei etliche spezielle Geräte oder Systemteile selber erstel-len oder diverse bestehende Sensoren und andere Bausteine der Sicherheits-technik miteinander kombinieren.

Die „Ausgangsseite" der Alarmzentralen ist üblicherweise für den Anschluß einer Funk-**Außensirene** ausgelegt (die manchmal auch mit einem – im Gehäuse integrierten – **Blitzlicht** ausgestattet ist).Wie bereits erwähnt, verfügen manche dieser Zentralen über eine im System integrierte automatische **Telefon-Wähleinrichtung**. Falls eine solche Telefon-Wähleinrichtung nicht im System einbezogen ist, stellt das kein Problem dar: sie ist auch als ein selbständig arbeitendes **Funk-Notruf-Set** erhältlich.

Die Funktion der **Telefon-Wähleinrichtung** (als integriertes Zubehör einer Alarmzentrale oder als eines selbständig arbeitenden Notruf-Sets) ist erklärungsbedürftig: Auch hier besteht so eine Vorrichtung aus zwei Bausteinen: Aus einem kleinen persönlichen Miniatur-Notrufsender (Schlüsselanhänger oder ähnlich) und aus einem Empfänger der direkt ans Telefonnetz angeschlossen (eingesteckt) wird und im Alarmfall selbständig die zuvor programmierten Telefonnummern anwählt.

Typenabängig können in so einem Notruf-Gerät z. B. bis zu sechs unterschiedliche Telefonnummern (von Nachbarn oder Bekannten) eingespeichert werden. Wenn die entsprechende Alarmtaste des Mini-Notsenders betätigt wird, empfängt der Empfänger das Funksignal, aktiviert sein Telefon-Wählgerät und dieses legt los: Nach und nach werden nun die eingespeicherten Teilnehmer in der vorgegebener Reihenfolge solange angerufen, bis sich z. B. mindestens zwei von ihnen gemeldet haben (um sicher zu gehen, daß evtl. nicht ein Kind den Hörer abnimmt, nicht versteht, worum es sich handelt und den Notruf nicht weiterleitet).

Einige der Notruf-Systeme sind für die Speicherung von mehreren Notruf-Texten ausgelegt (Überfall, Unfall, Feuer), die der Hilferufende am Sender – durch die Bedienung der zugehörigen Taste – wählen kann.

Allerdings gibt es auch solche Notruf-Systeme, die den Angerufenen nur einen Alarmton ins Ohr „piepsen". Insofern so ein einfaches Notrufsystem z. B. nur für hausinterne Kommunikation mit einem pflegebedürftigen Familienmitglied vorgesehen ist, dürfte ein solches „Piepsen" als Rufsignal genügen. Ansonsten ist einer echten Sprachausgabe Vorrang einzuräumen, denn ein reines Piepsen kann so mancher Angerufene irrtümlicherweise für eine falsche Faxverbindung halten und den Hörer verärgert auflegen.

Viele der Notruf-Empfänger verfügen über einen zusätzlichen „Alarmkontakt" an dem eine Außen-Sirene oder andere Alarmgeber angeschlossen werden können.

Wichtiger Hinweis: Es ist nicht zulässig, daß der gespeicherte Hilferuf per Telefon auch an offizielle Stellen – wie Polizei, Notdienst, Feuerwehr – geleitet wird, denn die Gefahr einer Fehlfunktion bzw. eines Mißbrauchs ist groß und schwer nachvollziehbar. Dies gilt jedoch nicht für private Wachgesellschaften, die auch derartige telefonische Hilferufe *ihrer Kunden* entgegennehmen und entsprechend weiterleiten.

8.2 Optimaler Entwurf einer Hausalarm-Anlage

Das Grundkonzept eines optimal ausgelegten Einbruchsschutz-Systems hängt verständlicherweise vor allem davon ab, wie groß das Objekt ist, das gegen Einbruch geschützt werden soll und wo die logistischen „Schutzgrenzen" liegen sollen bzw. dürfen.

Wie wir bereits erwähnt haben, wird dabei grundsätzlich angestrebt, daß dem Einbrecher der Zugang ins Hausinnere bzw. in die Wohnung eines Wohnhauses „möglichst unmöglich" gemacht wird.

Wer ein Haus bewohnt, das von einem Garten umringt ist, sollte den Schwerpunkt der Einbruchssicherung so weit wie es geht vom Haus weg (in Richtung Gartentor und Zaun) verlegen. Das verringert evtl. Vernichtungen oder engere Konfrontationen mit dem Einbrecher und verhindert auch bei „harmloseren" Einbruchsversuchen, daß so ein Erlebnis traumatische Folgen hinterläßt.

Wer eine Wohnung bewohnt, die er nur bis zu der eigentlichen Wohnungstür und zu den Fenstern als „sein Königsreich" betrachten darf, der sollte anstreben, daß alle in Frage kommenden Zugangswege bevorzugt gut von außen geschützt werden.

Der Absicherungs-Standard, und der damit verbundene Aufwand, dürfte bei so einem Projekt auch auf die potentielle „Zielgruppe" der Einbrecher-Kategorie abgestimmt sein, für die sich ein Einbruch in das „Objekt" rentiert.

Damit ist folgendes gemeint: Echte Spezialisten, die mit aufwendigeren Geräten ausgestattet sind, wie man es aus einigen Fernsehkrimis kennt, brechen nicht wahllos in Wohnungen ein, um dort einen ausgedienten Fernseher zu klauen. Einbrecher dieser Kategorie sind nur an einer gehobeneren Beute interessiert, und steigen nur dort ein, wo auf Basis vorhergehender

Recherchen „Kostbares" zu holen ist – wie teure Bilder, Antiquitäten, Schmuck, eine Luxus-Limousine usw.

Wer derartige Güter nicht besitzt, darf im Prinzip davon ausgehen, daß er nur für einfachere Einbrecher in Frage kommt, die normalerweise immer nur den Weg des kleinsten Widerstandes präferieren.

Dies ist nur insofern ein Trost, daß es sich bei dieser „Handwerker-Gruppe" um Menschen handelt, die nicht ihre Arbeitszeit mit zu viel Herumexperimentieren vergeuden. Auf das Absuchen des geschützten Objektes nach Infrarot-Schutzstrahlen (bzw. Schutznetzen) oder nach „Radarfallen" werden sich diese Einbrecher unter normalen Umständen nicht einlassen. Wenn ihnen ein Alarmsystem zu unheimlich wird, lassen sie lieber die Finger davon und die Brecheisen weg.

Unheimlich kann vor allem ein Alarmsystem wirken (oder werden), das auf sein „Vorhandensein" optisch und akustisch hinweist: Krach, Sirenenheulen, Blitzlichter, warnend blinkende LED-Felder oder andere mysteriös aussehende bzw. wirkende Vorrichtungen.

Der Hinweis auf eine Alarmanlage soll zwar auffallend sein, aber nicht dem Einbrecher beim Auffinden einzelner Sensoren oder Vorrichtungen behilflich werden. Ein paar täuschend echte Videokamera-Attrappen (Dummy-Kameras) machen das Kraut zwar nicht fett, aber sind immerhin wirkungsvoller als ein Schild mit schriftlicher Warnung (der Prozentsatz von Einbrechern die der deutschen Sprache sowieso nicht mächtig sind, nimmt ja statistisch stark zu).

Eine wirkungsvolle Abschreckung stellen auch diverse Eigenbau-Vorrichtungen dar, die evtl. völlig unabhängig von der Alarmzentrale am Gartenzaun oder auch vor der Wohnungstür im Treppenhaus Reflektoren und Kleinsirenen einschalten (für eine vorprogrammiert beschränkte Dauer).

So kann bereits ein sehr preiswerter Eigenbau-Timer nach *Abb. 8.3* erstellt werden, der eine Sirene oder beliebige andere Verbraucher für eine Dauer einschaltet, die mit dem Potentiometer P_t eingestellt werden kann (von bis zu 20 Minuten). Wird die Kapazität des eingezeichneten Kondensators C_t verdoppelt, verdoppelt sich auch die max. Einschalt-Zeitspanne.

Das IC des Typ *NE 555* kann an seinem „Schaltausgang" *(Pin 3)* einen Strom von max. 200 mA liefern: Bei diesem Dauerstrom wärmt es sich aber schon zu sehr auf und kann draufgehen. Daher sollte der Stromverbrauch die angegebenen 150 mA nicht überschreiten (es gibt einige laute Sirenen,

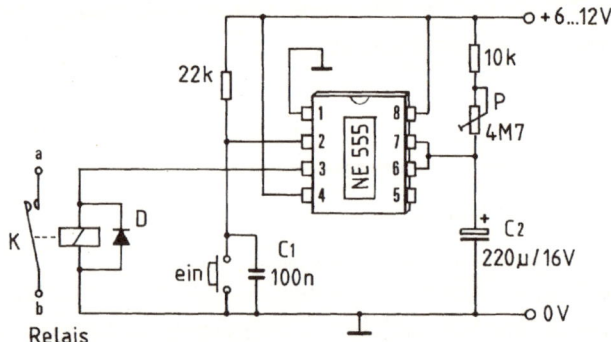

Abb. 8.3: Schaltung eines einfachen Eigenbau-Timers mit dem preiswerten IC Typ *NE 555*: Wenn der Alarmkontakt „**ein**" betätigt wird, schaltet der Timer für eine mit dem Einstellpotentiometer **P** eingestellten Zeitspanne das Relais ein, an dessen Kontakt **K** beliebige Alarmgeber angeschlossen werden können. Alarmsirenen, deren Stromverbrauch unter 150 mA liegt, können anstelle des Relais direkt an Pin Nr. 3 des ICs *NE 555* angeschlossen werden; Diode **D** = 1 N 4148

die „im Limit" liegen). Bei Zweifel – oder wenn man „kräftigere" Verbraucher schalten möchte – ist das eingezeichnete Relais erforderlich (siehe hierzu Kap. 16).

Als eine Zwischenlösung bietet sich ein Parallelbetrieb von zwei bzw. drei ICs des Typs NE 555 an, von denen jedes theoretisch einen „Schaltstrom" von max. 200 mA (am *Pin 3*) verkraften kann. Bei einer Parallelschaltung ist bei diesen bipolaren ICs zu berücksichtigen, daß ihre internen Spannungsunterschiede keine allzu perfekt ausgewogene Verteilung der Belastung gewährleisten. Wenn an zwei parallel arbeitenden *NE 555* eine 9V/250 mA-Sirene angeschlossen wird, sollte präventiv davon ausgegangen werden, daß sich hier die Stromabnahme pro IC nicht exakt im Verhältnis 1:1 verteilt. Am einfachsten läßt sich in solchem Fall die Ausgewogenheit der Belastung durch einen Kontrollvergleich der Erwärmung mit dem Finger feststellen. Kleinere Überschreitungen der Erwärmung eines ICs können zwar bekanntlich mit zusätzlichen Kühlkörpern in Grenzen gehalten werden, aber hier ist ein Austausch des ICs kostengünstiger.

Bei der Dimensionierung des ICs im Zusammenhang mit der Anwendung eines Relais gilt folgendes: Wenn der Ohmsche Widerstand der Relaisspule zwischen ca. 150 und 200 Ω liegt, sollte unbedingt das Timer-IC Typ *NE 555* verwendet werden. Ein Relais, dessen Spulenwiderstand 200 Ω überschreitet, kann man von dem „schwächeren" aber im Standby-Betrieb energiesparenderen Timer-IC Typ *ICM 7555* betreiben (beide ICs sind „pinkompatibel"). In der Praxis gibt es jedoch ein großes Angebot an 12 V-Relais, deren Spulenwiderstand zwischen ca. 240 Ω und 1000 Ω liegt. Diesem Relais sollte auch in Kombination mit dem IC *NE 555* Vorrang gegeben werden (damit sich das IC nicht unnötig erwärmt).

Anstelle des in *Abb. 8.3* eingezeichneten Tasters „**ein**" können beliebig viele parallel arbeitende Schalter bzw. Alarmkontakte verwendet werden, die entweder mechanisch (von Türen, Fenstern und Toren) oder elektronisch (von Lichtschranken) bedient werden.

Mit den hier beschriebenen einfachen Eigenbau-Alarmgeräten mit den Timer-ICs *NE 555* bzw. *TMS 7555* läßt sich bei etwas kreativer Phantasie bereits eine ziemlich aufwendige Alarmanlage aufbauen. Einem Elektroniker wird es nicht schwerfallen, die einzelnen Alarmgeber über einen oder mehrere Funksender (Fertigprodukte oder Bausätze) zu einem Eigenbau-Gerät zu leiten, das man als „Alarmzentrale" bezeichnen kann.

Ob allerdings überhaupt eine Alarmzentrale erforderlich ist, bleibt eine reine Ermessensfrage, die auch von der Größe des geschützten Objektes oder von der Art der alarmgebenden oder schützenden Bausteine abhängt.

Wenn man beispielsweise am Gartenzaun Bewegungsmelder installiert, muß damit gerechnet werden, daß sie von fast allem, was sich um sie herum bewegt, aktiviert werden und Alarm auslösen: von streunenden Katzen, Fledermäusen, Nachtfaltern, von Blättern der nahe wachsenden Bäume usw. Im Sommer wachen zudem schon sehr früh am Morgen die Vögel auf, fliegen im Garten herum und lösen ebenfalls den Alarm aus.

Löst so ein Bewegungsmelder völlig unabhängig von der eigentlichen Alarmzentrale nur Warnlichter oder Warnblitze aus, trägt es sicherlich zum Objektschutz bei. Es besteht jedoch in allen Fällen eine Wahrscheinlichkeit von 100 zu 1, daß ein falscher Alarm durch andere Lebewesen ausgelöst wird. Deshalb sollten derartige Vorrichtungen nur als „Inselanlagen" installiert werden, die z. B. vom Schlafzimmer aus nicht wahrnehmbar sind. Das ist allerdings eine lakonische Empfehlung, die viele Fragen offen läßt (worunter die Frage, ob dabei nicht Rücksicht auf die Schlafzimmer der Nachbarn zu nehmen ist).

Wir haben hier dem Problem der Bewegungsmelder gezielt etwas mehr Aufmerksamkeit gewidmet, weil sie zu den Grundbausteinen einer jeden handelsüblichen Funk-Alarmanlage gehören und seitens der Käufer oft versehentlich als Wunderdinge eingestuft werden. In Wirklichkeit handelt es sich gerade bei diesen „Alarmmeldern" um Sensoren, deren Anwendung auch im Innenbereich sehr vorsichtig gehandhabt werden muß.

In den Zeichnungen der Hersteller sieht es ja sehr eindrucksvoll aus, wenn da ein Bewegungsmelder im Wohnzimmer, einer in der Küche und einer in der Diele so aufgestellt ist, daß bei Aktivierung des Hausalarm-Systems jede Bewegung in diesen Räumen sofort einen Alarm auslöst. Schön, was die Technik heutzutage alles kann, denkt sich so mancher dabei.

In Wirklichkeit handelt es sich bei derartigen PIR-Bewegungsmeldern um eine ziemlich unzuverlässige Technik mit einem miserablen Unterscheidungsvermögen: Ein fetter Nachtfalter, der sich in der Diele auf den Sensor setzt, oder die vorbeilaufende Hauskatze lösen genauso einen Alarm aus, wie ein Mensch. Dazu kommt noch, daß der Bewegungsmelder nicht erkennt, ob es sich bei dem vorbeischleichenden Menschen um einen Einbrecher handelt, oder um einen Hausbewohner, der sich etwas aus der Küche holen will.

Bewegungsmelder eignen sich daher vor allem zum Schutz von Räumen, die nachts bzw. bei Abwesenheit der Bewohner unbewohnt und abgeschlossen bleiben. Unter dem Begriff „unbewohnt" dürfte zu verstehen sein, daß da auch keine kleineren Lebewesen frei herumspazieren oder herumfliegen dürfen, die einen Alarm auslösen könnten. Wer Haustiere hat, wird sich oft etwas schwer tun, denn die meisten von ihnen wollen eine gewisse Bewegungsfreiheit haben und lassen sich nicht nachtsüber in einen einzigen Raum einschließen.

Alle diese Überlegungen sollten speziell im Zusammenhang mit Bewegungsmeldern äußerst kritisch betrachtet werden. Dagegen sind *Funk-Magnetmelder* (die oft auch als selbständige Funk-Türöffnungsmelder gehandelt werden) viel vorteilhafter (sogar im Preis). Dasselbe gilt auch für *Funk-Glasbruchmelder:* Sie eignen sich zwar überwiegend nur zum Schutz der Fensterscheiben – bzw. Terrassen- oder Balkontür-Scheiben – können aber trotzdem den Sicherheitsstandard einer Alarmanlage maßgeblich erhöhen.

Von den zwei letztgenannten Alarmmeldern lassen sich vielseitig die *Funk-Magnetmelder* einsetzen. Wir wissen, daß in so einem Magnetmelder ein alarmauslösender Zungenschalter integriert ist, der magnetisch (kontaktlos) von einem Dauermagneten betätigt wird (mehr darüber finden Sie im Kap. 16. 2)

Die Magnetmelder garantieren in Kombination mit Glasbruchmeldern einen ziemlich zuverlässigen Schutz aller Zugangswege in die Wohnung oder ins Haus. Sie sollten daher mit einer angemessenen „Großzügigkeit" grundsätzlich an allen Türen und Fenstern (auch Kellerfenstern) angebracht werden. Bei Kellerfenstern bevorzugen zwar erfahrungsgemäß die Einbrecher das Glaseinschlagen vor dem Aufbrechen der Fensterflügel. Wenn sie hier aber die Sensorköpfe der Glasbruchmelder ausfindig machen, werden sie das Aufbrechen des Fensterflügels (oder der Kellertür) in Erwägung ziehen. Falls hier sichtbar an der Innenseite des Fensterrahmens auch noch Magnetsensoren angebracht sind, werden die meisten Einbrecher auf diesen „Einstiegsweg" endgültig verzichten, denn alle anderen Lösungen, die noch in Frage kämen, sind zu arbeitsintensiv.

Dasselbe gilt im Prinzip auch über den Einbruchsschutz der Haustür und aller Haus- oder Wohnungsfenster, die dem Einbrecher eine Einstiegsmöglichkeit bieten. Es können da zwar in manchen Fällen ziemlich viele Funksensoren anfallen, aber alles im Leben hat halt seinen Preis. Dabei sind wir immer noch nur bei dem Einbruchsschutz des Hauses oder der Wohnung von innen.

Für einen „echten" Schutz des Hauses oder der Wohnung von außen gibt es eigentlich keine wirklich wirkungsvollen handelsübliche Geräte. Videokameras (mit denen sich bereits Kap. 5.1 befaßte) sind natürlich immer sehr praktisch. Zumindest als Überwachung, die vor allem als eine „Zusatzinformation" verwertet werden kann. Man dürfte jedoch auf solche Kameras verzichten, die von integrierten Infrarot-Bewegungsmeldern aus aktiviert werden – und dabei bei jeder vorbeilaufenden Katze jeweils Alarm auslösen. So etwas verursacht nur einen unnötigen Streß und gehört nicht unbedingt zu den „Dingen des Lebens" an die man sich gewöhnen müßte.

Was für einen wirkungsvollen Einbruchsschutz von außen übrig bleibt, sind vor allem solche Sensoren oder Vorrichtungen, die einem Einbrecher den Spaß an dem Vorhaben vermasseln, oder die einen Menschen von anderen Lebewesen unterscheiden können. Um die Lösungen anwendungsgerecht zu erklären, teilen wir sie in die nun folgenden Unterkapitel auf.

8.3 Einbruchsschutz an der Wohnungstür

Für einen, der sich mit der Elektronik einigermaßen auskennt, gehört der Einbruchschutz an der Wohnungstür zu den interessantesten Herausforderungen, bei denen man die kreative Phantasie wirkungsvoll einsetzen kann.

Die meisten Einbrecher sind auf diesem Gebiet ziemlich klever und lassen sich nicht so leicht von rein mechanischen "Hindernissen" abschrecken. Mit

Hilfe der Elektronik kann wesentlich mehr erreicht werden, als mit mechanischen Schlössern, Riegeln und ähnlichen Vorrichtungen. Der Respekt vor der „geheimnisvollen" Elektronik verunsichert einen Einbrecher besonders dann, wenn er mit etwas konfrontiert wird, was er bisher noch nie gesehen hat.

Das trifft sich gut, denn handelsübliche wirkungsvolle elektronische Fertigbausteine für die Absicherung der Wohnungstür von außen gibt es eigentlich gar nicht. Nur Infrarot- oder Radar-Bewegungsmelder (die im Kap. 14 noch näher beschrieben werden) können hier als zusätzliche „Warngeräte" verwendet werden.

Die Reichweite eines IR-Bewegungsmelders sollte hier zusätzlich verringert werden (durch Verkleinerung seines „Fensters" mittels einer aufgeklebten Blende), damit er nur auf eine Person reagiert, die direkt vor der Tür steht.

Solche Bewegungsmelder bzw. Annäherungsschalter dürfen jedoch keinen zu lauten Alarm auslösen, denn sie reagieren völlig unselektiv auf jeden, der im Treppenhaus an der Tür vorbeigeht. Wenn jedoch der Bewegungsmelder anstelle von einem Alarm z. B. nur ein Bohrmaschinen- oder Staubsauger-Geräusch in der Wohnung auslöst (das im Treppenhaus zwar hörbar, aber nicht störend ist), kann es einen Einbrecher dennoch verunsichern und von seinem Vorhaben abhalten.

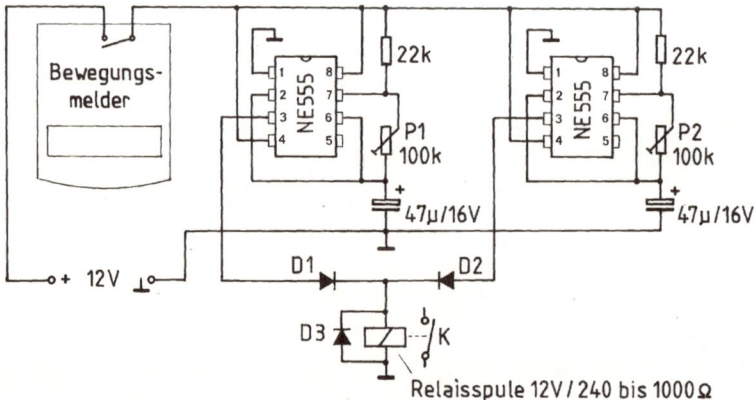

Abb. 8.4: Ein Bewegungsmelder schaltet eine Handbohrmaschine über zwei astabile Multivibratoren ein, die als ein Intervallschalter mit variierender Einschaltdauer fungieren und über ein Relais eine Bohrmaschine oder andere „abschreckende" Elektrogeräte einschalten; Dioden **D1** bis **D3**: 1 N 4148

Ein ununterbrochenes monoton klingendes Bohrmaschinengeräusch, das von einem Bewegungsmelder z. B. für die Dauer von 5 Minuten eingeschaltet wird, hört sich allerdings etwas unglaubwürdig an. Eine sehr preiswerte Abhilfe bietet hier die Eigenbau-Lösung nach *Abb. 8.4*: Der Bewegungsmelder schaltet hier nicht direkt die Bohrmaschine (bzw. einen anderen Verbraucher), sondern einen Intervallschalter ein, der in variierenden Intervallen das an ihm angeschlossene Relais betätigt.

Das Funktionsprinzip der Schaltung ist hier sehr einfach: Zwei baugleiche astabile Multivibratoren arbeiten hier quasi als „Blinker", deren Taktfrequenz bei ca. 2 bis 10 Sekunden liegt. Beim Aufbau der Schaltung wird erst nur der erste Multivibrator mit dem Relais verbunden und seine Taktfrequenz wird mit **P1** auf ca. 2 Sekunden eingesetellt. Danach wird das Relais nur auf den zweiten Multivibrator angeschlossen und seine Taktfrequenz wird mit **P2** auf ca. 3 Sekunden eingesetellt. Danach wird das Relais über die Dioden **D1/D2** an beide ICs angeschlossen. Die Intervalle beider Mutivibratoren werden sich nun miteinander mischen und die Dauer der einzelnen Einschaltzyklen (der an den Relaiskontakt **K** angeschlossener Bohrmaschine) wird variieren. Somit entsteht bei einem „ungebetenen Zuhörer" der Eindruck (bzw. die Gewissheit), daß in der Wohnung gearbeitet wird.

Wesentlich wirkungsvoller kann ein Laser-Pointer-Lichtstrahl oder IR-Strahl außen vor dem Türgriff (nach Abb. 8.5) als Einbruchsschutz eingesetzt werden.

Am allerbesten ist hier eine Kombination von einem sichtbaren Laserpointer- Strahl (oder Strahlennetz) mit einer unsichtbaren IR-Lichtschranke, die

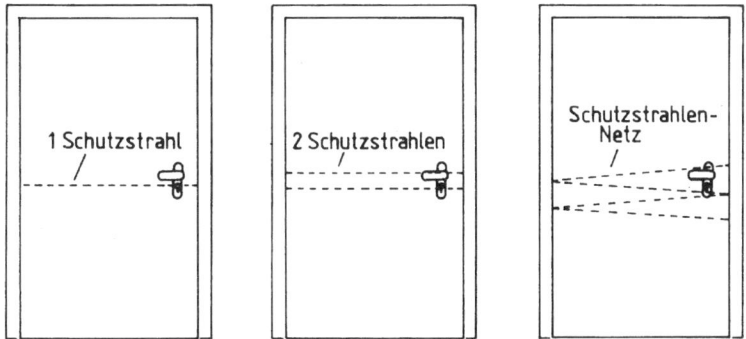

Abb. 8.5: Ein Laser-Pointer-Lichtstrahl (bzw. auch mehrere Lichtstrahlen) vor dem Türgriff im Treppenhaus bilden einen wirkungsvollen Einbruchsschutz (mit Hilfe von einigen kleinen Spiegeln kann evtl. der Lichtstrahl zu einem Strahlennetz ausgebaut werden).

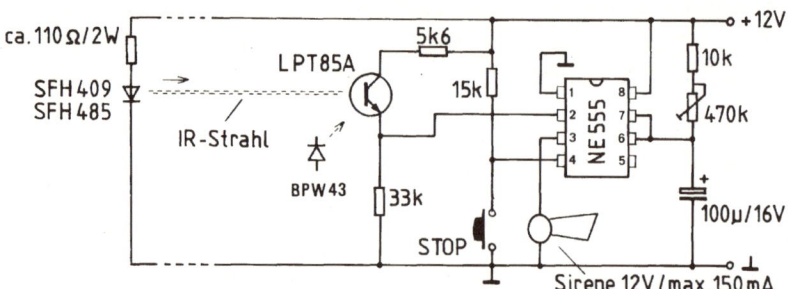

Abb. 8.6: Nachbauleichte Schaltung einer IR-Lichtschranke mit dem Timer-IC *NE 555*. Anstelle des Fototransistors *LPT 85* kann auch eine Fotodiode (z. B. die eingezeichnete *BPW 43*) verwendet werden; durch Antippen der **STOP**-Taste wird der ausgelöste Alarm endgültig gestoppt (siehe weiter im Text)

z. B. nach Abb. 8.6 im Selbstbau erstellt werden kann. Das IC NE 555 arbeitet hier – ähnlich wie in der Abb. 8.3 – als ein Timer, der die angeschlossene Sirene einschaltet, wenn der IR-Lichtstrahl unterbrochen wird.

Solange der Fototransistor LPT 85 A von dem IR-Lichtstrahl belichtet wird, ist er „offen" und hält Pin 2 des Timer ICs positiv. Wird der IR-Lichtstrahl unterbrochen, verhält sich der Fototransistor als „geschlossen", Pin 2 wird negativ, der IC-Schaltausgang (Pin 3) kippt von **L** auf **H** um und aktiviert somit die angeschlossene Sirene. Die Einschaltdauer des Timers (und somit des Alarms) ist mit dem 470 k-Einstellpotentiometer am Pin 6/7 einstellbar (siehe hierzu auch Kap. 17).

Der Fototransistor LPT 85 A hat keinen Tageslicht-Filter und sollte daher etwas lichtgeschützt eingebaut werden (Fototransistoren mit Tageslicht-Filter sind normalerweise selten erhältlich). Die hier als Alternative eingezeichnete Fotodiode *BPW 43* (Anbieter Conrad Electronic) kann ohne jegliche Änderungen der Schaltung anstelle des Fototransistors eingesetzt werden. Sie ist zwar etwas weniger empfindlich als der Fototransistor, aber das macht bei so einer kleinen Lichtschranke nichts aus – bzw. läßt es sich durch eine leistungsstärkere IR-Sendediode ausgleichen. Die eingezeichnete SFH 409 hat eine Strahlstärke von 7 mW/sr, die SFH 485 von ca. 25 mW/sr (ws für diese Zwecke ausreicht). Für evtl. längere Lichtstrahlen-Reichweiten bietet z. B. Conrad Electronic dem Anwender auch noch wesentlich leistungskräftigere IR-Sendedioden an: Darunter die VX 301 (80 mW/sr) oder die TS-ALGaAs-IR-LED 5 mm, deren Strahlungsleistung (bei 250 mA) stolze 375 mW/sr erreicht.

Abgesehen davon können bedarfsbezogen (auch in dieser Schaltung) mehrere IR-Sendedioden in Serie geschaltet werden. Da jede dieser Dioden üblicherweise nur eine Spannung von ca. 1,2 bis 1,5 V benötigt (was jeweils aus den techn. Daten hervorgeht), könnten in unserer Schaltung bis zu 9 oder 10 dieser Dioden in Serie geschaltet werden, ohne daß dadurch der Strombedarf steigt. Der 110 Ω / 2 W-Vorwiderstand würde dann entweder ganz entfallen oder müßte „entsprechend" verringert werden. Darunter ist konkret zu verstehen, daß der Ohmsche Wert des Vorwiderstandes an den max. zulässigen Strom der Sendediode angepaßt werden muß, der in den technischen Daten angegeben ist:

Die zwei IR-Sendedioden aus unserer Schaltung sind für einen max. Strom von 100 mA ausgelegt. Wenn wir nun von einer 1,2 V-Dioden-Betriebsspannung ausgehen, muß auf den Vorwiderstand ein Spannungsverlust von den „restlichen" 10,8 V entstehen (insofern die ganze Schaltung nicht an eine andere Versorgungsspannung angeschlossen wird, als eingezeichnet).

Die Ermittlung des optimalen Vorwiderstandes ist einfach:

10,8 V : 0,1 A (LED-Strom) = **108 Ω**

Wir haben in unserem Schaltungsbeispiel diesen Wert auf 110 Ω aufgerundet. Der Optimalwert sollte jedoch mit einem Amperemeter kontrolliert und so eingestellt werden, daß durch die Sendediode (bzw. durch mehrere in Serie geschalteten Sendedioden) lieber ein etwas niedrigerer Strom als die theoretisch vorgesehenen 100 mA fließt – sofern die Lichtintensität der Lichtschranke ausreicht.

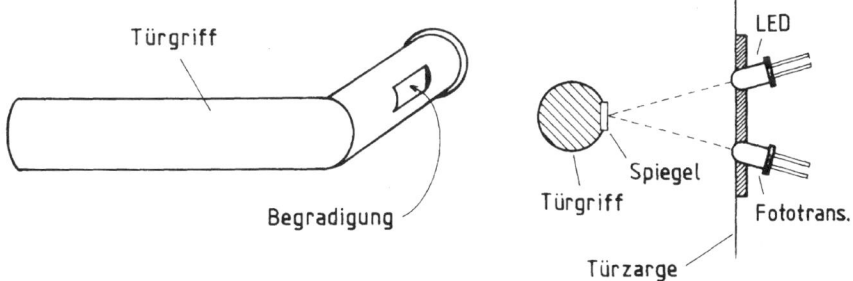

Abb. 8.7: Eine Reflex-Lichtschranke am Türgriff der Tür-Innenseite kann sich die Schaltung aus *Abb. 8.6* zunutze machen. Ein solcher Einbruchsschutz eignet sich jedoch nur für eine Eingangstür, an deren Außenseite ein Türgriff angebracht ist und kein Knopf, der sich von außen nicht drehen läßt)

Eine andere interessante Eigenbau-Lichtsschranke zeigt *Abb. 8.7*: Es handelt sich hier um eine Reflex-Lichtschranke, die an dem Türgriff der Tür-Innenseite angebracht werden kann. In den Türgriff kann mit einer Feile eine kleine Begradigung für einen Mini-Spiegel hineingefeilt werden, um einen kleinen Spiegel (bzw. spiegelndes Metall), mit einigen Tropfen Leim anzubringen. Die hierzu benötigte elektronische Schaltung ist voll identisch mit der aus *Abb. 8.6*.

Nebenbei: IR-Lichtschranken sind auch als Bausätze (u. a. beim Elektronik-Versand) erhältlich. Die eigentlichen Schaltungen können von den hier vorgeschlagenen einfachen Schaltbeispielen abweichen (denn hierbei handelt es sich um Eigenentwicklungen des Verfassers), aber die Funktion bleibt dennoch dieselbe: Der Empfänger sendet einen IR-Strahl (oder Laserlicht-Strahl) in Richtung des Empfängers. Ein Fototransistor bildet im Empfänger den eigentlichen „Empfangsbaustein", der bei Unterbrechung des Lichtstrahles das Relais im Empfänger aktiviert.

Einige der Bausatz-Lichtschranken arbeiten mit einem kodierten IR-Lichtstrahl, den auch ein kleverer Einbrecher nicht austricksen kann. Mit dem Austricksen ist es aber auch bei einem unkodierten Laser- oder IR-Lichtstrahl nicht so einfach: Wenn sowohl die eigentliche Lichtquelle, als auch der Empfangstransistor etwas vertieft in der Türzarge montiert sind, kann der Einbrecher nicht einfach eine Ersatz-Lichtquelle von außen anbringen (um das Auslösen des Alarms zu verhindern).

Dennoch sollten sich derartige Einbruchsschutzanlagen in Mehrfamilienhäusern nicht unbedingt als stark heulende Sirenen bemerkbar machen. Es sei denn, einige der Nachbarn können diesen Alarm (z. B. mit einem – ihnen geliehenen – Funksender) abstellen.

Eine zusätzliche starke Beleuchtung oder diverse kombinierte Lichteffekte dürfen so eine akustische Warnung begleiten – vorausgesetzt das Ganze überschreitet bei einem Fehlalarm nicht die Grenzen, die den Nachbarn zugemutet werden dürfen.

Die Nachbarn sollten dennoch über die Anlage – und auch darüber daß der ausgelöste Alarm beispielsweise jeweils nur ca. 5 Minuten lang erklingt – rechtzeitig informiert werden.

Eine kräftig lärmende Alarmanlage kommt unter diesen Umständen nur dann in Frage, wenn eventuelle zusätzliche Sensoren ein versehentliches Auslösen des Alarms (durch spielende Kinder oder beim Putzen des Treppenhauses) ausschließen können. Das ist jedoch eine ziemlich komplizierte

Vorbedingung, die bei dem Stand der heutigen Technik nur im Eigenbau ausreichend zuverlässig erfüllt werden kann. Wer sich die Zeit nimmt, um dieses Buch gut durchzulesen, wird in diversen anderen Kapiteln viele Inspirationen finden, von denen er auch bei diesem Einbruchsschutz Gebrauch machen kann.

8.4 Einbruchsschutz an einem Einfamilienhaus

Wie bereits erwähnt, ein drahtloser Einbruchsschutz im Garten sollte den Einbrecher möglichst daran hindern, daß er „ungestört" in die Nähe des Hauses kommt. Daß es sich hier um eine Aufgabe handelt, die von Fall zu Fall ganz unterschiedlich gelöst werden muß, leuchtet ein.

Die schon des öfteren angesprochenen Funk-Bewegungsmelder sind auch hier als „Alarmmelder" in der Praxis nur in geschlossenen Objekten (in diesem Fall z. B. in einer Garage) anwendbar. Wenn so ein Bewegungsmelder noch über einen Anschluß für konventionelle Alarmkontakte verfügt, können diese als sehr nützliche Alarmgeber eingesetzt werden. Der Bewegungsmelder wird somit gleichzeitig als sein Sender für Alarmmeldungen genutzt, die von den an ihm angeschlossenen Alarmkontakten ausgelöst werden.

Abb. 8.8: Als zusätzliche Alarmkontakte eignen sich vor allem diverse Mikroschalter: Sie reagieren auf eine winzige Veränderung der eingestellten Position

Wenn für die Anwendung des eigentlichen Bewegungsmelders kein Bedarf besteht, kann er sich trotzdem als reiner Alarmsender für die an ihm angeschlossenen Alarmkontakte nützlich machen. Zu diesem Zweck ist jedoch ein derartig „teilgenutzter" Bewegungsmelder etwas zu teuer.

Soweit für den Einbruchsschutz eine komplexe Funk-Alarmzentrale verwendet wird, dürften sich hier aus Kostengründen bevorzugt die wesentlich preiswerteren Funk-Magnet-Sensoren anwenden lassen. Einige dieser Sensoren verfügen auch über einen Anschluß für zusätzliche Alarmkontakte. Abgesehen davon ist im Magnetmelder ein leicht auffindbarer Zungenschalter (Reed-Schalter) eingebaut. Wenn seine zwei Anschlüsse nach außen herausgeführt werden, können parallel zu dem Zungenschalter noch beliebige weitere elektromechanische Alarmschalter angeschlossen werden.

Der Phantasie bleibt dann überlassen, welche Alarmschalter an welchen Plätzen eingesetzt werden. Hier fangen allerdings die echten Problemlösungen erst so richtig an.

Die Planungsüberlegungen sollten mit der Erstellung einer Skizze des Hausgrundstücks anfangen, in die man alle Stellen markiert, die einem Einbrecher den Zutritt ermöglichen. Wenn es der Sache dient, dürften auch die Abstufungen der Prioritäten einer gewissen Reihenfolge untergeordnet werden. Ein normaler Dieb wird beispielsweise kaum gerade dort über einen Zaun klettern, wo er sich am stachligem Weißdorn seine Hose zerreißt, wenn er vier Meter weiter wesentlich bequemer einsteigen kann.

Es wäre viel zu schwierig, alle hypothetischen Möglichkeiten anzusprechen, die individuell mitberücksichtigt werden müssen. Wer versucht, sich bei der Planung des Einbruchsschutzes in die Lage eines Einbrechers zu versetzen, der wird selbst am besten dahinterkommen, welche der „Zugangswege" für einen „unerwünschten Besucher" überhaupt in Betracht zu ziehen sind. Danach können diese Zugangswege nach ihrem Stellenwert sortiert werden, um anschließend wirkungsvolle Sperren oder Alarmmelder zu installieren.

Wenn es die gartenarchitektonischen Aspekte erlauben, können diverse künstliche „Sperren" erstellt werden, die eventuell die Zugangsmöglichkeiten zum Haus etwas einschränken. Eine Wand aus dicht aneinander ge-

Abb. 8.9: Mit Hilfe von drei übereinander horizontal verlaufenden IR-Strahlen kann eine Lichtschranke erstellt werden, die nur dann Alarm auslöst, wenn alle drei Lichtstrahlen gleichzeitig unterbrochen werden – was bei einem großen Strahlenabstand kein Kleintier, sondern nur ein Mensch verursachen kann. Die hier angegebenen Höhen der IR-Strahlen haben einen rein informativen Charakter und können nach eigenem Ermessen beliebig geändert werden

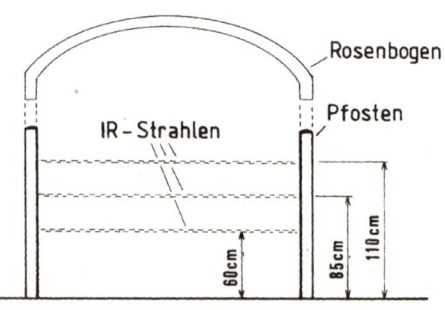

pflanzten dornigen Hundsrosen (die über 2 Meter hoch werden) dürfte als
Beispiel für so eine natürliche Sperre dienen.

Wenn mitten in solcher Wand als Durchgang ein Rosenbogen ist, können da
zwei oder drei übereinander verlaufende IR-Strahlen nach *Abb. 8.9* eine
Lichtschranke bilden, die nur dann einen Alarm auslöst, wenn beide (bzw.
alle drei) Strahlen gleichzeitig unterbrochen werden. Weder ein Kleintier,
noch ein Vogel, sondern nur ein Mensch kann beide bzw. alle drei Strahlen
gleichzeitig unterbrechen. Es kann theoretisch vorkommen, daß mehrere
nebeneinanderfliegende Vögel rein zufällig gleichzeitig zwei Schutzstrahlen unterbrechen könnten. Wer diese Möglichkeit zufriedenstellend ausschließen möchte, der kann bevorzugt drei Schutzstrahlen verwenden. Echte Vogelschwärme fliegen jedoch nur tagsüber und da führt auch ein
eventueller Fehlalarm nicht unbedingt dazu, daß man von lauter Schreck ins
Zittern gerät.

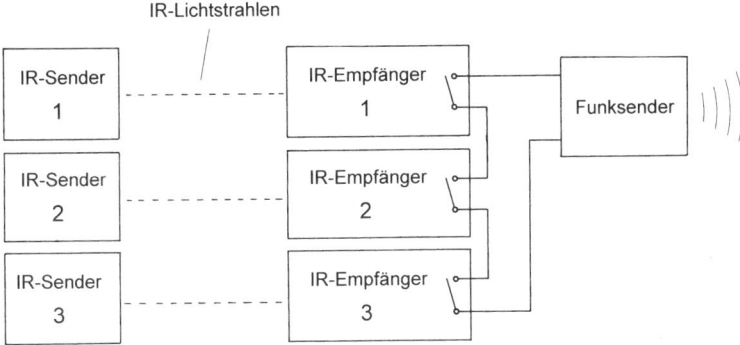

Abb. 8.10: Wenn die „Schaltkontakte" der drei Empfänger-Relais in Reihe verbunden werden, meldet der angeschlossene Funk-Sender an die Haus-Funkzentrale einen Alarm nur dann, wenn alle drei Relais – durch gleichzeitige Unterbrechung ihrer
Lichtstrahlen – aktiviert werden.

Das Prinzip der übereinanderliegenden Schutzstrahlen läßt sich oft auch für
größere Reichweiten verwenden. Es gibt jedoch keinen Fertigbausatz, der
sich für diese Schaltungsphilosophie betriebsfertig einsetzen läßt. Man
kann jedoch drei einzelne Lichtschranken-Bausätze verwenden und ihre
Relaiskontakte nach *Abb. 8.10* miteinander in Reihe durchverbinden. Über
die Relais kann ein Funksender (ein für externe Alarmkontakte ausgelegter
Funk-Magnet-Sensor oder Funk-Bewegungsmelder) über einen Funk-Empfänger bzw. eine Funk-Heim-Alarmzentrale Alarm auslösen (Alarmsirene
und Beleuchtung einschalten usw.). Die Schaltkontakte der IR-Empfänger-

Relais können auch ohne einen zusätzlichen Funksender einen Alarm auslösen, wenn sie z. B. anstelle des Alarmschalters **„ein"** in *Abb. 8.3* an das
Timer-IC angeschlossen werden.

Neben dem hier beschriebenen Einbruchsschutz mit Hilfe mehrerer IR-
Lichtstrahlen können an diversen Stellen im Garten noch verschiedene andere „Alarm-Vorrichtungen" installiert werden, die sich nur eines Alarmschalters bedienen. Ein Alarmschalter hat jedoch nur dort einen Sinn, wo
nur ein Mensch (aber kein Tier) den Alarm auslösen kann. Bei Gartentüren
oder ähnlichen „mechanischen Sperren" dürfte es in der Hinsicht keine Probleme geben. Bei manchen anderen Vorrichtungen, wie z. B. Alarm-Trittmatten oder Drucksensoren kann es evtl. dann etwas kritisch werden, wenn
der „hauseigene" Bernhardiner annähernd genau so schwer ist, wie ein po-
tentieller Einbrecher.

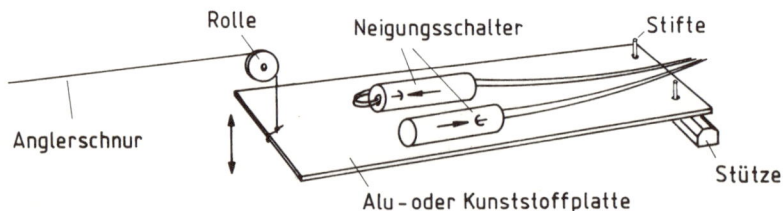

Abb. 8.11: Ausführungsbeispiel einer einfachen „Fadenzug-Absicherung": zwei Neigungsschalter (Quecksilberschalter) werden auf einer Alu- oder Kunststoffplatte so
montiert (mit einigen Tropfen Silikon-Dichtungsmasse angeleimt), daß sie im Ruhe-
stand ausgeschaltet sind; wenn an der Anglerschnur gezogen wird, schaltet der eine
Schalter ein, wenn die Anglerschnur durchgeschnitten wird, schaltet der andere
Schalter

Als eine andere einfache Alternative zu den Alarm-Trittmatten bzw. Drucksensoren bietet sich das System einer "Fadenzug-Absicherung" an. Auf einem Gartengrundstück läßt sich so ein Einbruchsschutz vor allem dort anbringen, wo man bei einer normalen Gartenbenutzung nicht hindurchgeht.
So ein Fadenzug kann z. B. in der Brusthöhe eines erwachsenen Menschen
gespannt werden. Eine dünne Nylon-Anglerschnur hält hier nach *Abb.
8.11* in waagrechter Position eine Platte auf der zwei Neigungsschalter
(Quecksilberschalter) so befestigt sind, daß jeder von ihnen auf eine andere
Neigungsveränderung reagiert: Der eine schaltet, wenn an der Schnur gezogen wird, der andere schaltet, wenn die Schnur reißt oder durchgeschnitten
wird.

Eine "Fadenzug-Absicherung" eignet sich hervorragend auch für die Gitter-roste an Kellerfensterschachten. Die üblichen Absicherungen mit Hilfe von Stahlketten oder Stahlstäben lassen sich mit einem Bolzenschneider oder Baustahlgewebe-Schneider im Nu durchzwicken. Eine Selbstbau-Faden-zug-Absicherung kann ein Einbrecher nur schwierig knacken.

Die Neigungsschalter solcher Absicherungen können dann an einen Funk-Sender angeschlossen werden, der für solche zusätzliche Anschlüsse ausge-legt oder modifiziert ist.

Neben den aufgeführten Beispielen lassen sich natürlich alle nur denkbaren Schalter und Sensoren als Einbruchsschutz anwenden, wenn man sie „zweckorientiert" gebraucht. So können mehrere Alarmkontakte über einen Timer und ein Solid-State-Relais auch eine aufwendige Alarmbeleuchtung *nach Abb. 8.12* aktivieren, Sirenen oder andere Alarmgeber und Vorrichtun-gen einschalten usw. Das ist jedoch ein Kapitel für sich und muß in diesem Fall der kreativen Phantasie und der erfinderischen Kapazität des Lesers überlassen werden.

Wer sich weitere speziellere Einbruchsschutz-Anlagen im Selbstbau erstel-len möchte, der findet diverse Bauanleitungen, Sensoren und interessante themenbezogene Vorschläge in den folgenden zwei Franzis-Büchern:

a) Das große Anwenderbuch der modernen Elektronik (Bo Hanus)

b) Der leichte Einstieg in die Elektronik (Bo Hanus)

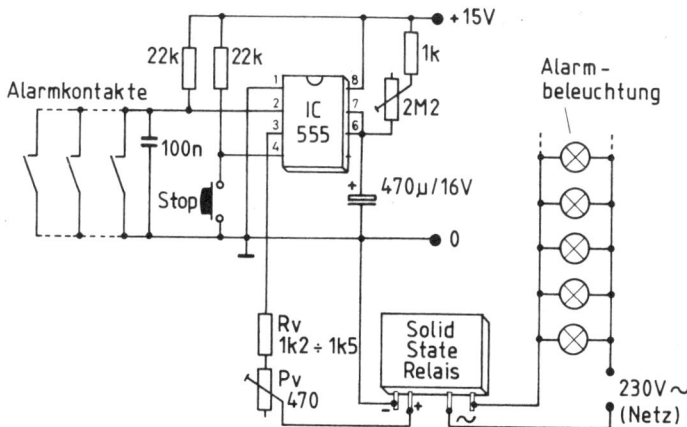

Abb. 8.12: Beliebig viele Alarmkontakte an Fenstern und Türen können über einen Timer und ein Solid-State-Relais auch eine aufwendige Alarmbeleuchtung aktivie-ren.

8.5 Einbruchsschutz an einer Garage

Kaum ein anderes Objekt läßt sich so leicht gegen Einbruch schützen, wie eine Garage – vorausgesetzt, ihr baulicher Zustand ist derartig in Ordnung, daß sie ein „Unbefugter" nicht durch schlichtes Abnehmen einiger morscher Bretter betreten kann.

Auch bei der Garage sollte man jedoch bei dem Einbruchschutz-Konzept anstreben, daß ein Einbrecher von seinem Vorhaben abgeschreckt wird, bevor er überhaupt das Garagentor oder die Tür öffnet.

Wenn es sich um eine Garage handelt, die als Zugang nur das eigentliche Garagentor hat, genügt für die Absicherung ein einziger Funk-Magnet-Sensor. Notfalls reicht es aus, wenn er von innen an das Garagentor „als Türsensor" montiert wird, der Alarm gibt, sobald sich die Garage auf einen Spalt öffnet. Der Nachteil dieser Lösung besteht darin, daß die meisten Garagentore von den Einbrechern zu gewalttätig (mit Brecheisen) geöffnet und dabei oft schwer beschädigt werden.

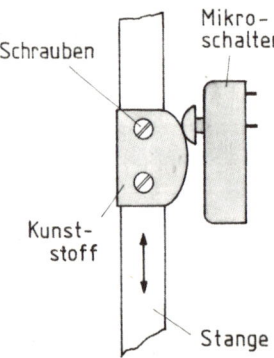

Abb. 8.13: Ein zusätzlicher Mikroschalter an der Stange des Garagentor-Innengriffs löst einen Alarm aus, sobald ein Unbefugter den Türgriff von außen betätigt – um zu probieren, ob die Garage evtl. nicht offen ist

Eine relativ einfache Gegenmaßnahme zeigt *Abb. 8.13*: Wenn ein beliebiger Mikroschalter gegen den Innentürgriff-Mechanismus der Garage so montiert wird, daß er bereits bei einer kleinen Bewegung (bei abgeschlossenem Tor) einen Alarm einschaltet, kommt der Einbrecher gar nicht mehr dazu, das Garagentor zu demolieren.

Man darf dabei davon ausgehen, daß ein Unbefugter, der sich den Zugang in die Garage verschaffen will, immer ganz automatisch erst an den Türgriff zu drehen versucht, um sich zu vergewissern, daß das Tor abgesperrt ist. Da auch ein abgesperrter Garagen-Türgriff normalerweise einen kleinen Bewegungsspielraum hat, kann er einen Mikroschalter noch gut betätigen.

Der „Schließer" des Mikroschalter, der als Alarmkontakt fungiert, ist dann parallel an den Zungenschalter des Funk-Magnetsensors anzuschließen. Daß man wegen diesem „Eingriff" manchmal das Funkgerät öffnen muß, wurde bereits an anderer Stelle erklärt. Wem so eine „Operation" zu schwer fällt, der kann sich mit einem Funksender behelfen, der herstellerseits für den Anschluß von zusätzlichen Alarmkontakten ausgelegt ist.

Wenn die Garage auch noch eine zusätzliche Seiten- oder Hintertür hat, die ebenfalls von außen zugänglich ist, bietet sich nochmals dieselbe Lösung des Einbruchsschutzes an, wie am Tor, denn auch hier kann der Mikroschalter auf eine ähnliche Art vom Türgriff betätigt werden. Die Bewegung des Türgriffs ist hier auch bei einer abgeschlossenen Tür groß und das vereinfacht die Montage des Mikroschalters.

Falls die Garage auch noch Fenster hat, die ebenfalls als „Zugangswege" in Frage kommen könnten, dürften hier zusätzliche Funk-Glasbruchmelder nicht schaden. In Hinsicht auf die logische Chronologie des Vorgehens eines Einbrechers ist allerdings kaum anzunehmen, daß er durch ein Fenster einzusteigen versucht, bevor er überhaupt erst probiert hat, ob das Garagentor nicht offen ist. Allerdings könnte er bei einem nächsten Versuch nach neuen Wegen suchen und da wäre möglicherweise das Garagenfenster an der Reihe.

Wenn eine Garage unzugänglich für kleinere Lebewesen ist (wie Katzen, Fledermäuse oder Vögel), kann hier evtl. auch ein zusätzlicher Funk-Bewegungsmelder gute Dienste leisten.

8.6 „Einbruchsschutz" an einem Carport

Der Begriff „Einbruchsschutz" hat bei einem Carport nur eine symbolische Bedeutung, denn es handelt sich hier nur um eine überdachte Abstellfläche, die von außen betreten werden kann, ohne daß eingebrochen zu werden braucht.

Dennoch kann es von Vorteil sein, wenn das Auto bereits von außen gegen Diebstahl oder Beschädigung ähnlich abgesichert wird, wie in einer Garage. Ein Carport hat aber weder Wände, noch Türen oder Fenster, und ist zudem zugänglich für jede streunende Katze. Hier stellt daher die Absicherung eine echte Herausforderung an die kreative Phantasie dar.

Da wir in einer Ära der „Globalisierung" leben, dürfte hier vielleicht auch die Frage der Absicherung etwas globaler gelöst werden: Das Auto würde sich ja freuen, wenn es z. B. auch gegen Einschneien oder gegen gelegentliche seitliche Hagelschläge geschützt ist. Mit drahtlosen Systemen läßt sich dies zwar nicht machen, aber mit einfachen und preiswerten Kunststoff-, Aluminium- oder Holzwänden ist es ein Kinderspiel. Wenn dann auf diese Weise der Carport von drei Seiten geschützt ist, können zwei waagrecht übereinander verlaufende IR-Schutzstrahlen ein ziemlich perfektes Alarmsystem ergeben.

Andernfalls muß zumindest das im Carport abgestellte Fahrzeug gegen Einbruch abgesichert werden. Es steht außer Zweifel, daß auch hier jeder „Langfinger" erst probiert, ob das Auto überhaupt abgeschlossen ist. Wenn hier im „Selbstbau" an den Türgriff (unter die Türverkleidung) ein zusätzlicher Mikroschalter so montiert wird, daß er bei Betätigung des Türgriffes schaltet, kann ein an ihm angeschlossener Funksender die „Alarmmeldung" zu der Heim-Alarmzentrale oder zu einem eigenen Funk-Empfänger durchsenden.

9 Ferngesteuerte Garagentore

Bei wenigen „häuslichen" Vorrichtungen erweist sich eine Fernsteuerung so sinnvoll, wie bei einem Garagentor. Daher ist jedes Garagentor mit Elektroantrieb automatisch mit einer Fernsteuerung ausgelegt.

Viele Anbieter, wie Baumärkte oder Elektronik-Versand, bieten gegenwärtig preiswerte funkgesteuerte Torantriebe für den Selbsteinbau an, die für Heimwerker bestimmt sind.

Um für das vorhandene – bzw. geplante – Garagentor den richtigen Elektroantrieb zu finden, sollte man sich Klarheit darüber verschaffen, worauf dabei zu achten ist. Wir fangen mit einer einfachen Übersicht der Garagentore an.

Die gängigsten Garagentore sind – mit Ausnahme von Drehtoren – aus Stahl (Blech) und teilen sich in folgende Konstruktions-Gruppen ein:

- **Schwingtore** ohne Deckenlaufschienen (sie schwenken federnd nach oben und werden nur von einer Art Schere gehalten, die zwischen dem stählernen Torrahmen und dem eigentlichen Torblatt angebracht ist).
- **Schwingtore** mit Deckenlaufschienen (der obere Teil des Torblattes „fährt" beim Öffnen in einer Laufschiene, die an der Garagendecke montiert ist).
- **Decken-Sectional-Tore** bestehen aus breiteren Lamellen, die sich an der Garagendecke nach hinten zwischen zwei Laufschienen schieben.
- **Seiten-Sectional-Tore** sind als „Schiebetore" ausgelegt, deren senkrechte Lamellen sich gegen eine der Seitenwände bzw. bei breiteren Toren symmetrisch gegen beide Seitenwände „wegschieben" lassen.
- **Flügeltore (Drehtore)** sind meistens als zweiflügelige Holztore konstruiert, die sich – ähnlich, wie die Flügel eines jeden herkömmlichen Tores – um ihre Türbänder drehen.
- **Rolltore** sind ähnlich konzipiert, wie normale Fensterrolläden und rollen sich beim Öffnen des Garagentores zu einem walzenförmigen Paket zusammen.

Bei der Wahl des „passenden" ferngesteuerten Garagentor-Antriebes muß der Garagentor-Typ berücksichtigt werden. Dabei ist zu unterscheiden, ob es sich um ein „leichteres" Tor (für eine Einzelgarage) oder um ein „schweres" Doppelgaragentor handelt. Die gängigsten Garagentore sind als *Schwingtore ohne Deckenlaufschienen* ausgeführt. Daher sind auch die meisten der elektrischen Garagentor-Antriebe in der Grundausstattung für diese Schwingtore bestimmt.

Einige davon eignen sich *ausschließlich* nur für diesen Tortyp, andere lassen sich mit zusätzlichen Spezialbeschlägen auch für andere Torsysteme verwenden (darauf ist beim Kauf zu achten). Zudem teilen sich derartige Elektroantriebe in zwei Leistungsgruppen: für Einzelgaragen- und für Doppelgaragen-Tore (breite Doppelgaragen-Türblätter benötigen kräftigere Antriebssysteme als die gängigsten kleinen Einzelgaragen-Tore).

Abb. 9.1: Ein Garagentor-Elektroantrieb läßt sich bei jeder Garage problemlos auch im nachhinein im Selbstbau anbringen (Foto Bosch)

9.1 Ferngesteuerte Schwingtor-Antriebe

Die meisten Garagen-Türblätter haben zwar eine Höhe von „nur" 1950 bis 2125 mm, aber manche haben eine Höhe von bis zu 2500 mm. Ein Schwingtor *ohne* Deckenlaufschienen schiebt sich bis zu ca. 95 % seiner Höhe ins Garageninnere, ein Schwingtor *mit* Deckenlaufschienen schiebt sich oft in voller Höhe hinein. Bei der Wahl eines passenden Elektroantriebes ist daher darauf zu achten, daß die Länge *seines Fahrwegs* (seiner „Zugbahn") der Höhe des Türblattes gerecht ist (länger darf er sein, weil man ihn mit verstellbaren Endschaltern – die in jedem System integriert sind – maßgerecht einstellen kann).

Wie tief der obere Rand des Türblattes eines Schwingtores in die Garage hineinfährt, sollte noch vor der Anschaffung eines Elektroantriebes „an Ort und Stelle" ausgemessen werden. Das erspart unangenehme Überraschungen bei Antriebssystemen, deren Zugbahn evtl. herstellerseits zu kurz ausgelegt ist.

Zudem ist noch vor der Anschaffung eines Antriebssystems zu ermitteln, ob zwischen einem offenen Türblatt und der Garagendecke noch ein Zwischenraum von zumindest 4 cm für die Schiene des Kettenantriebs vorhanden ist. Wenn nicht, muß die Torantriebs-Einheit um ca. 2,5 bis 3 m nach hinten versetzt werden und für das Torblatt muß ein längerer (spezieller) Führungsarm mit einer Verlängerungsstange bei dem Anbieter rechtzeitig dazubestellt werden.

Als separates Zubehör muß eventuell auch eine *Außen-Notentriegelung* bestellt werden (ist sehr preiswert). Sie ist aber nur dann nötig, wenn die Garage keinen zweiten Zugang hat (bei einem Stromausfall oder Antriebsdefekt wäre ansonsten die Garage von außen nicht zugänglich). Über eine innere Notentriegelung, die direkt an dem Antriebssystem angebracht ist und durch Ziehen an einem kurzen Seil betätigt werden kann, verfügt dagegen jeder elektrische Torantrieb.

Der mechanische Einbau eines elektrischen Garagentor-Antriebes ist nicht schwierig, und die meisten Selbstbau-Anleitungen lassen sich oft leichter begreifen, als die Bedienungsanleitung für so manche neue Mikrowelle. Man kann sich zudem den ganzen Einbau sehr vereinfachen, wenn man erst alle Bauteile auf den Fußboden so nebeneinanderlegt, wie sie montiert werden. Wer sich dabei von vornherein gründlich vergewissert, daß ihm die Funktion und das Anbringen aller Bauteile (worunter auch der kleinsten Schrauben) absolut deutlich ist, dem wird die eigentliche Montage nicht mehr schwerfallen.

Der elektronische Teil ist im Prinzip leicht zu bewältigen, aber auch hier wird der Anwender in erster Linie mit Aufgaben konfrontiert, die ja nicht unbedingt zu der täglichen Routine seines Zeitvertreibs gehören.

Wer bereits über die Codierung von Funk-Schaltern Bescheid weiß (bzw. schon Kap. 2 dieses Buches gelesen hat), der wird nicht überrascht sein, daß er seine Garagentor-Fernbedienung vor der Inbetriebnahme erst selber programmieren muß.

Bei einigen der modernen Fernbedienungen wird ein Codierungs-System angewendet, bei dem im Sender bereits ein vom Hersteller fest eingegebener Sendecode einprogrammiert ist, der z. B. aus über einer Million unterschiedlicher Kombinationen (mit Hilfe eines Zufallsgenerators) ausgewählt wurde. Hier muß dann nur noch der Empfänger auf denselben Code abgestimmt werden.

Viele Fernbedienungen arbeiten noch mit herkömmlichen Systemen, die nur für einige tausende Codiermöglichkeiten ausgelegt sind und die der Kunde am Funksender selber einstellen muß. Dazu steht ihm üblicherweise ein kleiner Dipschalter im Sendergehäuse zur Verfügung, der z. B. über 12 Einzelschalter verfügt mit denen der Code wahlweise als „1" oder als „0" individuell nach eigenem Ermessen eingestellt werden kann.

Der Empfänger wird danach ebenfalls vom Kunden selbst auf den Code seines Senders ähnlich abgestimmt (mit dem Code synchronisiert), wie es bereits im Zusammenhang mit dem Funk-Schalter-Set im Kap. 2 beschrieben wurde.

Etwas Geduld beansprucht bei den Torantrieben die optimale Einstellung der Zugkraft und der Druckkraft des Motors, die dem jeweiligen Tor angepaßt werden muß. Bevor man an den dafür vorgesehenen Potentiometern zu drehen anfängt, sollte erst das Tor mechanisch gut eingestellt, mit Vaseline ordentlich durchgeschmiert und alle vorhandenen Verriegelungs-Schnapper müssen entfernt werden (das sind meistens nur zwei Verriegelungs-Schnapper an den unteren Türblatt-Ecken). Das System des Elektroantriebs verriegelt das Garagentor ausreichend. Das ursprüngliche Garagen-Türschloß wird somit für das eigentliche Absperren des Garagentores nicht mehr benötigt (und nicht mehr funktionieren, denn er blockierte ja ursprünglich die Verriegelungs-Schnapper, die nun demontiert werden mußten).

Das eigentliche mechanische Einstellen des Garagentors besteht im Prinzip nur darin, daß man die links und rechts angebrachte Zugfeder so einzustellen versucht, daß für das manuelle Öffnen (Heben) des Tores ungefähr derselbe Kraftaufwand notwendig ist, wie für das manuelle Schließen (Herunterdrücken). Ein perfektes Ausgleichen ist hier zwar systembedingt kaum möglich, aber man darf damit zufrieden sein, daß sich das Garagentor bei Handbedienung sowohl nach oben, als auch nach unten leicht und ohne einen zu kräftig federnden Sprung bewegt.

Die seitlich angebrachten Zugfedern sind bei den meisten Garagentoren mit einer leicht abnehmbaren rohrförmigen Kunststoff-Schutzhülle verdeckt und die Zugkraft kann mit der Änderung des Einhängens der einzelnen Federn (um eine Stufe höher bzw. um eine Stufe tiefer) probeweise verändert werden. Es lohnt sich, daß man sich vorher mit einem Filzstift markiert, wie jede der Feder werkseits montiert wurde. Im Prinzip dürfte eigentlich eine individuelle Nachstellung des Türblattes nur bei Garagentoren in Frage kommen, die bereits länger als ca. 15 Jahre im Betrieb sind, weil die werkseitige Einstellung (bei neueren Toren und bei etwas Glück) keine individuelle Nachstellung beansprucht.

Erst wenn sich das Garagentor ohne Quietschen oder Klemmen leicht öffnen und schließen läßt, kommt die vorher angesprochene elektronische Einstellung der Motor-Zugkraft/Druckkraft (in beiden Richtungen separat) an die Reihe.

Bei dieser Einstellung geht es um folgendes: Die Zugkraft bzw. Druckkraft, die für das Schließen und das Öffnen des Türblattes der Elektromotor aufbringen muß, ist so einzustellen, daß der Motor diese Aufgabe zwar „gerade noch" meistert, aber daß er stoppt, sobald ein zusätzliches Hindernis oder eine Gegenkraft auftreten. Es handelt sich hier also darum, daß der Motor aus Sicherheitsgründen nicht eine derartig große Kraft haben darf, daß das Türblatt alles zerquetscht, was ihm in den Weg kommt. Anderseits sollte der Motor eine ausreichende Zugkraft haben, um z. B. im Winter auch ein leicht zugefrorenes – oder von außen leicht eingeschneites – Tor öffnen zu können.

Hier sind natürlich exakte theoretische Angaben nicht möglich, denn in der Praxis geht es letztendlich um Vorbedingungen, die sich ohnehin nicht optimal einhalten lassen: Einerseits soll verhindert werden, daß das Garagen-Torblatt beim Herunterfahren nicht eine Delle ins Autodach oder in ein anderes „Hindernis" hineindrückt, anderseits sollte es auch dann noch dicht abschließen können, wenn etwas Laub oder ein wenig Schnee „im Wege" liegen.

Dasselbe Problem gibt es mit dem Öffnen des Tores: Ein vergessener Schubkarren oder ein Fahrrad vor dem Garagentor sollten dabei nicht unbedingt vernichtet werden, das ist ja klar. Wenn aber im Winter einige Zentimeter Schnee fallen und dieser wird zu Eis, sollte der Garagentorantrieb dennoch eine gewisse Kraft haben, um dieses „Hindernis" zu überwinden. Ansonsten ist es frustrierend, wenn man vom Hausinneren durch die Hintertür in die Garage kommt, sich ins Auto hineinsetzt, die Fernbedienung betätigt und es rührt sich nichts.

Daß so etwas während der „romantisch weißen Winterzeit" ein paarmal vorkommt ist zwar oft unvermeidlich, denn wenn das Garagentor von außen kräftig vom Schnee zugeweht ist, da hilft kein noch so guter Elektroantrieb, sondern nur eine Schneeschippe. Es sollte jedoch vermieden werden, daß sich bei jedem kleinsten „Schneestäubchen" der Garagentor-Antrieb tot stellt. Die Öffnungskraft des Antriebssystems kann allerdings jederzeit neu eingestellt werden und somit läßt sich die optimale Einstellung den Gegebenheiten immer neu anpassen.

Die meisten fernbedienten Garagentor-Elektroantriebe verfügen über eine „intelligente" Elektronik, die bei einem auftretenden Hindernis nicht nur den Motorantrieb stoppt, sondern diesen sofort auch in der Gegenrichtung (um ca. 40 bis 60 cm) zurückfahren läßt. Nach dem Einstellen der optimalen Motorkraft läßt sich diese Funktion z. B. mit einer robusteren Pappkarton-Schachtel testen, die als Hindernis unter die Mitte des Torblattes gestellt wird.

Nichts auf dieser Welt ist aber perfekt. Eine oder zwei zusätzliche Lichtschranken (wie in *Abb. 11.1/11.2 im Kap. 11*) blocken zusätzlich den Motorantrieb ab, wenn vor dem Tor, das sich gerade öffnet, bzw. unter dem Tor, das sich gerade schließt, ein Hindernis den Schutzstrahl unterbricht. Eine zusätzliche Lichtschranke *vor* dem Garagentor erlaubt eine kräftigere Einstellung der Öffnungs-Zugkraft (was sich vor allem als vorteilhaft erweist, wenn das Tor im Winter etwas verschneit oder zugefroren ist). Dies gilt jedoch nicht generell für Garagen, die nur durch das eigentliche Tor zugänglich sind. Hier dürfte im Prinzip auf eine Lichtschranke *vor* der Garage verzichtet werden, denn man sieht ja bei der Ankunft, ob es vor dem Garagentor eventuelle Hindernisse gibt.

Bei der Aufstellung einer Eigenbau-Außen-Lichtschranke sollte mitberücksichtigt werden, daß ein zugeschneiter Sender oder Empfänger der Lichtschranke das ganze System außer Betrieb setzt. Dagegen gibt es zwei Abhilfen: Am einfachsten ist, wenn die Außen-Lichtschranke während der „härteren" Winterzeit einfach außer Betrieb gesetzt wird (da wird ja kaum jemand einen Schubkarren oder ein Fahrrad vor der Garagentür abstellen). Andernfalls müßten die beiden Optoelemente der Lichtschranke mit einer kleinen zusätzlichen Niedervolt-Elektroheizung eis- und schneefrei gehalten werden, bzw. müßte eine Schaltuhr die Heizung jeweils rechtzeitig am frühen Morgen einschalten.

9.2 Ferngesteuerte Sektionaltor-Antriebe

Sektional-Tore mit *horizontalen* Lamellen funktionieren im Prinzip ähnlich, wie Schwingtore mit Deckenlaufschienen. Sie lassen sich daher oft mit den gängigsten (und preiswertesten) Antriebssystemen nachrüsten, die für normale Schwingtore konzipiert sind. Allerdings nur mit solchen Systemen, deren „Einschubtiefe" eine ausreichend lange *Zugbahn* aufweist. Manche Hersteller bieten alternativ zu den *Schwingtorantrieb*-Bausätzen spezielle *Sektionaltor-Beschläge* an, mit denen auch die Montageanleitung geliefert wird.

Bei der Suche nach einem passenden Torantrieb ist auch das Eigengewicht und eine gewisse Massenträgheit des Torblattes zu berücksichtigen. Sektionaltore, deren Lamellen mit Profilholz-Täfelung versehen sind oder sogar aus Massivholz gemacht sind, benötigen einen etwas kräftigeren Motorantrieb, als die normalen Schwingtore.

Moderne(re) Sektional-Tore sind jedoch mit speziellen „Torsions-Federaggregaten" (in der Form einer kleinen Walze) ausgestattet, die das Torgewicht ziemlich perfekt ausgleichen und einen leichten Torlauf gewährleisten (in dem Fall braucht der Antriebsmotor keine höhere Leistung aufzubringen, als bei einem einfachen Schwingtor).

Sektional-Tore mit *vertikalen* Lamellen – die auch als „*Seiten-Sektional-Tore*" bezeichnet werden, gehören zwar nicht zu den gängigsten Garagentoren, aber bilden dennoch einen Teil des Fertigungsprogrammes mehrerer Hersteller. Sie haben den Vorteil, daß z. B. beim Unterbringen von einem Fahrrad oder Motorrad das Tor jeweils nur auf eine Schlitzbreite geöffnet werden kann. Zu den meisten Toren dieser Art sind zusätzliche passende ferngesteuerte Elektroantriebe direkt bei den Herstellern – bzw. Lieferanten – erhältlich.

9.3 Ferngesteuerte Garagen-Flügeltore (Drehtore)

Auch hier bieten einige Hersteller der Garagen-Schwingtor-Antriebe zusätzliche bzw. alternative Flügeltor-Beschläge an (ebenfalls mit Selbstbau-Anleitungen).

Flügeltore sind fast ausschließlich aus Massivholz gefertigt und daher ziemlich schwer. Der Elektroantrieb muß dementsprechend kräftig sein und unter Umständen auf dieselbe Art gelöst werden, wie bei einem Garten-

bzw. Garageneinfahrts-Tor. Für diese Tore gibt es ebenfalls Elektroantriebe als Einbau-Sets, die in Kapitel 11 beschrieben werden.

9.4 Ferngesteuerte Rolltor-Antriebe

Elektrische Rolltor-Antriebe sind ähnlich konzipiert, wie Fensterrolladen und rollen sich auf dieselbe Weise auf. Sie gehören leider nicht gerade zu den preiswerten handelsüblichen Systemen, die „im Baumarkt um die Ekke" erhältlich sind. Als Bezugsquelle kommt da oft nur der Torhersteller in Frage oder eine Lösung im Eigenbau.

Da gegenwärtig die meisten Torhersteller alle Tore auch alternativ mit fernbedienten Elektroantrieben anbieten, ist auch eine spätere Nachrüstung bestehender Garagen-Rolltore mit passendem funkgesteuerten Elektroantrieb möglich.

Eine Eigenbau-Lösung des ganzen Antriebssystems (nach eigenem Entwurf) ist nur denjenigen zu empfehlen, die eine ausreichende professionelle Erfahrung mit der Antriebstechnik haben und über Bezugsquellen von mechanischen Bauteilen verfügen. Andernfalls wird so ein Projekt viel zu umständlich und zeitraubend. Sollte jedoch gerade dieser Aspekt als eine Herausforderung betrachtet werden, verweisen wir bzgl. der Eigenbau-Elektroantriebe auf Kap. 18.

10 Solarbetriebene Garagentore

Wenn eine Garage über keinen Stromanschluß verfügt und dieser zu kostspielig oder zu kompliziert wäre, bietet die Solarstromnutzung eine sehr günstige Alternative. „Zu kompliziert" kann ein zusätzlicher Stromanschluß bereits dann sein, wenn die Garage außerhalb des Wohnhauses steht und das Anlegen eines Zuleitungs-Erdkabels eine Verwüstung der Gartenanlage zufolge hätte.

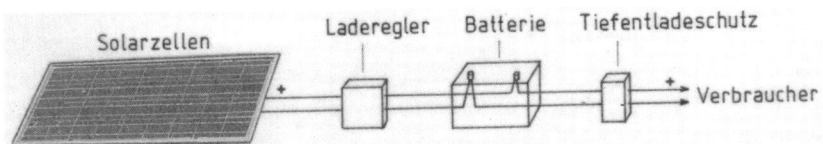

Abb. 10.1: Solarelektrische Garagen-Stromversorgung ist in der Regel für eine 12 V-Gleichspannung ausgelegt und benötigt nur wenige Bausteine

Garagentor-Antriebe für Solarsysteme (die in der Regel für eine 12 V-Gleichspannung ausgelegt sind), gibt es inzwischen bei einigen Anbietern (z. B. bei Conrad Electronic) kostengünstig. Es kommen zwar noch einige Ausgaben für die zusätzlichen Bausteine dazu, aber auch hier lassen sich die Kosten in Grenzen halten (ohne daß dadurch die Anlagenqualität leidet).

Wie in *Abb. 10.1* vereinfacht dargestellt ist, besteht so eine solarelektrische Garagen-Stromversorgung aus vier wichtigen Bausteinen:

1. Solarzellen-Modul
2. Laderegler
3. Batterie
4. Tiefentladeschutz

Im Grunde genommen handelt es sich hier um ein Stromversorgungs-System, das sehr viel Ähnlichkeit mit der Stromversorgung eines jeden Autos hat: Ein Generator (hier das Solarzellenmodul, im Auto die Lichtmaschine) lädt über einen Laderegler den Akku, der als Energie-Zwischenspeicher die eigentliche Stromversorgung übernimmt. Der Generator hat dafür zu sorgen, daß die Anlagenbatterie immer ausreichend (automatisch) nachgeladen wird und daß somit die vorgesehenen Verbraucher auf eine ununterbrochene Stromversorgung zugreifen können.

Im Vergleich mit der Stromversorgung eines Kraftfahrzeugs benötigt eine solarelektrische Anlage zusätzlich noch einen *Tiefentladeschutz*. Er wäre zwar funktionell auch bei den Kraftfahrzeugen sehr willkommen, aber aus Sicherheitsgründen ist es nicht möglich.

Die Aufgabe eines *Tiefentladeschutzes* ist einfach: Wir wissen, daß ein Bleiakku – und somit auch jede Autobatterie – irreparabel beschädigt werden, wenn sie die angeschlossenen Verbraucher zu tief entladen (was ja erfahrungsgemäß bei einem Auto geschieht, wenn z. B. irgendein Licht versehentlich zu lange eingeschaltet bleibt).

Bei einer 12 V-Autobatterie liegt die „kritische" Grenze bei ca. 10,5 Volt (was jedoch typen- bzw. herstellerabhängig etwas variiert). Wird diese Grenze des „Tiefentladens" unterschritten (ein einzigesmal genügt), kann danach die Batterie nicht mehr die Spannung „halten" und ist somit unbrauchbar.

In Solaranlagen läßt sich diese Tiefentlade-Empfindlichkeit einfach und preiswert mit einem zusätzlichen *Tiefentladeschutz* beheben. Er schaltet – ähnlich wie eine automatische Sicherung – alle Verbraucher ab, wenn zufälligerweise die Akkuspannung auf das gefährliche Minimum zu sinken droht und schaltet die Verbraucher automatisch erst dann wieder zu, wenn der Akku vom Solarmodul einigermaßen nachgeladen wurde (z. B.auf eine Spannung von 12,4 V.

Bei Solaranlagen ist ein Tiefentladeschutz oft direkt im Laderegler untergebracht. Er hat dort jedoch nur sozusagen die Funktion eines Untermieters.

Tiefentladeschutz-Geräte gibt es auch als selbständige Bausteine, als Bausätze oder auch als kleine ICs. Sie haben einstellbare oder auch vom Hersteller fest vorgegebene Spannungsschwellen, bei denen sie die angeschlossenen Verbraucher ab- und einschalten. So geht z. B. aus den technischen Daten eines Tiefentladeschutzes hervor, daß die Verbraucher abgeschaltet werden, wenn die Batteriespannung (einer 12 V-Batterie) auf 11,1 V sinkt. Das ist die sogenannte *„Entlade-Schlußspannung"* (auch Entlade-Endspannung genannt). Der Tiefentladeschutz schließt die

Verbraucher erst dann wieder an, wenn die Batteriespannung auf eine *Wiedereinschalt-Spannungsschwelle* von ca. 12,4 V nachgeladen wurde.

Die Abschalt- und Wiedereinschaltschwellen (die Entlade-Schlußspannung und die Wiedereinschalt-Spannung) unterliegen keiner Norm und basieren nur auf dem Ermessen des einen oder anderen Herstellers bzw. Anwenders.

Zwischen der Spannungsschwelle, bei der es zum Abschalten kommt und der Spannungsschwelle, bei der die Verbraucher wieder zugeschaltet werden, liegt aber immer ein scheinbar großer Spannungsunterschied. Dies ist jedoch technisch dadurch bedingt, daß sich die Spannung einer Batterie (eines Bleiakkus) nach Abschalten der Belastung immer automatisch etwas erholt, auch wenn kein Nachladen folgt.

Wenn der Tiefentladeschutz bereits direkt im Laderegler integriert ist, dann werden die Verbraucher nicht an den Akku, sondern an Klemmen am Laderegler angeschlossen. Den Anwender braucht dabei nicht zu interessieren, auf welche Weise hier die Schaltungen innen ausgeführt wurden.

Manche Solarverbraucher – worunter auch Garagentorantriebe – sind mit einem eigenen Tiefentladeschutz bereits vom Hersteller ausgestattet. Andere haben nur einen integrierten Tiefentlade-Alarm und fangen zu piepen an, wenn die Batteriespannung gefährlich gesunken ist.

Daß eine Autobatterie im Fahrzeug nur dann nachgeladen wird, wenn der Motor läuft, dürfte sich wohl herumgesprochen haben. Bei einer Solarstromversorgung übernimmt das Solarzellenmodul die Aufgabe der „Lichtmaschine" (die als elektrischer Stromgenerator fungiert). Den Motor ersetzt hier die Sonne. Der Solargenerator benötigt nur die Sonnenenergie und arbeitet kostenlos. Somit verdient er einen Teil der Investition zurück.

Einige Leser werden sich wohl die Frage nach der Zuverlässigkeit von so einem „solarbetriebenen Garagentor" stellen. Gewissermaßen berechtigt, denn nicht alle Solar-Produkte funktionieren so zuverlässig, wie die bereits etablierten Solar-Taschenrechner. Ein Garagentor-Antrieb hat zum Glück einen sehr niedrigen Energieverbrauch und kann von einer gut aufgeladenen Batterie wochenlang zehren (und auch eine lange „Schlechtwetter-Periode" problemlos überbrücken).

Wesentlich anspruchsvoller sind in der Hinsicht weitere Verbraucher (worunter die Garagen-Außen- und -Innenbeleuchtung). In dem Fall ist die Di-

mensionierung dem vorgesehenen Strombedarf entsprechend anzupassen –
was an sich nicht schwierig ist: Der Akku muß groß genug sein, um den
vorgesehenen Energiebedarf gut decken und das Solarzellenmodul muß
groß genug sein, um den Akku zuverlässig nachladen zu können.

10.1 Bleiakkus als Solarenergie-Speicher

In welcher Art von *„wiederaufladbaren Batterien"* die Solarenergie gespeichert wird, spielt im Prinzip keine Rolle. Vom rein technischen Standpunkt
her, eignen sich zu diesem Zweck zwar am besten die „echten" Solarbatteri-
en, aber vom praktischen (und vor allem vom finanziellen Standpunkt) betrachtet, sind die „echten Solarbatterien" für einfachere Vorhaben viel zu
teuer.

Gegenüber den normalen Autobatterien bieten zwar die „echten" Solarbatterien gewisse Vorteile, worunter eine *etwas* längere Lebensdauer, eine *etwas* niedrigere Selbstentladung usw. Leider kosten sie aber dementsprechend nicht *etwas* mehr, sondern das Drei- bis Vierfache von einer guten
Autobatterie. Dies stellt die Anschaffung einer echten Solarbatterie in Frage. Viele der Eigenschaften, die im Zusammenhang mit den Solarbatterien
hochgepriesen werden, weisen auch die „normalen" Autobatterien auf. Sie
werden jedoch seitens der Hersteller und Anbieter nicht mit so viel Einsatz
lobgepriesen, wie die „echten" Solarbatterien (weil sie der Kunde hier quasi
nur als ein „Ersatzteil" betrachtet).

Die praktische Erfahrung zeigt, daß es keine Seltenheit mehr ist, wenn so
manche „normale modernere" Autobatterie eine Lebensdauer von 10 Jahren erreicht. Allerdings nur dann, wenn sie nicht allzugroßen Strapazen aus-
gesetzt wird und nicht zu oft *voll* nachgeladen werden muß – was bei der
Stromversorgung eines Solar-Torantriebs ohnehin nicht vorkommt.

Dennoch bildet bei einer solarelektrischen Garagen-Stromversorgung die
Batterie die eigentliche „Energie-Bezugsquelle" und somit den wichtigsten
Baustein der ganzen Anlage. Leider ist es bei Autobatterien sehr schwierig
an genauere technische Daten zu kommen, die für den Vergleich mehrerer
Produkte und somit für den Kaufentschluß wichtig wären. Da heutzutage
bei den meisten Erzeugnissen erfahrungsgemäß weder ein höherer Preis,
noch eine hochgejubelte Marke als eine Qualitätsgarantie zu betrachten ist,
kann man sich bei der Wahl der optimalen Batterie nur an dem günstigsten
Preis/Kapazitäts-Verhältnis („DM pro Ah") orientieren. Auch wenn so eine

preiswerte Autobatterie nach 4 oder 5 Jahren Altersschwäche-Erscheinungen aufweisen sollte, liegt die jährliche „Abschreibung" nur bei einem Betrag, den man auf dem Oktoberfest für eine Maß Bier zahlt – und damit läßt sich leben (zumindest in Hinsicht auf den Preis der Autobatterie).

Wer sich seine Garagen-Solaranlage selber optimal dimensionieren möchte, der sollte über einige der wichtigeren Fachbegriffe und Eigenheiten der Autobatterie (= eines Bleiakkus) im Bilde sein:

Nennspannung und **Kapazität** bilden die zwei wichtigsten Planungs-Parameter. Mit der *Nennspannung* ist es bei diesem Vorhaben einfach: Sie muß sich der Betriebsspannung des elektrischen Torantriebs unterordnen, der in den meisten Fällen für 12 V= ausgelegt ist. Wer die Batterie nur für den eigentlichen Torantrieb benötigt, dem genügt eine preiswerte 36 Ah- bis 40 Ah-Autobatterie.

Eine größere Batterie-Kapazität ist nur dann erforderlich, wenn neben dem eigentlichen Torantrieb noch eine aufwendigere Innen- und Außenbeleuchtung oder tägliches Aufheizen der elektrischen Heizbezüge der Autositze (im Winter) mit Solarstrom erfolgen soll. Hier muß die Kapazität des Akkus dem Verbrauch entsprechend angepaßt werden. Dies läßt sich sowohl von vornherein rechnerisch ermitteln, als auch später nachbessern: Wenn sich die Kapazität der vorhandenen Batterie als unzureichend erweist, kauft man einfach noch eine Batterie (derselben Marke und Kapazität) dazu und schließt sie parallel zu der ersten Batterie an. Dasselbe gilt für das Solarzellenmodul.

Die gängigsten preiswerten Autobatterien sind mit Kapazitäten zwischen ca. 36 Ah und 100 Ah erhältlich.

Das **Lade- und Entladeverhalten** der Bleiakkus spielt bei solarelektrischer Stromversorgung kaum eine wichtige Rolle als in einem Fahrzeug.

Solarzellen sind als Ladestromquellen relativ teuer und man nimmt bei der Garagen-Stromversorgung daher mit einem Ladestrom Genügen, der nur bei ca. 1 % bis 1,5 % der Akku-Kapazität liegt (bei einem 40 Ah-Akku wäre es ein Ladestrom von 0,4 A bis 0,6 A). Das Solarzellenmodul sollte in diesem Fall für einen *Nennstrom (bzw. „Strom bei max. Leistung") von 0,4 A bis 0,6 A* und eine *Nennspannung* von mindestens 19 bis 22 V ausgelegt sein. 19 V dürften in den südlicheren Regionen genügen, aber im Norden Deutschlands sollte das Modul eine Nennspannung von 22 V haben. Die praktische Modulenspannung wird dann während der Wintermonate ohnehin nur selten den theoretischen Wert ereichen, aber es sollte eine „Spannungsreserve" vorhanden sein, denn das Solarmodul kann einen Akku nur dann nachladen, wenn die von ihm gelieferte Spannung höher ist, als die jeweilige Spannung des Akkus.

Dem Akku kommt es nicht darauf an, in welcher Dosierung er seinen Ladestrom erhält. Es geht hier um einen ähnlichen Vorgang, wie beim Einlassen einer Badewanne: Je dünner der Wasserstrahl, desto länger dauert es, bis die Wanne voll ist. Bei einem Bleiakku muß einfach der Multiplikant vom Ladestrom (in A) und Ladezeit (in Std.) stimmen.

Wer mit dem Laden seiner Autobatterie – bzw. auch eines anderen Akkus schon etwas Erfahrung hat, dem ist es bekannt, daß die Stromabnahme des Akkus während des Ladevorganges abnimmt. Dasselbe gilt auch für das Laden mit Solarstrom. Allerdings mit dem Unterschied, daß wetterbedingt weder mit einer konstanten Ladespannung noch mit einem fest einstellbaren Ladestrom gerechnet werden kann. Ein gängiger Laderegler kann zwar eine zu hohe Ladespannung, bzw. einen zu hohen Ladestrom auf vorgegebene Werte reduzieren, aber nicht anheben. Je höher daher die Nennspannung eines Solarzellenmoduls ist, desto besser wird die angeschlossene Batterie auch bei etwas nachlassendem Sonnenschein geladen.

Selbstentladung gehört zu den wichtigsten technischen Parametern einer jeder Batterie. Bei modernen (guten) Autobatterien liegt die Selbstentladung zwischen ca. 4,5 und 8 % pro Monat (bei 20° C). Man dürfte diese Eigenheit als einen *„Energieschwund"* bezeichnen, der sich sowohl bei einer belasteten, als auch bei einer unbelasteten Batterie manifestiert.

So verliert z. B. eine 100 Ah-Batterie innerhalb von zwei Monaten insgesamt 9 bis 16 % (zweimal 4,5 bzw. zweimal 8 %) an ihrem *„energetischen Inhalt",* der somit von den ursprünglichen *100 Ah* auf *91 Ah* bzw. auf *84 Ah* sinkt.

Diese unsympathische Eigenheit der Bleiakkus fällt vor allem während der sonnenarmen Winterperioden ins Gewicht. Bei unserem Vorhaben sollte sicherheitshalber damit gerechnet werden, daß insbesondere während der „sonnenärmsten" Wintermonate (Dezember und Januar) unter Umständen gar nicht nachgeladen wird. Die Batteriekapazität muß daher so gewählt werden, daß trotz des Selbstentladens ca. 9 Wochen lang genügend Energie zur Verfügung steht. Beruhigend dürfte hier sein, daß ein moderner Garagentor-Solarantrieb mit einem 40 Ah-Akku die 9 Wochen auch ohne jegliches Nachladen durchhält. Mit anderen Worten könnte so ein 12 Volt-Elektroantrieb auch ohne eine Solaranlage funktionieren, wenn die Batterie jede ca. 8 bis 10 Wochen „woanders" aufgeladen würde (oder wenn eine geladene Zweitbatterie zum richtigen Zeitpunkt zur Verfügung steht).

10.2 Solarzellen für Torantriebe

Eine Solarzelle verhält sich wie ein Gleichstrom-Generator, dessen Spannung und Leistung von der jeweiligen Sonnenbestrahlung der Zellenfläche abhängt.

Im Gegensatz zu solar**thermischen** Anlagen benötigen Solarzellen keine Wärme, sondern nur Licht. Genau genommen halten sie nicht viel von Wärme und weisen bei Frost einen höheren Wirkungsgrad auf, als bei Hitze. Das trifft sich gut, denn im Winter wird ja im Zusammenhang mit evtl. Garagenbeleuchtung oder mit solarelektrisch beheizten Autostühlen, mehr Solarstrom benötigt als im Sommer.

Abb. 10.2: Das Solarzellen-Modul wird entweder am Garagendach oder an der Garagenwand so montiert, daß es unter einer Neigung von ca. 60° möglichst exakt zum Süden ausgerichtet ist

Für solarelektrische (photovoltaische) Anlagen werden nicht einzelne Solarzellen, sondern Solarzellen-Module *(Solarmodule)* verwendet. Für Außenanlagen sollten grundsätzlich nur Module benutzt werden, die mit *kristallinen Solarzellen* bestückt sind. *Amorphe Dünnschicht-Module*, die zu diesem Zweck als „kostengünstige Alternative" angeboten werden, eignen sich – der relativ schnellen *Ermüdung* und *Kurzlebigkeit* wegen – nur für experimentelle Zwecke, aber nicht für dauerhaften Einsatz im Außenbereich.

Die wichtigsten technischen Daten eines Solarzellen-Moduls sind:

a) Nennspannung (Spannung bei max. Leistung)
b) Nennstrom (Strom bei max. Leistung)
c) Nennleistung (max. Leistung)

Die **Nennspannung** eines Solarzellen-Moduls hängt von der Anzahl und (geringfügig) von dem Typ der angewendeten Zellen ab. Wird eine höhere Nennspannung benötigt, als ein einziges Modul bietet, können beliebig viele Einzelmodule in Serie nachgeschaltet werden (wie Batterien).

Was die eigentlichen modernen kristallinen Solar-Einzelzellen anbelangt, können diese (größenunabhängig) eine *Nennspannung* von ca. 0,46 V bis 0,48 V pro Zelle und einen *Nennstrom* von etwa 2,9 A bis 3,29 A (typen- bzw. markenabhängig) pro *100 cm² (1 dm²)* Fläche liefern.

Die **Nennleistung** wird bei allen Solarzellen als reine Multiplikation von *Nennspannung* und *Nennstrom* errechnet und benötigt keine nähere Erklärung.

In der Praxis wird man sowohl bei allen Batterien, als auch bei den Solarzellen mit einer **"Leerlaufspannung"** konfrontiert. Eine leere unbelastete Batterie zeigt am Voltmeter eine gewisse „Scheinspannung" an, die jedoch bei einer Belastung sofort einen Sprung nach unten macht.

Ein ähnliches Verhalten trifft auch bei einer Solarzelle zu. Wenn an sie ohne jegliche Belastung ein hochohmiger Voltmeter angeschlossen wird, zeigt er auch bei einer geringeren Beleuchtung eine ziemlich hohe *Leerlaufspannung* an. Die Leerlaufspannung weist auf die obere Spannungsgrenze der Solarzelle hin. Diese Spannungsgrenze ist wichtig beim Laden von Batterien. Hier wird ja die volle Leistung des Solarzellen-Moduls nur dann in Anspruch genommen, wenn die Batterie ganz leer ist (was ja selten vorkommt). Oft benötigt die Batterie nur einen bescheidenen Ladestrom, der sie etwas nachlädt. Dies beinhaltet, daß ein *nicht voll belastetes* Solarzellen-Modul eine Spannung liefert, die in der „Grauzone" zwischen seiner *Nennspannung* und seiner *Leerlaufspannung* liegt.

Alle diese elektrischen Modulen-Kenndaten (die als *Nennspannung, Nennstrom, Nennleistung und Leerlaufspannung* in Prospekten aufgeführt sind), beziehen sich auf folgende „Standard-Testbedingungen": *Sonnenein-strahlung von* **1000 W/m²**, *Spektralverteilung von* **AM 1,5** *und Zellentempe-ratur von* **25°C**.

Einem „normalen" Anwender sagen solche Testbedingungen gar nichts – und sie sind auch schwierig nachvollziehbar. In der Praxis dürfte davon aus-gegangen werden, daß diese „Standard-Bedingungen" eigentlich nur an sehr sonnigen Tagen vorkommen und daß dabei das Solarzellenmodul mit einer Genauigkeit von ca. ± 15° gegen die Sonne ausgerichtet werden muß (wegen einer ausreichend dichten Spektralverteilung der Photonen, mit de-nen die Zellen-Oberfläche „bombardiert" wird).

Das Ganze mag nun etwas sehr geheimnisvoll erscheinen, denn es gibt nicht allzuviele unter uns, die bereit wären, an sonnigen Tagen auf ihrem Garagendach neben dem Solarmodul zu sitzen und dieses ständig der Son-ne nachzuführen. Aber keine Angst! In der Praxis ist alles halb so schlimm, denn Abweichungen von den Optimalbedingungen haben zwar einen nega-tiven Einfluß auf die energetische Tagesausbeute, aber solange sich alles in gewissen Grenzen hält, funktioniert so eine solarelektrische Anlage zufrie-denstellend bis hervorragend, auch wenn das Solarzellenmodul fest mon-tiert ist.

Ob sie „nur" zufriedenstellend" funktioniert, oder ob die Ergebnisse ausge-sprochen als „hervorragend" eigenstuft werden können, hängt zwar zum ge-wissen Teil von den Wetterbedingungen, aber zum größten Teil von der richtigen Dimensionierung ab. Die eigentliche Solarmodulen-Leistung (Nennleistung) hat wenig Sinn, wenn die *Nennspannung* nicht ausreichend großzügig dimensioniert wird.

Zu den an sich wichtigen Solarzellen-Parametern gehört der **Wirkungs-grad** (auch als Umwandlungs-Wirkungsgrad bezeichnet). Er gibt an, wie-viel Prozent der einwirkenden Sonnenstrahlungsenergie in der Form von elektrischem Strom abgegeben wird.

Die modernsten handelsüblichen Solarzellen weisen herstellerabhängig ge-genwärtig (weltweit) folgenden Wirkungsgrad auf:

- monokristalline Solarzellen: 13 – 17 %
- polykristalline (multikristalline) Solarzellen: 10,6 – 15 %
- amorphe Silizium-Dünnschichtzellen: 3 – 8 %

Der Wirkungsgrad der mono- und polykristallinen Solarzellen bleibt während der ersten 20 Betriebsjahre praktisch unverändert. Mit dem Wirkungsgrad der amorphen Dünnschichtzellen geht es oft schon nach kurzer Betriebszeit (insbesondere im Außenbereich) bergab.

Wir haben bereits darauf hingewiesen, daß sich amorphe Solarzellen-Module für Außenanlagen im Prinzip nicht eignen (mit Ausnahme von „kurzlebigen" Experimenten). Bleiben also nur noch Module mit monokristallinen oder polykristallinen Zellen übrig. Bei kleineren Solarzellen-Modulen – zu denen auch das Modul für eine Solar-Garage gehört – spielt es eigentlich keine Rolle, ob es mit monokristallinen oder polykristallinen Zellen bestückt ist. Dies hat nur einen geringfügigen Einfluß auf die Größe des Solarzellenmoduls – was bei dieser Anlage kaum von Bedeutung sein dürfte. Maßgeblich sind hier nur die zwei bereits angesprochenen Parameter: Die *Modulen-Nennspannung* und der *Nennstrom*. Der offizielle *Modulen-Nennstrom* stellt allerdings keinen Festwert dar, sondern nur ein Maximum, das das Modul unter optimalen Bedingungen liefern kann – vorausgesetzt der Akku ist auch ausreichend tief entladen. Andernfalls bezieht er oft nur einen geringeren Ladestrom, der einerseits von dem Spannungsunterschied zwischen der jeweiligen Solar-Ladespannung und der Akkuspannung, andererseits von dem Innenwiderstand des Akkus abhängt.

Nebenbei: Der **Kurzschlußstrom** ist bei den meisten kristallinen Zellen nur etwa 6 % bis 12 % höher, als der Nennstrom. Ein vorübergehender Kurzschluß am Solarzellen-Modul führt demzufolge nicht zu seiner Vernichtung oder Beschädigung – vorausgesetzt, wir geben ihm nicht die Zeit, daß es sich zu sehr aufheizt. Da jedoch eine Solarzelle üblicherweise Temperaturgrenzen zwischen ca. – 40° C und +125° C verkraftet, kann sie sogar zu einer Art Kochplatte werden, ohne daß es dadurch zu einer Beschädigung kommen müßte. Zu einer Kochplatte wird sie allerdings nur bei kräftig strahlender Sonne. Ansonsten heizt sich eine Solarzelle bzw. ein Solarzellenmodul bei einem etwas trüberen Wetter auch bei einem tagelang dauernden Kurzschluß nicht auf – was für den „Installateur" sehr beruhigend sein dürfte.

10.3 Laderegler

Es gibt eine große Auswahl an Ladereglern, die speziell für Photovoltaik-Anlagen konzipiert sind. Von einfachen, preiswerten Ladereglern, bis zu „sehr intelligenten", teuren Ladereglern. Die meisten von ihnen sind für 12

Abb. 10.3: Mit einem modernen Lade-
regler-IC Type *BP 137* läßt sich ein So-
lar-Laderegler im Eigenbau erstellen.
*Der links eingezeichnete 1µF-Elko
muß für eine Spannung dimensioniert
sein, die der Leerspannung des Solar-
moduls entspricht (in unserem Fall
käme ein 35 V-Elko zum Einsatz).

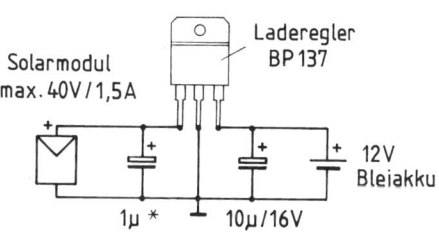

Volt-, einige auch für 24 Volt-Akkus geeignet (bzw. wahlweise umschalt-
bar). Sie sind als Fertiggeräte, wie auch als Bausätze oder einfache Lade-
ICs erhältlich. Bei manchen Solargaragen ist ein Laderegler im Zubehör
und man muß sich somit nicht mehr mit diesem Baustein befassen. Ander-
falls läßt sich mit Hilfe eines modernen Laderegler ICs *Typ BP 137* (Anbieter Conrad Electronic) ein Laderegler sehr einfach und preiswert im
Selbstbau nach *Abb. 10.3* erstellen.

Wer näher an diesen Themen interessiert ist, dem empfehlen wir zusätzliche Fachliteratur, die am Ende des Kapitels 3.6 (Seite 63) aufgeführt ist

11 Ferngesteuerte Garten- und Garageneinfahrts-Tore

Mit einem ferngesteuerten (funkgesteuerten) Elektroantrieb läßt sich praktisch jedes Garten- oder Garageneinfahrts-Tor nachrüsten. Eine derartige Nachrüstung ist besonders dann fällig, wenn das eigentliche Garagentor ebenfalls mit einem ferngesteuerten Elektroantrieb versehen ist, bzw. wenn hier eine solche Nachrüstung auf dem Plan steht. Für die meisten Gartentore sind passende Nachrüst-Bausätze (als sogenannte „Hoftor-Antriebe") erhältlich. Ihre Konstruktionen unterscheiden sich vor allem dadurch, ob es sich um Antriebe für *Drehtore* oder für *Schiebetore* handelt.

Ein Gartentor, das gleichzeitig als Garageneinfahrts-Tor fungiert, ist in den meisten Fällen als Drehtor mit zwei Flügeln konstruiert, von denen jeder einen eigenen Elektromotor für den Elektroantrieb nach *Abb. 11.1* benötigt. Die Elektromotoren sind als Getriebemotoren ausgelegt, die speziell für diesen Zweck konstruiert und sowohl einzeln als auch mit der dazugehörenden Steuerelektronik erhältlich sind.

Im Gegensatz zu den meisten der bisher beschriebenen Funksysteme kann jedoch in diesem Ausnahmefall die Installation in der Praxis dadurch etwas komplizierter ausfallen, daß die Steuereinheit ziemlich viele Zusatzfunktionen bietet. Daraus ergibt sich automatisch, daß sie über eine dementsprechende Menge an Klemmen verfügt, deren „Sinn" am besten aus dem Anschlußschema in *Abb. 11.2* hervorgeht.

Die Steuerelektronik verfügt über ähnliche Features, wie die Steuerelektronik der normalen Garagentore, ist auch hier bei manchen Produkten von einem Mikroprozessor kontrolliert und läßt sich oft noch wunschgerecht einstellen. Zudem bietet die Steuerelektronik von zweiflügeligen Toren üblicherweise auch die Möglichkeit, daß bedarfsbezogen nur einer der Torflügel geöffnet wird, der als „Durchgangsflügel" dienen kann (wenn neben dem Tor keine zusätzliche kleine Gartentür zur Verfügung steht).

Als Schiebetore werden Garageneinfahrts-Tore meistens nur dann ausgelegt, wenn hier von vornherein ein Elektroantrieb vorgesehen ist. Sie haben

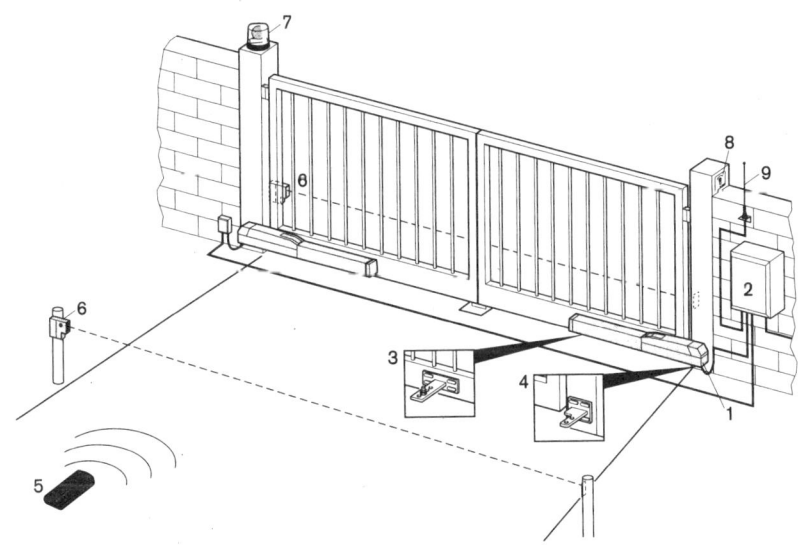

Abb. 11.1: Ein Garten- bzw. Garageneinfahrts-Drehtorantrieb unterscheidet sich von einem „normalen" Garagentorantrieb nur geringfügig, besteht jedoch aus etwas mehr „Einzelbausteinen", weil hier das Antriebssystem und die elektronische Steuerung nicht eine kompakte Einheit bilden: **1**= Drehtor-Antrieb; **2** = Steuerungseinheit; **3** = Montagewinkel am Torflügel; **4** = Montagewinkel am Torpfosten; **5** = Fernbedienungs-Handsender; **6** = Lichtschranken; **7** = Warnleuchte; **8** = Schlüsseltaster; **9** = Zusatzantenne (Werkzeichnung Bosch)

– bis auf Ausnahmen – nur einen Flügel. So wird für den Antrieb oft nur ein Elektromotor benötigt. Im Prinzip spricht jedoch nichts dagegen, daß auch ein Schiebetor aus zwei Flügeln besteht, wenn es baulich vorteilhafter ist. Bis auf eine andere Ausführung des Antriebssystems unterscheidet sich das Schiebetor-System im Konzept nicht von dem eines Drehtorantriebes.

Wenn eine Netzstrom-Zuleitung zum Tor zu kostspielig oder zu kompliziert wäre, können auch hier Solarzellen die Stromversorgung übernehmen. Im Vergleich zu einem Solar-Garagentor haben jedoch die Gartentor-Antriebe einen bis zu etwa 8 mal höheren Stromverbrauch. Dies muß bei der Planung der Solarzellenfläche und der Akku-Kapazität (in Ah) berücksichtigt werden.

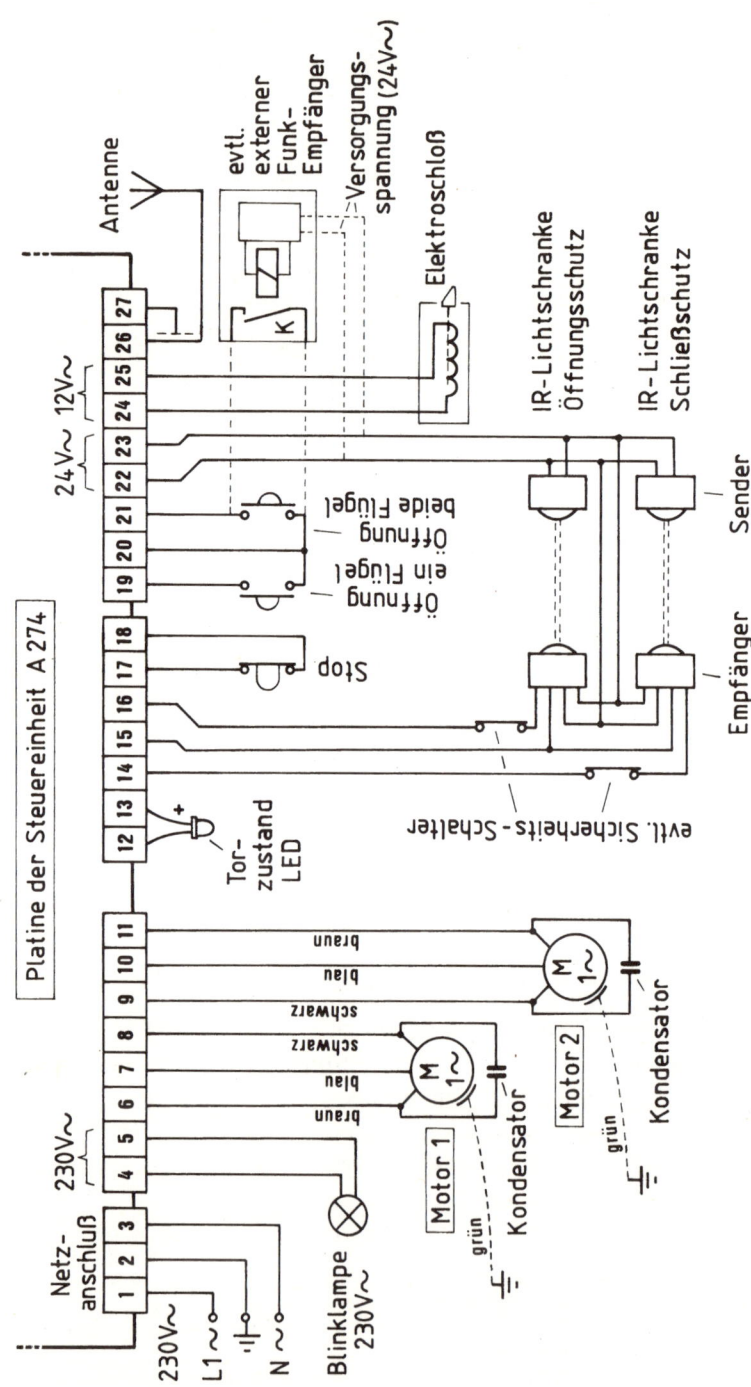

Abb. 11.2: Anschlußschema der *Casali-Steuereinheit* für Drehtore (Anbieter Conrad Electronic)

12 Drahtlos schalten mit einem PC

Drahtloses Schalten mit Hilfe eines PCs ergibt vor allem dann einen Sinn, wenn umfangreichere Schalt- oder Steuervorgänge unabhängig von einem festen Standort ausgelöst werden sollen. Welche der Verbindungswege dabei als „drahtlos" ausgelegt werden, hängt von den Gegebenheiten ab.

In den meisten Fällen dürfte es sich um eine drahtlose Verbindung zwischen dem PC und der gesteuerten Anlage (z. B. Modellbahn) oder zwischen der PC-Tastatur und dem in der Anlage „eingebauten" PC handeln (was z. B. bei der Steuerung eines Gewächshauses in Frage käme).

Eine andere Möglichkeit der „drahtlosen" Bedienung eines PCs stellt u. a. eine fotoelektrische Bedienung einiger Tasten der PC Tastatur mit einem Laserpointer dar. Zu diesem Zweck kann auch eine bereits ausrangierte PC-Tastatur verwendet werden, an deren Platine *nach Abb. 12.1* einige Schalt-ICs Typ *4066* angeschlossen werden können (parallel zu einigen der „ausgewählten" Tastenkontakten).

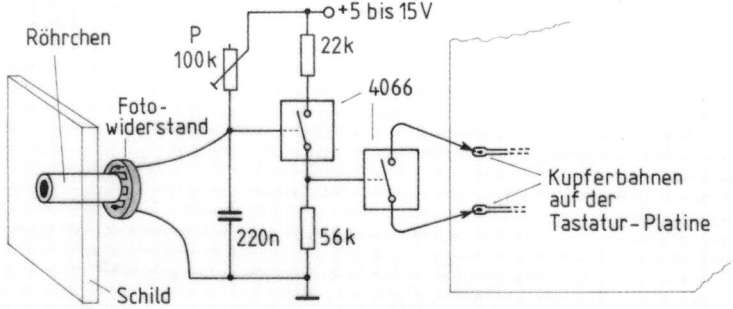

Abb. 12.1: Schaltungsbeispiel einer mit Laserpointer „fernbetätigten" BPC-Tastatur: Wenn der Laserpointer-Strahl den Fotowiderstand beleuchtet, schalten die beiden Porten des ICs 4066 „ein" und lösen den „softwaremäßig vorgegebenen Befehl" aus (siehe hierzu auch Kap. 16 und 17)

12.1 Mit dem PC Relais oder LEDs schalten

Ein jeder PC kann auf irgendeine Weise an irgendeinem seiner Ausgänge diverse JA/NEIN-Befehle „weiterleiten", um einen Drucker oder auch beliebige andere Geräte zu schalten, steuern und regeln. Fürs Drucken benötigt er einen Drucker, fürs Schalten und Steuern ein anderes Zusatzgerät, das z. B. anstelle des Druckers (auf dieselbe Weise und über dasselbe „Drucker-Kabel") an seine Drucker-Schnittstelle angeschlossen wird. Bedarfsbezogen kann der PC über diese Schnittstelle auch Daten empfangen und von ihnen Gebrauch machen.

Solche „Zusatzgeräte" müssen nicht unbedingt von der Ausführung her als kompakte Geräte (mit einem entsprechenden Geräte-Gehäuse) ausgelegt sein. Der Elektronik- Fach- und Versandhandel bietet sie oft nur in der Form von handflächengroßen Platinen *(PC-Relaisinterface-Platinen)* an, die sich der Anwender evtl. „später" selber in ein Gehäuse einbauen kann.

Zu den meisten Relaisinterface-Platinen dieser Art gibt es üblicherweise eine kostengünstige Steuersoftware (für Windows), mit der sich die vorgesehene Bedienung der Relais problemlos bewältigen läßt.

Diese Platinen bestehen aus einigen Dekodier- und Treiber-ICs und beinhalten ausgangsseits Schaltrelais, an deren Arbeitskontakte sich beliebige Verbraucher anschließen lassen – soweit es die Relais-Arbeitskontakte laut Herstellerangaben zulassen.

In der Praxis kann die Anzahl der Relais zwar beliebig groß sein, aber die meisten handelsüblichen Relais-Platinen verfügen oft nur über etwa 8 bis 10 Relais. Manche von ihnen sind jedoch „kaskadierbar" und können somit auf den Bedarf der Schaltaufgaben ausgebaut werden.

Was an die Arbeitskontakte der Relais angeschlossen wird, bleibt dann der kreativen Phantasie des Anwenders überlassen. Bei spezielleren Aufgabenlösungen muß er sich selber weiterhelfen und das Vorhaben an sein Können, Wissen oder an seine Selbstbau-Möglichkeiten anpassen.

Es versteht sich von selbst, daß das Schalten mit Hilfe eines PCs sowohl gewisse Vorkenntnisse der Elektronik als auch gewisse Vorkenntnisse im Programmieren voraussetzt. Den meisten Relais-Interface-Fertigplatinen (oder auch Bausätzen) liegen jedoch – wie schon erwähnt – gute Bedienungsanleitungen bei, wodurch die Handhabung oft einfacher ist, als die Inbetriebnahme einer neuen Waschmaschine (geschweige denn, eines neuen PC-Druckers).

Wer sich mit der Elektronik und auch mit einfachem Programmieren einigermaßen auskennt, der kann sich eine einfachere Relaisplatine leicht selber erstellen.

Die Arbeitsweise der PC-Schnittstellen wird in der Fachliteratur oft derartig dürftig erklärt, daß auch viele der wirklich kleveren Elektroniker letztendlich mit solchen Fachauskünften nichts Konkretes anfangen können. Dabei ist die Sache eigentlich ganz einfach. Besonders dann, wenn man sich die parallele Drucker-Schnittstelle des PCs vornimmt.

Wem dieses Thema nicht völlig neu ist, dem ist bekannt, daß die PCs sowohl über serielle als auch über parallele Schnittstellen verfügen. Bei einer seriellen Schnittstelle werden die einzelnen Daten wie Eisenbahnwagone hintereinander „transportiert". Der Umgang mit derartig angeordneten Daten ist nicht unbedingt jedem Elektroniker so ganz geheuer.

Wesentlich leichter ist es mit der Datenausgabe an der parallelen Schnittstelle nach *Abb. 12.2* : Sie verfügt über 8 Datenausgänge, die – wie „branchenüblich" – nicht von 1 bis 8 sondern von 0 bis 7 numeriert werden. Jeden dieser Ausgänge kann man sich einfachheitshalber als einen „Schaltausgang" vorstellen, der im „eingeschalteten" *(HIGH)* Zustand eine +5 V Gleichspannung vom PC-Inneren „nach außen" durchschaltet. Ausgeschaltet steht der Ausgang auf *(LOW)* und hat einen Potential nahe Null.

Abb. 12.2: Die parallele Druckerschnittstelle (25-polige-SUB-D-Buchse) an der Rückseite eines jeden „IBM-kopatiblen PCs" verfügt über 8 Datenausgänge; die Buchse ist hier so eingezeichnet, wie man sie an der Rückseite eines PCs von außen sieht

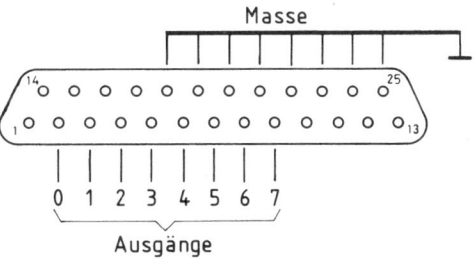

Tippt man in die Tastatur des PCs ein beliebiges Zeichen ein und gibt danach den Befehl „Datei drucken" ein, erscheint an den 8 Ausgängen der Drucker-Buchse *(Abb. 12.2)* eine Kombination von LOW- und HIGH-Daten, die der Code des eingegebenen Zeichens zubehören. So ein Code kann z. B. folgendermaßen aussehen: **L – H – L – L – L – H – L – L**

Buchstaben lassen sich zwar nicht elektrisch messen, aber es ist klar, daß an den acht Ausgängen der Drucker Schnittstelle (von links nach rechts) die

Spannungen als „ **0** V • **+ 5** V • **0** V • **0** V • **0** V • **+ 5** V • **0** V • **0** V " mit einem Voltmeter ermittelt werden.

Symphatisch (und auch praktisch) an der Sache ist, daß diese Reihenfolge der Spannungen (also der Code) an der Druckerausgangs-Buchse solange stehen bleiben, bis ein neuer Druckerbefehl eingegeben wird (auch tage-lang, wenn der PC eingeschaltet bleibt). Das bietet viel Spielraum beim Ex-perimentieren.

Bemerkung: Um eine *nicht an den Drucker angeschlossene* parallele Druk-ker-Schnittstelle dazu zu bringen, daß sie die Daten nach dem gerade be-schriebenen Beispiel auch ausgibt, müssen einige ihrer weiteren Anschlüs-se nach *Abb. 12.3* über Widerstände 4k7 mit der Masse bzw. mit der Plus-Versorgungsspannung verbunden werden.

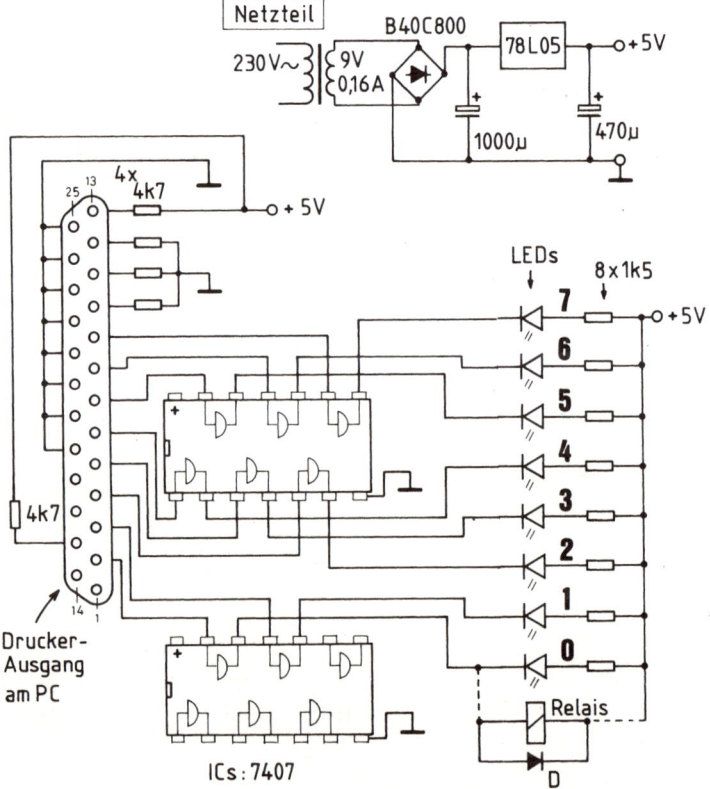

Abb. 12.3: Eine Eigenbau-Experimentierplatine (Ausgabeplatine) mit einem eigenen Stecker und mit LED-Anzeigen der jeweiligen Konfigurationen der Spannungen (Pe-gel) an den 8 Datenausgängen

Rote LOW-CURRENT-LEDs, die nur einen Stromverbrauch von ca. 2 mA haben, könnten zwar ihre Stromversorgung direkt aus den Datenausgängen des PCs beziehen, aber das Treiber-IC *7407* bietet den Vorteil, daß auf diese Weise auch 8 Relais gesteuert werden können. Die Stromabnahme pro Treiber-Ausgang darf 40 mA nicht überschreiten. Der Spulenwiderstand der angewendeten Relais sollte daher minimal ca. 150 Ω (optimal bei 200 Ω oder mehr) betragen.

Bei dieser Lösung zeigen die LEDs die jeweiligen Daten-Codes an, deren Konfiguration sich abhängig von den eingegebenen Zeichen ändert. So kann z. B. beim Eintippen des einen Zeichens (nach dem Befehl „Datei Drucken") der Code in der Form von „**L – H – L – L – L – H – L – H**" erscheinen, bei einem anderen Buchstaben wird es z. B. „**H – L – H – L – L – H – L – L**" usw.

Der Sinn einer solchen Codierung besteht darin, daß sie bei Anwendung von z. B. zwei *4 zu 16-Decodierern* stolze 256 Kombinationen ergibt. Ein Drucker kann somit auf eine sehr einfache Weise 256 verschiedene „Befehle" decodieren und als Zeichen drucken. Auf dieselbe einfache Art können auch 256 Relais – und somit beispielsweise 256 Motoren oder andere Verbraucher (worunter auch elektrisch gesteuerte Modelleisenbahn-Bausteine) geschaltet werden (der Netzteil-Trafo und der Spannungsregler müßen evtl. bedarfsbezogen an die vorgesehene Stromabnahme angepaßt werden).

Es leuchtet ein, daß nicht decodiert werden muß, wenn maximal 8 Relais geschaltet werden sollen. Hier genügt es, wenn man sich unter all den Kombinationen einfach solche aussucht, bei denen beispielsweise jeweils nur ein einziger der benötigten Datenausgänge auf „**H**" steht und alle andere „aus" sind (auf „**L**" stehen). Wenn anstelle der Treiber-ICs zwei „4 zu 10" *(Type 7445)* oder „4 zu 16" *(Type 4514 / 4515)* Decodierer in die Schaltung nach *Abb. 12.3* eingesetzt werden, können über sie 20 bzw. 36 Relais (oder Optokoppler) direkt geschaltet werden (max. Strombelastung der ICs ist zu beachten!).

Wer nicht über Tabellen verfügt, aus denen die erwünschte Konfiguration der Datenausgänge im Zusammenhang mit den eingegebenen softwarebezogenen Druckerbefehl hervorgeht, kann sich mit dem Motto, „suchet und ihr werdet finden" behelfen. Dazu braucht man die Eigenbau-Ausgabeplatine aus *Abb. 12.3* und etwa 10 Minuten Zeit. Natürlich braucht man dazu auch einen PC. Das darf auch ein „uralter" PC sein, der schon seit mehren Jahren im Keller steht und eine „lächerlich niedrige" Taktfrequenz hat.

Wer z. B. einfachheitshalber die gute alte „Basic" als Programmiersprache verwenden möchte (gegen die bei derartigen Anwendungen absolut nichts einzuwenden ist), der kann mit den Befehlen *IF ... THEN GOTO; PRINT 100* (oder eine andere Zahl) an den LEDs der Ausgabeplatine sehen, wie sich die Reihenfolge der Pegel an den Datenausgängen ändert.

Dasselbe erreicht man auch mit anderen beliebigen Programmiersprachen. Hier geht es nur darum, wie leicht einer seinen PC dazubringen kann, daß er das macht, was von ihm erwartet wird. Das ist für den einen ein Kinderspiel, für den anderen eine sehr komplizierte Herausforderung. Für so manchen guten Elektroniker ist die Erstellung einer Ausgabeplatine mit beliebig aufwendiger Elektronik eine leichte Sache, aber die Software kompliziert ihm das Vorhaben sehr. Für so manchen Programmierer ist wiederum die Software ein Kinderspiel, aber mit der Elektronik kommt er nur mit sehr viel Mühe zurecht. Der Sinn derartiger „Herausforderungen" besteht aber auch darin, daß man durchs Experimentieren seinen Horizont erweitert. Spaß machen sollte es natürlich auch. Wem jedoch so etwas keinen Spaß macht, der würde ohnehin dieses Buch nicht einmal klauen, geschweige denn kaufen.

Die eigentliche Problematik des Schaltens mit einem PC würde ein ziemlich umfangreiches selbständiges Buch füllen. Was wir in diesem Kapitel komprimiert erläutert haben, dürfte nur als ein nützliches Sprungbrett zu diversen Experimenten und Problemlösungen betrachtet werden.

Wer an weiteren konstruktiven Aufklärungen zu der themenbezogenen Hardware-Problematik interessiert ist, dem empfehlen wir das Werk

„Das große Anwenderbuch der modernen Elektronik" (Bo Hanus).

13 Klang- und sprachgesteuerte Schalter

Unter den Begriff „klanggesteuerte Schalter" fallen solche Schalter, die durch einen Ton, ein Geräusch, einen Lärm oder verschiedene andere Klänge gesteuert werden, die im hörbaren Frequenzbereich (zwischen ca. 16 Hz und 20 000 Hz) liegen. Diese Schalter haben verständlicherweise den Nachteil, daß sie nicht unbedingt nur auf Klänge reagieren, die als Steuerbefehle gemeint sind. Sie versuchen sich oft „nach eigenem Ermessen" auch dann nützlich zu machen, wenn der Fernseher, das Radio oder ein schimpfender Mensch Klänge von sich gibt, die den vorgesehenen Steuerbefehlen ähneln.

Mit sprachgesteuerten Schaltern ist es momentan eher genau umgekehrt: Viele von ihnen reagieren immer noch zu zögernd bis abweisend auf Befehle, deren Klangcharakter nicht genau dem entspricht, was mit ihnen mühevoll „einstudiert" wurde. Dennoch gehört den sprachgesteuerten Systemen die Zukunft. So richtig interessant werden sie erst dann, wenn man sich mit ihnen bei Bedarf auch über die vorgesehene Aufgabenbewältigung unterhalten kann. Vorausgesetzt, die Programme werden so entwickelt, daß nicht wieder jedes Gerät über jeden Befehl erst zu meckern versucht, eine Unmenge an Fragen stellt, oder Gegenargumente und nervtötende Warnungen auflistet (wie wir es bereits aus vielen Bedienungsanleitungen kennen).

Gegenwärtig orientieren sich die Systeme der Spracherkennung noch zu sehr an dem „melodischen" (spektralen) Klang der einzelnen Worte und nicht an einem „logischen Sinn" der Sätze. Dies dürfte sich jedoch mit der Weiterentwicklung der Computertechnik automatisch vervollständigen. Dann wird es nur noch die Frage einer gut durchdachten Programmierung sein, daß die sprachgesteuerten Geräte eine Anweisung ähnlich richtig verstehen werden, wie es beispielsweise ein jedes fünfjährige Kind auch fertigbringt.

Damit ist gemeint, daß so eine „perfektionierte" Sprachsteuerung weder auf einen fest vorgegebenen Wortlaut, noch auf einen „einstudierten" Klangcharakter der „befehlgebenden" Stimme bestehen wird – zumindest bei Geräten und Vorrichtungen, die nicht nur von „Befugten" bedient werden dürfen.

13.1 Klatschschalter

Zu den fast schon „antiken Fernbedienungen" gehört der allgemein bekannte „Klatschschalter". Man klatscht in die Hände und das Licht (oder ein anderer angeschlossener Verbraucher) wird somit „drahtlos" ein- oder ausgeschaltet.

Inwiefern so ein Klatschschalter einigermaßen selektiv nur aufs Händeklatschen reagiert, hängt *theoretisch* von der Qualität des Filters ab, der sich zwischen dem Aufnahme-Mikrofon (bzw. seinem Vorverstärker) und dem „Endverstärker" befindet – bzw. befinden kann. In der Praxis ist es jedoch mit so einem Filter ziemlich problematisch, denn das Klatschen als solches stellt keinen echten Ton mit vorgegebener Tonhöhe dar. Man kann hier zwar mit Hilfe von speziellen Filtern nur das Klangspektrum eines Klatschens „heraussieben", aber dies ist ziemlich umständlich und dennoch nicht ausreichend zuverlässig.

Ein Klatschschalter bleibt somit anwendungsbezogen nur ein „Gag", der oft auch diverse andere „kräftigere" Laute als Schaltbefehle wahrnimmt: Eine kräftiger zugeschlagene Tür, ein stärkeres Nießen oder ein etwas zu laut geratenes Schimpfwort kann der Klatschschalter in der Regel nicht von einem Händeklatschen unterscheiden. Somit hat seine Anwendung eher nur einen spielerischen Charakter – was z. B. bei einem Kinderfest viel Spaß machen kann. Klatschschalter sind überwiegend nur noch als Bausätze erhältlich.

13.2 Spracherkennungs-Schalter

Moderne Spracherkennungs-Systeme erkennen inzwischen die vorher eingelernten Worte mit einer Genauigkeit von mehr als 99 %. Damit läßt sich schon viel anfangen: Licht ein, Computer aus, Radio ein, Gardinen zu ...

Für den Einsatz im privaten Bereich eignen sich am besten solche Spracherkennungsschalter, die ihre Aufgabe ähnlich selbständig erfüllen, wie jeder andere fernbediente Schalter auch. Allerdings mit dem Unterschied, daß hier als Sender die menschliche Stimme fungiert.

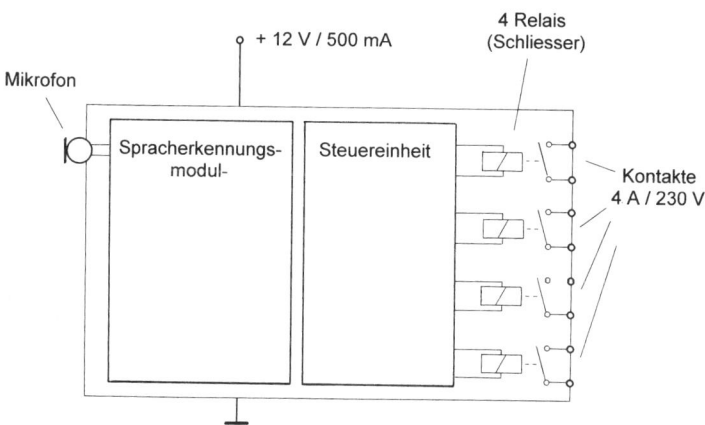

Abb. 13.1: Blockschema einer einfacheren Sprachsteuerung, mit der man vier voneinander unabhängige Relaiskontakte schalten kann

So kann beispielsweise der sprachgesteuerte Schalter aus *Abb. 13.1* „auf Kommando" vier voneinander unabhängige EIN/AUS-Schaltbefehle ausführen. Die Befehle werden hier – wie üblich – erst eingelernt. Erstens muß der Anwender lernen, seine Befehle im Rahmen eines einigermaßen einheitlichen Klangcharakters zu halten und zweitens muß auch dem Spracherkennungs-Modul beigebracht werden, daß es auf diese Befehle eingeht. Dabei kann die Sensitivität der Stimmenerkennung wahlweise auf mehrere Personen abgestimmt (über DIP-Schalter eingestellt) werden. Dies beinhaltet auch die Wahl zwischen einem sprecherunabhängigen oder sprecherabhängigen Modus.

Wird ein sprecherunabhängiger Modus vorgezogen, kann jeder der „angelernten" Anwender alle zur Verfügung stehenden Schaltaufgaben auslösen. Bei einem sprecherabhängigen Modul kann jeder der „angelernten" Anwender nur die für ihn programmierten Schaltbefehle erteilen (das Spracherkennungs-Modul wird z. B. nur einige der Befehle ausführen, die ihm ein Kind „mündlich" erteilt und auf Befehle, für die das Kind keine Befugnis hat, wird es nicht reagieren).

Zu beachten: Nicht alle der handelsüblichen Spracherkennungs-Platinen sind am Ausgang automatisch mit Relais versehen. Manche bieten ausgangsseits nur Steuersignale an, die man zu weiteren Aufgabenbewältigungen (worunter zur Anbindung an einen Mikroprozessor oder an eine andere elektronische Steuerschaltung) nutzen kann. Soweit es sich dabei um Steuersignale handelt, deren Spannung und Leistung z. B. direkt zum Bedienen eines elektronischen Lastrelais ausreicht (siehe hierzu auch Kap. 16), können über diesen „Umweg" auch beliebige elektrische Verbraucher geschaltet werden.

Zudem ist bereits im Planungsstadium davon auszugehen, daß die meisten dieser Geräte nicht über ein internes Standby verfügen, daß einen energiesparenden Betrieb ermöglicht. Soweit sie für Anwendungen vorgesehen sind, die mit der Anwendung eines Funk-Schalters übereinkommen, sollten sie noch über einen externen Sensor (worunter z. B. über einen Annäherungsschalter) ein- und abgeschaltet werden.

14 Bewegungsmelder und Annäherungsschalter

Passiven IR-Bewegungsmeldern, die auch unter der Bezeichnung „PIR-Schalter" oder „Annäherungsschalter" erhältlich sind, haben wir in diesem Buch schon viel Aufmerksamkeit gewidmet. Bliebe noch darauf hinzuweisen, daß es Bewegungsmelder auch in der Form von kleinen Einbau-Modulen gibt, die sich als Bausteine für diverse Eigenbau-Geräte verwenden lassen.

Der zweite Platz dürfte auf diesem Gebiet den Radar-Bewegungsmeldern gehören. Sie reagieren ähnlich, wie die IR-Bewegungsmelder auf Bewegung, allerdings mit dem Unterschied, daß hier auch die Bewegung von Körpern wahrgenommen wird, deren Temperatur sich von der Umgebung nicht unterscheidet. Der Mikrowellen-Sensor (Sender/Empfänger) arbeitet im Mikrowellenbereich und macht sich den Doppler-Effekt zu Nutzen. Mikrowellen durchdringen bekanntlich problemlos leitende Hindernisse aus Holz, Kunststoff, Glas oder trockenem Mauerwerk, und somit kann dieser Bewegungsmelder auch als Einbruchsschutz unsichtbar installiert werden.

Ähnlich, wie der PIR-Bewegungsmelder, hat auch der Radar-Bewegungsmelder leider den Nachteil, daß er nicht zwischen einem Kleintier und einem Einbrecher unterscheiden kann. Daher eignen sich diese Melder entweder nur für die Überwachung von Innenräumen, in denen es während der Überwachungs-Periode keine Lebewesen gibt (wie bereits anderweitig erklärt wurde) oder als Annäherungssensoren mit einer anderen Funktion.

Die tatsächlichen Qualitätsunterschiede der Bewegungsmelder sind für den Anwender nur schwer nachvollziehbar. Vor allem ist nicht allzu leicht erkennbar, inwieweit ein Bewegungsmelder selektiv genug ist, um ein Kleintier von einem Menschen zu unterscheiden.

Soweit sich zwei derartig unterschiedliche „Körper" in demselben Abstand vor dem Sensor bewegen, kann bei einem PIR-Sensor mit Hilfe einer perfektionierten Optik oder sogar mit Hilfe eines im Gerät integrierten Micro-

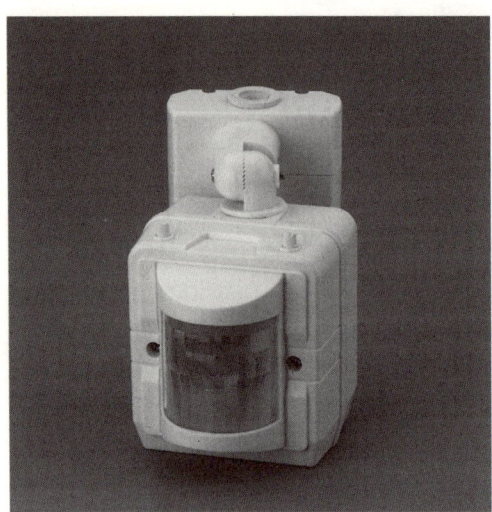

Abb. 14.1: PIR-Bewegungsmelder sind sowohl für eine 230 V~Netzspannung , als auch für 12 V-Gleichspannung erhältlich; Beim Kauf ist darauf zu achten, ob der Bewegungsmelder seine „Betriebsspannung" durchschaltet oder ob die Kontakte seines Relais als potentialfrein (N.C.) ausgelegt sind

controllers erreicht werden, daß dieser Unterschiede wahrnimmt. Ein Microcontroller berechnet z. B. aus Größe und Volumen des erfaßten Körpers den Gewichtsfaktor und löst einen Schaltvorgang (Alarm) nur dann aus, wenn ein gewisser vorgegebener Schwellenwert überschritten wird.

Auch hier kann jedoch der Sensor immer noch nicht selektiv genug zwischen Mensch und Tier unterscheiden, weil hier der Abstand zwischen dem Sensor und dem ermittelten „Fremdobjekt" nicht ermittelt wird. Im Entwicklungsstadium sind jedoch PIR-Bewegungsmelder, die sich die Technik der handelsüblichen elektronischen Abstandsmesser zunutze machen (die bereits seit einigen Jahren als Alternative zu den herkömmlichen Rollbandmaßen auf dem Markt sind). Es gibt noch Probleme mit dem Erfassungswinkel bzw. mit der Nachführung und Ausrichtung des Abstandsmessers zu dem Fremdobjekt. Sobald dies gelöst ist, kann ein kleiner, im PIR-Schalter integrierter Mikroprozessor das tatsächliche „Volumen" des Fremdobjektes blitzschnell berechnen und beim Überschreiten der vorgegebenen Grenzwerte einen Alarm (bzw. Schaltvorgang) auslösen.

Es fragt sich nur, ob diese Art der Fremdobjekt-Erfassung „das Rennen" auf die Dauer gewinnt. Zu einer starken Konkurrenz mausern sich inzwischen auch diverse kleine (und preiswerte) Videokameras, die in Kombination mit einem entsprechenden „Mikrocomputer" die Überwachung wesentlich perfekter bewältigen können. Momentan handelt es sich zwar noch um eine ziemlich kostspielige Aufgabenbewältigung, aber das kann sich in den nächsten Jahren ändern. Eine Kamera würde dann nicht nur Unterschiede zwischen den Körpermassen der wahrgenommenen Objekte, sondern evtl. auch die Gesichtszüge der Menschen erkennen und ausselektieren. Es wäre dann technisch kein Problem, daß so ein System nur dann Alarm geben würde, wenn es Personen erfaßt, die nicht als Bewohner identifiziert werden.

Vorerst dürfte der Anwender davon ausgehen, daß auch die sehr guten PIR-Bewegungsmelder nicht selektiv genug zwischen einem Menschen mit kühler Kleidung und einem „aufgewärmten" kleinen Hauskätzchen unterscheiden können.

PIR-Bewegungsmelder können dennoch sehr gute Dienste dort leisten, wo sie nur auf die Anwesenheit eines „Lebewesens" mit einem Einschaltvorgang reagieren. Es kann sich dabei nur um warnende Funktionen handeln oder das Licht im Keller wird automatisch eingeschaltet, wenn sich ein „Lebewesen" nähert – was allerdings vor allem für Objekte in Frage kommt, in denen es keine Haustiere gibt. Einige praktische Anwendungsbeispiele einfacher, aber nützlicher Bewegungsmelder zeigen *Abb. 14.2 bis 14.4.*

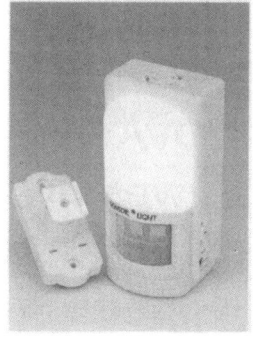

Abb. 14.2: Ein einfacher PIR-Bewegungsmelder – als eine kleine Lampe – die sich für kurze Zeit einschaltet, wenn sich ihr eine Person nähert, ist u. a. in Kellerräumen oder diversen „dunklen Ecken" sehr praktisch, kann jedoch auch als einfache (zusätzliche) Einbrecher-Warnung genutzt werden

Durch zusätzliches Verkleinern des „Fensters" eines IR-Bewegungsmelders (durch Abkleben oder Abdecken), verringert sich auch seine Reichweite und Empfindlichkeit auf kleinere Objekte. Er reagiert nur auf eine Person, die sich in seiner unmittelbaren Nähe bewegt.

Was für die PIR-Bewegungsmelder gilt, trifft auch für Radar-Bewegungsmelder zu. Diese Geräte sind allerdings im Vergleich zu den PIR-Bewegungsmeldern ziemlich teuer und eignen sich deshalb eher für komplexere Experimente, als für den praktischen Einsatz in Heim und Garten.

Abb. 14.3: Ein PIR-Bewegungsmelder, der bei Annäherung eines Lebewesens Alarm erzeugt, kann an „vorselektierten" Stellen gute Dienste leisten. In der Praxis hat sich übrigens dieses Gerät auch als eine wirksame „Kirschbaum"-Vogelscheuche erwiesen.

Abb. 14.4: Einige der PIR-Bewegungsmelder sind für Tonaufnahmen ausgelegt. Man kann auf sie z.B. eine Begrüßung („Guten Tag"), eine Kurzmitteilung („Gehe zum Friseur, habe die Haushaltskasse geplündert") oder eine Warnung („Verpiß dich!") diktieren

Wichtig: Bei der Anschaffung eines Bewegungsschalters ist darauf zu achten, ob dieser so ausgelegt ist, daß er nur die Netzspannung an einen Verbraucher durchschaltet oder ob er über einen vom Netz unabhängigen Schaltkontakt verfügt. (Diese zwei Unterschiede wurden bereits im Kap. 2 / *Abb. 2.2 und 2.3* im Zusammenhang mit den Fernschaltern erklärt). In manchen Katalogen wird so ein spannungsloser Kontakt auch als „NC-Kontakt" (not connecting-Kontakt) bezeichnet. Von der vorgesehenen Anwendungsart hängt dann ab, welche der zwei Ausführungen bevorzugt wird.

15 Speziellere Schaltaufgaben

Unter dem Begriff „speziellere Schaltaufgaben" dürften alle Schaltvorgänge eingeordnet werden, die nicht nur aus einem einfachen Ein-/Ausschalten bestehen und für die es keine handelsübliche Fertiggeräte gibt. Wie wir bereits in Kap. 2 erklärten, sind die meisten Fernbedienungs-Empfänger so konzipiert, daß sie nur direkt die 230 Volt-Wechselspannung zu einem Verbraucher durchschalten, der für die 230 V~Netzspannung ausgelegt ist *(Abb. 2.2)* oder sie verfügen über ein internes Relais, das nur einen einzigen Schaltkontakt bzw. Umschaltkontakt betätigt *(Abb. 2.4)*.

Für diverse Vorhaben werden jedoch *mehrpolige, mehrstufige* oder anders konzipierte Umschaltvorgänge benötigt, die sich mit einem einzigen Einschalt- bzw. Umschaltkontakt nicht realisieren lassen.

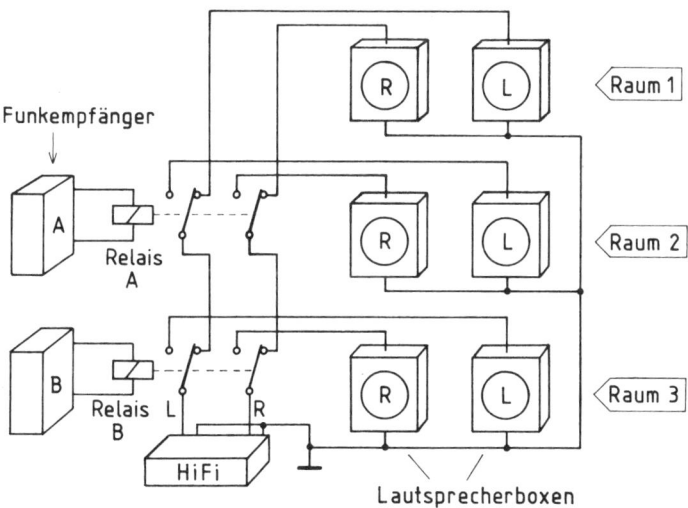

Abb. 15.1: Zwei zusätzliche 230 V~Wechselspannungs-Relais (**A/B**) schalten hier funkbedient Lautsprecherboxen verschiedener Räume an eine gemeinsame HiFi-Anlage zu

Was darunter zu verstehen ist, zeigt *Abb. 15.1*: Zwei Funkempfänger schalten hier über zwei zusätzliche 230 V~Wechselspannungs-Relais Lautsprecherboxen aus mehreren Räumen an eine zentrale HiFi-Anlage zu. „Raum **1**" ist beispielsweise das Wohnzimmer, in dem die Lautsprecherboxen an die HiFi-Anlage zugeschaltet bleiben, solange beide Funkempfänger abgeschaltet sind. Anhand der Zeichnung läßt sich leicht nachvollziehen, daß Funkempfänger **A** die Boxen des Raumes **2** und Funkempfänger **B** die Boxen des Raumes **3** an die HiFi-Anlage zuschaltet.

Es versteht sich von selbst, daß dieses Prinzip auch für andere Aufgabenlösungen genutzt werden kann. Theoretisch können auf diese Weise bis zu 4 Schaltaufgaben bewältigt werden (beide Relais **A/B** *aus*, beide Relais **A/B** *ein* oder nur eines der Relais *ein*), was jedoch für einige Schaltvorgänge mehrere Kontakte pro Relais voraussetzen könnte. Für kompliziertere Aufgaben können auch mehrere Relais in einer Tandemschaltung nach *Abb. 15.2* miteinander kombiniert werden.

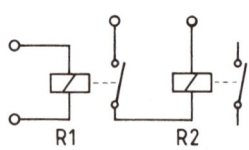

Abb. 15.2: Wenn für ein aufwendigeres Vorhaben die Anzahl oder die Leistung der Kontakte des Relais **R1** nicht ausreichen, kann ein zweites Relais (**R2**) als „Verstärkung" eingeschaltet werden (bedarfsbezogen können parallel zu **R2** noch mehrere Relais angeschlossen werden)

15.1 Fernschalten mit Laserpointer

Wir haben bereits in Kap. 2.1 das Schalten mit einem Laserpointer angesprochen, daß sich auch für diverse speziellere Aufgaben gut eignet. Eine sehr einfache Schaltung zeigt *Abb. 15.3:* Wenn der Laserpointer-Lichtstrahl kurz über den eingezeichneten Fotowiderstand **FW** geschwungen wird, erhält der Steuereingang **S** des ICs *4066* einen kurzen positiven Impuls und das IC aktiviert kurz die Magnetspule des Relais **R** und somit auch seinen Schaltkontakt **K** (siehe hierzu auch Kap. 16 und 17).

Viele Schaltvorgänge setzen mindestens zwei stabile Schaltzustände voraus (Ein/Aus oder 1 x um). Das läßt sich leicht mit einem bistabilen Relais bewerkstelligen, das nach *Abb. 15.4* über die Schalt-ICs *4066* geschaltet werden kann. Es handelt sich hier um eine etwas modifizierte Schaltung aus *Abb. 15.3.*

Anstelle des Fotowiderstandes wurden hier diesmal jeweils zwei Fotodioden des Typs *BPW 33* verwendet, um somit die Fläche der „fotoelektri-

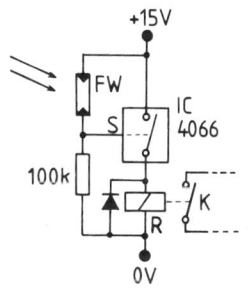

Abb. 15.3: Schaltung eines nachbauleichten Laserpointer-Schalters mit dem IC 4066: Da es sich um ein IC handelt, das über vier Schaltglieder verfügt (von denen jedes nur einen Strom von max. 25 mA verkraftet), können bedarfsbezogen mehrere dieser Glieder parallel miteinander verbunden werden, um einen entsprechend höheren Strom schalten zu können

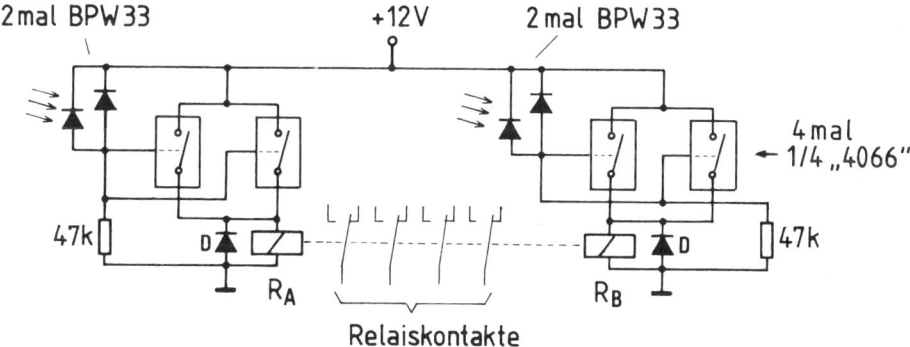

Abb. 15.4: Schaltung eines nachbauleichten Laserpointer-Schalters mit einem bistabilen Zweispulen-Relais (siehe weiter im Text); Relais-Schutzdioden **D** = 1 N 4148

schen Zielscheibe" für den Laserpointer etwas zu vergrößern (es erleichtert die Treffsicherheit). Zudem wurden hier jeweils zwei Schaltglieder des ICs *4066* parallel verbunden, um die Strombelastung optimal zu verteilen. Dadurch verkraftet so ein Duo einen Strom von bis zu 50 mA – was allerdings nicht als eine Dauerbelastung betrachtet werden sollte. Dies ist auch in den meisten Fällen nicht notwendig, denn es gibt genügend bistabile Kleinrelais, deren Magnetspulen einen Ohmschen Widerstand ab 800 Ω aufwärts aufweisen (12 V geteilt durch 800 Ω ergibt eine Spulen-Stromabnahme von bescheidenen 15 mA).

15.2 Elektromagnetische Finger

Viele elektronische Geräte, worunter Videorekorder, Telefonapparate und PCs, sind für eine elektromechanische Bedienung mittels Drucktaster bzw. Tasten ausgelegt (beim PC sind es vor allem die Tastatur-Tasten). So manche Fernsteuerung würde hier voraussetzen, daß an die bestehenden Tastenkontakte eine Zuleitung angeschlossen wird, um sie mit externen Steuerimpulsen bedienen zu können (wie wir es in Kap. 12 / *Abb. 12.1* gemacht haben).

Bei vielen Experimenten lohnt es sich jedoch nicht, daß man wegen der Eingabe eines einzigen Schaltbefehls das halbe Gerät auseinandernimmt (was bei manchen Produkten bald nur mit Hilfe einer Handgranate möglich sein wird). Ein selbstgebauter „magnetischer Finger" nach *Abb 15.5* kann dieses Problem oft schnell und schmerzlos lösen. Wer jedoch ein altes „ausgedientes" Kleinrelais vorrätig hat, der kann an seinen Polansatz einen kleinen „Hebel" anleimen und mit diesem dann elektromagnetisch die vorgesehene Taste betätigen. Auch mit dem Elektromagneten einer alten Türglocke läßt sich so ein „magnetischer Finger" leicht erstellen.

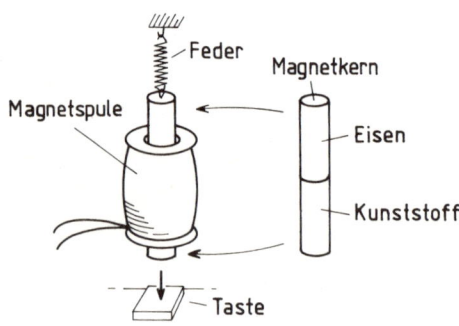

Abb. 15.5: Das hier abgebildete Ausführungsprinzip eines „magnetischen Fingers" sollte vor allem nur der Inspiration dienen, denn die praktischen Möglichkeiten bieten eine große „Spielfläche"

16 Relais und andere „schaltende Bausteine"

Für drahtloses Schalten werden manchmal zusätzliche „schaltende Bausteine" benötigt. Dafür kann es folgende Gründe geben:

a) Die Empfänger der meisten handelsüblichen Fernschalter-Sets (worunter z. B. die Steckdosen-Empfänger) schalten – wie bereits am Anfang dieses Buches erklärt wurde – üblicherweise nur die 230 V~ Netzspannung an die angeschlossenen Verbraucher durch. Möchte man so einen Fernschalter etwas „zweckentfremdet" zum Schalten von niedrigeren Spannungen, Audiosignalen u. ä. verwenden, ist dies mit Hilfe eines zusätzlichen schaltenden Bausteines leicht realisierbar.

b) Einige der spezielleren drahtlosen Fernschalter sind ausgangsseits mit Relais vorgesehen, deren Arbeitskontakte von der Netzspannung galvanisch getrennt sind. Sie schalten daher (wie ebenfalls schon erklärt wurde) zwar jede beliebige Spannung bzw. Leistung durch oder um, allerdings nur im Rahmen der vom Hersteller angegebenen Grenzen und zudem oft nur einpolig. Falls eine höhere Spannung bzw. ein höherer Strom geschaltet werden soll, als die Relaiskontakte des Fernschalters verkraften, muß ein entsprechend dimensioniertes zusätzliches Relais an das eigentliche Relais des Fernschalters angeschlossen werden.

c) Wenn ein handelsüblicher Fernschalter kompliziertere (bzw. kombinierte) Umschaltvorgänge zu bewältigen hat, kann ebenfalls ein zusätzliches Relais mit entsprechend vielen Schaltkontakten diese Aufgabe bewerkstelligen.

Einige der hier aufgeführten Aufgabenbewältigungen haben wir bereits in vorhergehenden Kapiteln vorgestellt. Allerdings nur als Beispiele, die themenbezogen orientiert waren und keine komplexe Übersicht über andere Möglichkeiten boten.

Das werden wir nun nachholen, denn für diverse individuelle Aufgabenlösungen stehen dem Interessenten gegenwärtig sehr viele elektronische

„schaltende Bausteine" zur Verfügung, die sich sehr leicht handhaben lassen. Man muß allerdings im Bilde darüber sein, wozu sich der eine oder andere Baustein eignet, was man ihm zumuten darf und wie man ihn anwendet.

Die gängisten interessanten Bausteine dieser Art, die im Elektronik Einzel- und Versandhandel erhältlich sind (und die sich für einfachere Eigenbau-Vorhaben gut eignen), können in folgende Gruppen eingeteilt werden:

- Elektromagnetische Relais [16.1]
- Reed-Relais (Zungenrelais) [16.2]
- Elektronische Relais / Leistungsrelais [16.3]
- Schaltende Halbleiter und ICs [16.4]
- Spezielle mechanische Schalter und Sensoren [16.5]

16.1 Elektromagnetische Relais

Als elektromagnetische Relais werden im allgemeinen alle herkömmlichen Relais bezeichnet, bei denen ein Elektromagnet den Schaltkontakt (bzw. mehrere Schaltkontakte) *mechanisch* betätigt.

Das Konstruktionsprinzip eines elektromagnetischen Relais zeigt *Abb. 16.1 a:* Wenn die Relaisspule *S* eine entsprechende Gleichspannung erhält, wird ihr Weicheisen-Kern zu einem Elektromagneten und der Polansatz *P*

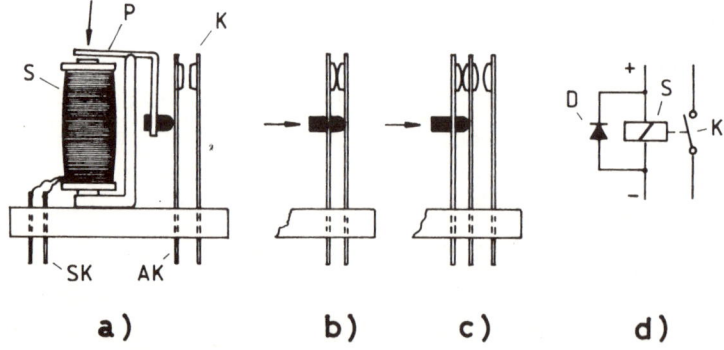

Abb. 16.1: a) Konstruktionsprinzip eines „monostabilen" elektromagnetischen Relais mit einem einzigen Schließkontakt (Schließer) *K;* b) Der Relaiskontakt kann alternativ als ein *„Öffner"* ausgeführt werden; c) viele Relais sind mit einem oder auch mit mehreren Wechselkontakten *(Wechslern)* ausgelegt; d) Gängiges Schaltzeichen eines Relais mit einem Schließkontakt *K* und einer Schutzdiode *D*

(Anker) wird in Richtung Spule herangezogen. Dabei wird durch eine Hebelwirkung der linke Kontakt *K* gegen seinen rechten Nachbarn federnd angedrückt, womit der Schaltvorgang zustande kommt. Die Anschlüsse der Spule *(SK)* sind von den Schaltkontakten des Relais *(K)* – und somit auch von ihren Anschlüssen *AK –* galvanisch getrennt.

Alternativ kann nach *Abb. 16.1 b* der Relaiskontakt als ein „*Öffner*" ausgeführt werden. Der schwarz eingezeichnete Kunststoff-Stift gleitet hier durch einen Schlitz im linken Kontakt und druckt bei Betätigung des Relais den rechten Kontakt weg. Damit wird der Schaltvorgang (Kontakt) unterbrochen. Ähnlich funktioniert ein Wechselkontakt nach *Abb. 16.1 c:* hier betätigt der schwarz eingezeichnete Stift nur den mittleren Kontakt, der in seiner Ruhestellung federnd gegen den linken Kontakt drückt (wie eingezeichnet).

Bei der Wahl eines passenden elektromagnetischen Relais sind folgende technische Kenndaten zu beachten:

- *Bauart* (ob für Leiterplattenmontage ausgelegt), ob evtl. *monostabil* oder *bistabil, Abmessungen* und evtl. auch andere Herstellerangaben.
- *Betriebsspannung (Nennspannung) der Relaisspule*, sowie auch die vom Hersteller vorgesehene Spannungsart (Wechsel- bzw. Gleichspannung)
- *Spulenwiderstand* bzw. *Stromabnahme* der Relaisspule
- *Max. Schaltspannung* der Relaiskontakte (pro Kontakt)
- *Max. Schaltstrom* und *max. Dauerstrom* der Relaiskontakte (pro Kontakt)
- *Max. Schaltleistung* der Relaiskontakte (pro Kontakt)
- *Anzahl und Art der Schaltkontakte* (Schließer, Öffner oder Wechsler)
- *Kontaktwerkstoff* – insofern von Bedeutung (manchmal gibt der Hersteller z. B. folgendes an: „Kontakte Silber mit Goldauflage")

Auf den ersten Blick sieht die Summe der Kenndaten etwas zu umfangreich aus, aber im Prinzip handelt es sich hier nur um leicht verständliche Angaben:

Die benötigte *Betriebsspannung* der Relaisspule ergibt sich bereits im Planungsstadium aus den vorgesehenen Gegebenheiten. Wenn das Relais an eine funk- oder infrarotgeschaltete 230 V~ Wechselspannung angeschlossen werden soll, muß seine Magnetspule für diese Spannung ausgelegt sein.

Wir gehen einfachheitshalber gleich zu einem praktischen Beispiel über. Im Katalog von Conrad Electronic werden u. a. folgende elektromagnetische Relais angeboten:

Leistungs-Printrelais, monostabil, neutral, 8 A, 2 x UM			
Max. Schaltspannung 440 V~ , max. Schaltleistung 2000 VA, max. Schaltstrom 8 A.			
Type:	Spulen-Nennspannung:	Spulenwiderstand:	Relaiskontakte:
A	6 V=	90 Ω	2 x UM
B	12 V=	360 Ω	2 x UM
C	24 V=	1440 Ω	2 x UM
D	48 V=	5760 Ω	2 x UM
E	230 V~	32 500 Ω	2 x UM

Dies alles sind wichtige Angaben, die eine anwendungsorientierte Erklärung verdienen:

Die Bezeichnung *„Leistungs-Printrelais "* weist darauf hin, daß diese Relais für Printmontage geeignet sind (sie können u. a. in beliebige Experimentierplatinen eingesetzt werden).

Der darauffolgende Hinweis, daß diese Relais als *monstabil neutral* ausgelegt sind, verdient nähere Aufklärung:

Elektromagnetische Relais werden in sehr vielen Ausführungen hergestellt, die nicht nur in Hinsicht auf die Schaltleistung, sondern auch bzgl. der Funktionsart charakteristische Unterschiede aufweisen.

Neben den gängigsten *monostabilen* elektromagnetischen Relais (nach *Abb. 16.1*) gibt es auch noch *bistabile Relais* und *Stromstoßrelais*. Die folgende Einteilung erklärt, worin die Unterschiede bestehen:

Monostabile Relais sind entweder als *„monostabil neutral"* oder als *„monostabil gepolt"* ausgelegt. Die Bezeichnung *„monostabil"* weist darauf hin, daß es sich um ein Relais handelt, das nur einen stabilen Zustand hat (beim Abschalten der Stromzufuhr immer in die „Ruheposition" federnd zurückfällt).

Wenn ein Gleichstrom-Relais als *„neutral"* bezeichnet wird, bedeutet es, daß seine Spule polaritätsunabhängig angeschlossen werden darf. Wenn dagegen ein Relais „*gepolt*" ist, muß seine Spule unbedingt polaritätsgerecht angeschlossen werden (Die Spulen-Anschlüsse sind in dem Fall mit einem Plus- und einem Minus-Zeichen versehen).

Bistabile Relais sind – wie dem Namen zu entnehmen ist – in beiden – Positionen stabil. Bei vielen dieser Relais genügt ein ganz kurzer Stromimpuls zum Umschalten. Die Kontakte bleiben danach so lange in der eingenommenen Position magnetisch „kleben", bis der nächste Stromimpuls in der „Gegenrichtung" ein weiteres Umschalten auslöst.

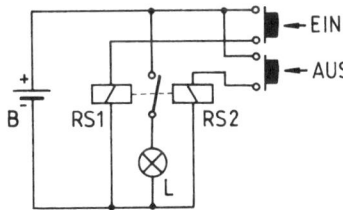

Abb. 16.2: Schaltbeispiel mit einem bistabilen Zwei-Spulen-Relais, das eine kleine Lampe **L** schaltet

Abb. 16.3: Bei bistabilen gepolten Relais hängt von der Polarität der Steuerspannung (Spulenspannung) ab, ob Relais **R** ein- oder abschaltet; der hier eingezeichnete Schalter **S** ist nur als ein Baustein einer „Testschaltung" zu betrachten, der in der Praxis durch eine elektronische Schaltung ersetzt werden kann

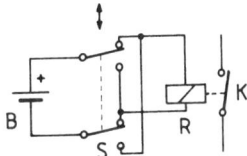

Am einfachsten sind bistabile Relais mit zwei Spulen (**RS1** und **RS2**) nach *Abb. 16.2* zu handhaben. Der Vorteil dieses Relaistyps besteht darin, daß beide Schaltpositionen mit positiven Stromimpulsen gesteuert werden können. Parallel zu den hier eingezeichneten Tastern werden bei einer Fernsteuerung zum Beispiel die Relaiskontakte der zwei Empfänger angeschlossen (die Taster stehen dann für die manuelle Bedienung zur Verfügung).

Es gibt jedoch auch bistabile *gepolte* Relais (auch als Remanenz-Relais oder Haftrelais bezeichnet), die vormagnetisiert sind und nur eine einzige Spule nach *Abb. 16.3* haben. Bei ihnen hängt die Schaltposition von der Polarität des Steuerimpulses ab, den die Spule als Schaltbefehl erhält. Dies hat in der Praxis den Nachteil, daß in einer einfacheren elektronischen Schaltung mit nur einer asymmetrischen Versorgungsspannung das „Umdrehen" der Spannungspolarität einen zusätzlichen Aufwand beansprucht. Zudem kann hier parallel zum Relais keine Schutzdiode angeschlossen werden, weil sie ja polaritätsbezogen einen Kurzschluß auslösen würde. Daher muß der angewendete Halbleiter entsprechend überdimensioniert sein, um den Schalt-Stromstoß verkraften zu können.

Eines haben alle bistabilen Relais gemeinsam: Im Gegensatz zu den monostabilen Relais benötigen sie keinen Haltestrom, sondern nur einen kurzen Stromimpuls und arbeiten daher energiesparend.

Stromstoßrelais (Stromstoßschalter) gehören im Prinzip auch zu den bistabilen Relais. Sie haben nur eine Relaisspule, die jedoch polaritätsunabhängig mit dem mechanischen „Kugelschreiber-Prinzip" nach *Abb. 16.4* arbeitet. Jeder zugeführte Stromstoß wechselt hier die Schaltposition. Robustere Stromstoßrelais (Stromstoßschalter) werden auch für Elektroinstallations-Anwendungen hergestellt. Ihre Magnetspulen sind wahlweise für 6 V=, 12 V=, 24 V=, 12 V~, 24 V~ oder 230 V~ ausgelegt. Im Gegensatz zu den elektromagnetischen Relais verfügen die meisten Stromstoßrelais nur über einen einzigen Arbeitskontakt („1 x EIN"), einige über einen Umschaltkontakt („1 x UM") und etwas seltener über zwei Schaltkontakte („2 x EIN").

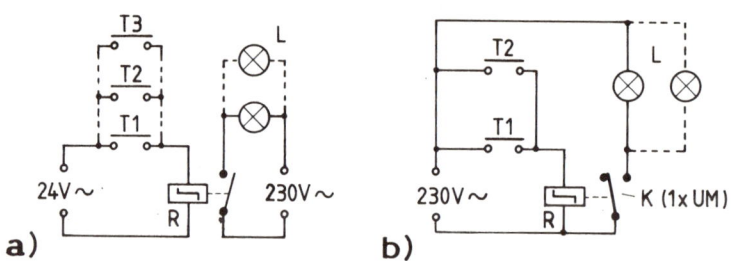

Abb. 16.4: Zwei Schaltbeispiele mit einem Stromstoßrelais: a) Ein Stromstoßrelais mit einer 24 V= Relaisspule (**R**); b) Stromstoßrelais mit einer 230 V~ Spule

Bei der Anwendung eines Stromstoßrelais/Stromstoßschalters kann man nicht gezielt bestimmen, welcher Schaltimpuls als Einschalt- oder als Ausschalt-Impuls zu wirken hat. So kann z. B. eine einzige Fehlfunktion die darauffolgende Reihenfolge der Ein- und Ausschaltvorgänge invertieren. Soweit mit einem solchen Relais keine optisch oder akustisch kontrollierbare Funktion ausgelöst wird, ist eine zusätzliche optische Anzeige (mit LEDs oder mit Neon-Lämpchen) des jeweiligen Betriebszustandes erforderlich.

Nun kehren wir zurück zu den weiteren Kenndaten, die in dem vorhergehenden Katalog-Auszug aufgeführt sind:

Die *maximale Schaltspannung* bezieht sich auf die Dimensionierung der Relaiskontakte. In unserem Beispiel wurde nur die *Schalt-Wechselspannung* angegeben, aber bei vielen Relais wird zusätzlich auch noch die max. *Schalt-Gleichspannung* aufgeführt. Unter den technischen Kenndaten steht dann z. B.:

Max. Schaltspannung 240 V~/110 V=

oder alternativ „*240 V AC/110 V DC.*

Diesem Beispiel läßt sich entnehmen, daß die maximale Schaltspannung bei der Gleichspannung wesentlich niedriger liegt, als bei der Wechselspannung. Mit anderen Worten: Beim Schalten einer Wechselspannung werden die Relaiskontakte wesentlich weniger strapaziert, als beim Schalten einer Gleichspannung. Dies gilt auch für die **Schaltleistung** (die bei manchen Relais ebenfalls als „*Wechselstrom-Schaltleistung*" und „*Gleichstrom-Schaltleistung*" spezifiziert wird).

Von der Dimensionierung der Relaiskontakte hängt ebenfalls der **maximale Schaltstrom** *(in Ampere)* ab. Dieser wird bei manchen Relais noch in „*max. Dauerstrom*" und in „*max. Einschaltstrom*"eingeteilt. Das hat gute Gründe, denn der **Einschaltstrom** induktiver Verbraucher (vor allem der Elektromotoren oder der Leuchtstoff- und Halogenlampen-Transformatoren) kann bis zu etwa 7 mal höher liegen, als der Dauerstrom.

Auch bei vielen „Ohmschen Verbrauchern", zu denen auch Glühlampen und Heizgeräte-Spiralen gehören – ist mitzuberücksichtigen, daß ihr Ohmscher Widerstand in „kaltem" Zustand sehr niedrig ist. So ist z. B. der Ohmsche Widerstand des *kalten* Glühfadens einer normalen Glühbirne ca. 10 bis 11 mal niedriger, als der des *glühenden* Fadens. Der Schaltkontakt eines Relais wird also unmittelbar nach dem Einschalten einer Glühbirne (bzw. einer Glühbirnensektion) mit einem Stromstoß konfrontiert, der etwa 10 bis 11mal höher ist, als der eigentliche Dauerstrom.

In der Praxis darf man sich zwar bei Eigenbau-Experimenten darauf verlassen, daß auch ein etwas „unterdimensionierter" Relaiskontakt eine Zeitlang gut funktionieren wird. Sobald jedoch eine gewisse Zuverlässigkeit erforderlich ist, sollte darauf geachtet werden, daß der Einschaltstrom das vom Hersteller angegebene Maximum nicht überschreitet.

Beispiel:

Oberhalb der Sitzecke sind in der Decke sechs 230 V~/60 W-Glühbirnen eingebaut, die alle gleichzeitig fernbedient ein einziges elektromagnetisches Relais einschalten sollen. Insofern sich diese Beleuchtung nicht in zwei oder mehrere Einzel-Sektionen einteilen läßt, stellt sie einen einzigen *Verbraucher* dar, deren Leistung 360 W beträgt (60 Watt x 6 = 360 Watt).

Der *Dauerstrom* beträgt somit theoretisch 1,56 A (360 W : 230 V = 1,56 A).

Wir haben allerdings den Dauerstrom nur rein rechnerisch den Hersteller-Daten der Glühbirnen entnommen, was für derartige Zwecke ausreicht.

Ein „passendes Relais" sollte hypothetisch für einen *Einschaltstrom* ausgelegt sein, der das zehn- bis elffache von den 1,56 A aufweist (also 15,6 bis 17,2 A).

In der Praxis begnügt man sich notfalls damit, daß die Relaiskontakte in etwa auf das fünf- bis sechsfache des Dauerstromes ausgelegt sind. Das wären in diesem Fall z. B. 5 x 1,56 A = 7,8 A bzw. 6 x 1,56 A = 9,36 A.

Wir belassen es bei diesem einen einfachen Beispiel und widmen uns nun den weiteren technischen Katalog-Daten der fünf aufgeführten Relais in den Tabellen-Rubriken *Spulen-Nennspannung*, *Spulenwiderstand* und *Relaiskontakte:*

Die Wahl der passenden **Spulen-Nennspannung** hängt verständlicherweise davon ab, aus welcher „Spannungsquelle" die Relaisspule versorgt werden soll.

Der **Spulenwiderstand**, der bei einem 230 V~Relais mit z. B. *32 500 Ω* angegeben ist, interessiert uns in der Praxis nur dann, wenn wir den Spulen-Stromverbrauch ausrechnen möchten. Dies ist bei Anwendungen in Kombination mit einem Funk- oder Infrarot-Empfänger für die eigentliche Dimensionierung nicht von funktioneller Bedeutung, denn die zur Verfügung stehende Schaltleistung übersteigt bei weitem den Leistungsbedarf eines normalen kleineren Relais (oft bis um das Tausendfache).

Falls man unter diversen Relais-Typen gleicher Leistung zwischen mehreren Spulenwiderständen wählen kann, verdient zwar hinsichtlich des Verbrauchs die Spule mit höherem Ohmschen Widerstand (mit höherer *Impe-*

danz) den Vorrang, aber nur in Hinsicht auf die prinzipielle Energie-Einsparung. Da sich jedoch der Spulen-Leistungsverbrauch kleinerer elektromagnetischer Relais normalerweise nur zwischen etwa 1 W und 2 W bewegt, ist es fraglich, ob sich hier der Anwender beim Kaufentschluß unbedingt an den Unterschieden im Spulenwiderstand orientieren soll. Oft hängt der Spulenwiderstand von der Entwicklungsphilosophie des einen oder anderen Herstellers ab (je „kräftiger" die Magnetspule, desto zuverlässiger ist die Funktion).

Abb. 16.5: Wenn ein Relais von einem IC aus direkt betrieben wird, muß darauf geachtet werden, daß die Relaisspule einen ausreichend hohen Ohmschen Widerstand hat (was den technischen Herstellerdaten zu entnehmen ist)

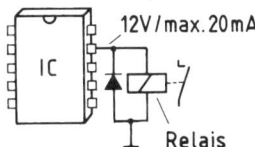

Bei Gleichstromrelais, die z. B. nach *Abb. 16.5* von einem kleineren IC direkt geschaltet werden sollen, stellt dagegen der *Spulenwiderstand* einen sehr wichtigen Parameter dar, der bereits im Planungsstadium mitberücksichtigt werden muß.

Beispiel:

Angenommen, das IC in *Abb. 16.5* verkraftet (laut Herstellerangaben) nur einen Ausgangsstrom von max. 20 mA, aber wir möchten von ihm aus – soweit möglich – direkt ein Relais betreiben. Die vorgesehene Versorgungsspannung der Relaisspule soll ca. 12 V= betragen.

Mit Hilfe des Ohmschen Gesetzes

„Spulenwiderstand *R* [in Ω] = Spulenspannung *U* [in V] : Spulenstrom *I* [in A]"

ermitteln wir den „theoretisch" minimal zulässigen Spulenwiderstand:

12 V (Spulenspannung) : 0,02 A (Spulenstrom) = 600 Ω *Spulenwiderstand*

In der Praxis wird natürlich angestrebt, daß das angewendete IC nicht ausgesprochen an der Grenze seiner maximalen Belastung arbeitet (es würde sich zu sehr aufheizen). Wir sehen uns daher nach einem Relais um, dessen Magnetspule lieber einen höheren Widerstand hat, als die 600 Ω.

In einem Versandhaus-Katalog werden mehrere 12 Volt-Relais angeboten. Die Spulenwiderstände betragen typenbezogen 400 Ω, 640 Ω und 720 Ω.

Das Relais mit dem Spulenwiderstand von 720 Ω wäre hier am besten. Wir sehen uns interessehalber an, was für einen Einfluß der höhere Spulenwiderstand auf die erwünschte Senkung des Spulenstroms haben wird. Laut der Formel:

I = U : R stellen wir folgendes fest:

12 V **:** 720 Ω (Spulenwiderstand) = 0,0166 A (16,6 mA) Spulenstrom

Das paßt in diesem Fall besser. Allerdings muß bei der Wahl des Relais darauf geachtet werden, daß auch die Relaiskontakte dem Vorhaben gerecht sind.

Die Kontakte der meisten elektromagnetischen Relais sind entweder als „*Schließer*" oder als „*Wechsler*" (nach *Abb. 16.1*) ausgelegt. Viele der Relais verfügen über mehrere Schließer oder Wechsler. Dies wird dann beispielsweise als „*2 x EIN*" oder „*4 x UM*" angegeben.

Wichtig: wenn ein elektromagnetisches Gleichstrom-Relais (worunter auch ein Reed-Relais) von einem Halbleiter bzw. einem IC aus betrieben wird, muß parallel zu der Relaisspule immer eine *Schutzdiode* nach *Abb. 16.5* angeschlossen werden – wie auch in *Abb. 16.1 d* eingezeichnet wurde (sofern sie nicht bereits herstellerseits im Relais integriert ist). Sie verhindert, daß bei den Schaltvorgängen – durch eine stoßartige Magnetfeld-Änderung – Leistungsspitzen (Spannungs-/Stromstöße) entstehen, die einen Treiber-Transistor oder ein Treiber-IC zerstören können. Die Schutzdiode „dämmt" die induzierte Spannung auf den Wert ihrer eigenen *Durchlaßspannung* (von ca. 0,65 bis 0,9 V).

Bei kleinen Relais, deren Spulenstrom unterhalb von 20 mA liegt, genügt als Schutzdiode eine kleine 100 mA-Siliziumdiode *Typ 1 N 4148;* für größere Relais ist die nächst größere Siliziumdiode – z. B. der *Typ 1 N 4001 (50 V)* bis *1N 4004 (400 V)* – geeignet.

Es ist darauf zu achten, daß die Relais-Schutzdiode immer in der „nicht leitenden" Richtung zu der positiven Versorgungsspannung steht, wie auch der *Abb. 16.5* zu entnehmen ist (andernfalls verursacht sie einen Kurzschluß).

16.2 Reed-Relais (Zungenrelais)

Reed-Relais (Zungenrelais) sind vom Prinzip her auch elektromagnetische Relais. Deren Schaltkontakte sind jedoch als dünne, magnetisch leitende „Zungenkontakte" ausgelegt, die nicht mechanisch, sondern magnetisch von der Relais-Magnetspule betätigt werden.

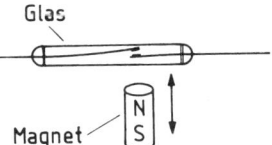

Abb. 16.6: Ausführungsbeispiel eines Reed-Schalters (Zungenschalters): die in einem Glasröhrchen eingeschmolzenen Zungenkontakte schalten, wenn ein Dauermagnet in ihre Nähe kommt

Das Funktionsprinzip eines einfachen Zungenschalters (Reed-Schalters) zeigt *Abb. 16.6:* Wird der eingezeichnete Dauermagnet nahe an die Zungenkontakte gebracht, schaltet dieser Schalter ein. Beim Wegziehen des Dauermagneten federn die Zungenkontakte des Schalters wieder auseinander und der Kontakt wird unterbrochen. Zungenschalter gibt es wahlweise als „1 x EIN" oder als „1 x UM".

Abb. 16.7: Ausführungsbeispiel eines handelsüblichen Zungenrelais: links das Relaisgehäuse „in natura", rechts die schematische Darstellung des Innenlebens; der Zungenkontakt *K* schaltet ein, wenn der Elektromagnet *M* aktiviert wird

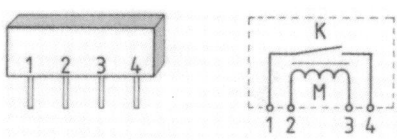

Selbstverständlich kann so ein Zungenschalter alternativ auch mit einem Elektromagneten betätigt werden. Aus einem Zungenschalter wird somit ein *Zungenrelais (Reed-Relais)*. *Abb. 16.7* zeigt links ein Ausführungsbeispiel eines Zungenrelais. Aus dem rechts daneben eingezeichneten „Mini-Schaltplan" geht die Anordnung der Anschlüsse hervor. Wie bei jedem anderen elektromagnetischen Relais auch, beinhalten die technischen Daten eines Zungenrelais Angaben über die Spulenspannung, den Spulenwiderstand (in Ω) und die Kontakt-Belastbarkeit.

Anwendungsbezogen stellt ein Zungenrelais an die Schaltung (bzw. an die Dimensionierung) keine anderen Ansprüche als ein „normales" elektromagnetisches Relais. Es ist nur darauf zu achten, daß die Magnetspulen der

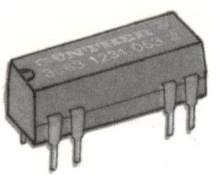

Abb. 16.8: Zungenrelais sind auch in Dual-in-line-Gehäusen erhältlich; die Spulen-Betriebsspannungen liegen zwischen ca. 5 V= und 24 V=, die Kontaktbelastbarkeit beträgt oft höchstens 0,5 Ampere bzw. 10 Watt

Reed-Relais manchmal eine im Relais integrierte Schutzdiode beinhalten (siehe hierzu *Abb. 16.9*). Falls dem so ist, dann muß die richtige Anschluß-Polarität eingehalten werden. Und *ob* es so ist, läßt sich entweder den technischen Daten entnehmen oder mit einem Ohmmeter ermitteln: Eine Relaisspule, an der parallel eine Diode angeschlossen ist zeigt in einer Richtung einen sehr geringen Widerstand (nahe Null) und in der anderen Richtung den Spulen-Nennwiderstand an.

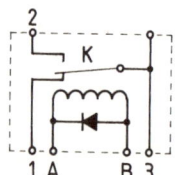

Abb. 16.9: Bei einigen Zungenrelais ist die Schutzdiode direkt im Relaisgehäuse untergebracht; zudem verfügen Zungenrelais teilweise über einen Umschaltkontakt **K** – wie hier abgebildet

Reed-Relais haben den Vorteil kleiner Abmessungen, aber sind in der Regel nur mit einem einzigen Einschalt- oder Umschaltkontakt ausgelegt und ihre Kontakte verkraften nur kleinere Schaltleistungen (die Kontaktbelastbarkeit, die jeweils den Kenndaten zu entnehmen ist, liegt oft nur bei max. 20 W).

16.3 Elektronische Relais / Leistungsrelais

Elektronische Relais (Halbleiter-Relais) gehören zu den modernen elektronischen Bausteinen, die sich einer zunehmenden Beliebtheit erfreuen. Der eigentliche Schaltvorgang findet hier in einem Halbleiter statt. Damit hängt die Lebensdauer des elektronischen Relais nicht von dem evtl. Verschliß der mechanischen Kontakte ab – was bei elektromagnetischen Relais unvermeidlich ist.

Im Gegensatz zu den elektromagnetischen Relais kann mit einem elektronischen Relais nicht einfach sowohl Gleichstrom als auch Wechselstrom geschaltet werden. Bei der Relaiswahl ist daher darauf zu achten, daß es für

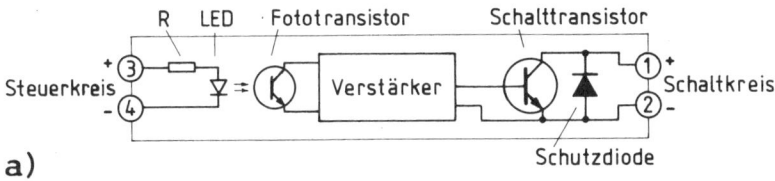

a)

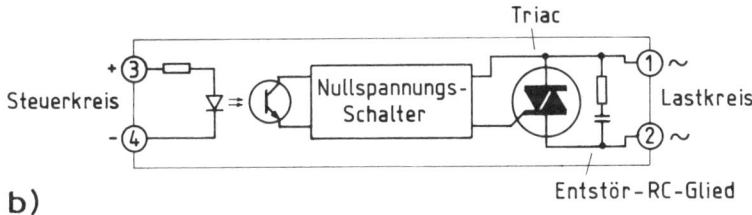

b)

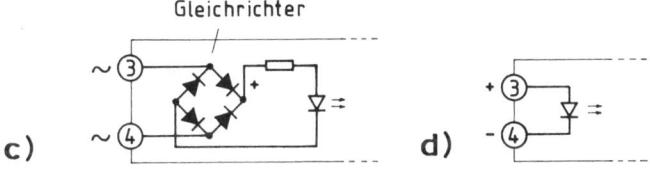

c)   d)

Abb. 16.10: Grundschaltungen der gängigen elektronischen Lastrelais (siehe Text)

die vorgesehene Aufgabe ausgelegt ist. Zwei Grundschaltungen der elektronischen Relais (Lastrelais) sind in *Abb. 16.10 a und b* aufgeführt.

Das Lastrelais in *Abb. 16.10 a* ist für das Schalten von Gleichstrom ausgelegt. Die Funktion ist sehr einfach: Wenn dem Steuerkreis eine Gleichspannung zugeführt wird (die vom Hersteller angegeben ist), leuchtet die *LED* des *„Optokopplers"* auf, beleuchtet den gegenüberliegenden *Fototransistor* und dieser gibt über seinen *Verstärker* einen Schaltimpuls an den eigentlichen *Schalttransistor* durch. Die Schutzdiode am Relais-Schaltausgang verhindert, daß der Schaltkreis falsch gepolt angeschlossen wird.

Der Steuerkreis des Relais kann im Grunde genommen ähnlich, wie die Spule eines elektromagnetischen Relais (bzw. Zungenrelais) behandelt werden. Der Strombedarf der im Relais integrierten LED liegt typenabhängig meistens zwischen ca. 1,6 mA und 16 mA und wird bei den technischen Daten herstellerseits aufgeführt – manchmal auch mit einem zusätzlichen

Hinweis auf die Steuerspannung. Im Katalog stehen dann diese technische Angaben z. B. wie folgt:

Steuerstrom: 1,6 bis 28 mA; Steuerspannung: 3,5 bis 32 V

Dies beinhaltet, daß einem Relais diesem Typ bereits eine Steuerspannung von 3,5 V genügt (der Steuerstrom wird bei dieser niedrigen Steuerspannung bei den angegebenen ca. 1,6 mA liegen). So ein Relais kann bei Bedarf u. a. direkt von der Schnittstelle eines PCs gesteuert werden. Wenn eine Steuerspannung zur Verfügung steht, darf diese (laut der Herstellerangabe) bis zu 32 V betragen (Bei der max. zulässigen 32 V-Steuerspannung wird der Stromverbrauch des Steuereingangs das angegebene Maximum von 28 mA erreichen).

Neben den technischen Daten, die sich auf den Steuereingang beziehen, werden bei elektronischen Relais in Katalogen und Datenblättern auch Angaben über den Schaltausgang (Schaltkreis) bzw. über andere Eigenheiten des Bausteines z. B. folgendermaßen dargestellt:

Elektronisches Gleichstromrelais (Halbleiterrelais mit MOSFET-Ausgang)

Zum Schalten von Ohmschen und induktiven Lasten; Parallelbetrieb von mehreren baugleichen Relais ist möglich, hochstoßstrombelastbar.

Schaltspannungsbereich 0 bis 150 V=,

Max. Schaltstrom 10 A=, max. Durchlaßwiderstand 0,13 Ω.

Diese technischen Daten sind vergleichbar mit den technischen Daten der Schaltkontakte eines elektromagnetischen Relais. Eine Ausnahme bildet hier nur der Hinweis auf den max. *Durchlaßwiderstand* des MOSFET-Transistors, durch den der geschaltete Strom im Relais laufen muß.

Durch diesen Durchlaßwiderstand entsteht in einem solchen elektronischen Schalter ein geringfügiger Spannungs- und Leistungsverlust, der sich – falls erwünscht – mit Hilfe des Ohmschen Gesetzes leicht ausrechnen läßt.

Beispiel: Dieses Relais soll einen Strom von max. 5A schalten. Der Spannungsverlust dürfte maximal (laut Formel U = R x I) etwa 0,65 V betragen (0,13 Ω x 5 A = 0,65 V). Der Leistungsverlust (0,65 V x 5 A) beträgt bescheidene 3,25 W.

Abb. 16.10 b zeigt die Grundschaltung eines elektronischen Lastrelais, das für das Schalten von Einphasen-Wechselstrom-Verbrauchern ausgelegt ist.

Sein Steuerkreis ist voll identisch mit dem des vorhergehenden Gleichstromrelais. Der Fototransistor steuert hier jedoch über einen speziellen Verstärker mit Nullspannungsschalter einen Triac, der die Funktion des eigentlichen Wechselstromschalters hat.

Sowohl der Nullspannungsschalter, als auch das parallel zum Lastkreis eingezeichnete Entstör-RC-Glied sind nicht unbedingt in jedem solchen Relais vorhanden (worauf in den technischen Daten hingewiesen wird).

Ähnlich, wie beim Gleichstromrelais, werden hier bei den technischen Daten vor allem der max. Schaltstrom, die max. Schaltspannung, die Steuerspannung und der Steuerstrom angegeben.

Der Steuerkreis ist bei manchen elektronischen Relais (oder „Eingabe/Ausgabe-Modulen) nach *Abb. 16.10 c* mit einem internen Gleichrichter versehen. So ein Relais kann mit Wechselspannung gesteuert werden.

Bei manchen elektronischen Relais bildet den Steuereingang nur eine LED (ohne Vorwiderstand) nach *Abb. 16.10 d*. Hier bleibt dem Anwender die Wahl des Vorwiderstandes überlassen. Darauf wird allerdings im Datenblatt hingewiesen und der benötigte LED-Strom des *Steuerkreises* wird oft als Festwert (von z. B. 8 mA) aufgeführt. Daraus läßt sich der optimale Ohmsche Wert des Vorwiderstandes in Hinsicht auf die Steuerspannung leicht ausrechnen (vorgesehene Steuerspannung in Volt : 0,008 A ergibt hier den Ohmschen Wert des Vorwiderstandes).

Alternativ läßt sich der optimale Strom des Steuerkreises auch meßtechnisch nach *Abb. 16.11* ermitteln. Man fängt mit dem Maximumwiderstand des Einstellpotentiometers an (darauf ist sehr zu achten!) und verringert diesen langsam, bis der Amperemeter den erwünschten Strom (in unserem Beispiel die 8 mA) anzeigt. Danach wird die Spannung abgeschaltet, der eingestellte Ohmsche Wert an den Einstellpotentiometer mit einem Ohmmeter gemessen. Dieser entspricht dann logischerweise dem benötigten Vorwiderstand.

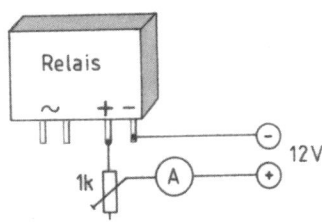

Abb. 16.11: Wenn aus den technischen Daten eines elektronischen Relais hervorgeht, für welchen Nennstrom die LED an dem Steuereingang herstellerseits ausgelegt ist, läßt sich der Ohmsche Wert des benötigten Vorwiderstandes auch meßtechnisch leicht ermitteln

Ein einfaches Schaltbeispiel des Lastrelais in direkter Kombination mit Funkschalter wurden bereits in Kap. 3 / *Abb. 3.3* aufgeführt (bezugnehmend auf dieses Kapitel). Auf weitere Anwendungsmöglichkeiten kommen wir noch in einigen der folgenden Kapitel zurück.

Erklärungsbedürftig dürfte noch der *Nullspannungsschalter* sein, der in *Abb. 16.10 b* in dem elektronischen Wechselstrom-Lastrelais eingezeichnet ist. Nicht jedes, aber die meisten elektronischen Wechselstrom-Lastrelais verfügen über eine integrierte elektronische Spezial-Schaltung, die dafür zuständig ist, daß jeweils nur in dem Moment geschaltet wird, wenn die Wechselspannung gerade ihre Achse durchquert und eine Nullspannung hat.

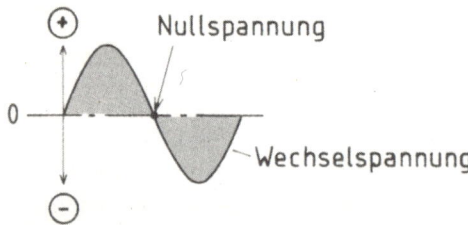

Abb. 16.12: Ein elektronisches Lastrelais, daß mit einem „Nullspannungschalter" versehen ist, schaltet jeweils exakt in dem Moment, in dem die Wechselspannungs-Kurve ihre horizontale Achse durchquert (und dabei gerade eine Nullspannung hat)

Der graphischen Darstellung in *Abb. 16.12* läßt sich entnehmen, daß eine sinusförmige 50 Hz-Wechselspannung ihre horizontale Achse 100mal pro Sekunde durchqueren muß. Der elektronische Nullspannungsschalter muß daher den nur eine hundertstel Sekunde dauernden Verlauf der Spannungs-Halbwelle exakt kontrollieren, um präzise den Schaltvorgang auszulösen.

Der Sinn dieser Lösung besteht darin, daß auf die Weise ein völlig unbelasteter Schaltkreis geschaltet wird, was sich schonend sowohl auf den elektronischen Schalter als auch teilweise auf den Verbraucher auswirkt. Schön wäre es, wenn man auf dieselbe Weise auch ein elektromagnetisches Relais steuern könnte. Es würde sich sehr günstig auf die Dimensionierung und Lebensdauer der Relaiskontakte auswirken. Hier stellt jedoch die mechanische Betätigung (Bewegung) der Kontakte einen zu großen Stolperstein dar. Darunter ist zu verstehen, daß so ein mechanisches System – in Hinsicht auf verschiedenste leicht variierende Gegenkräfte und Temperatureinflüsse – nicht mit einer „Taktgenauigkeit" von einigen tausendstel Sekunden arbeiten kann.

Neben vielen kleinen elektronischen Relais (auch als Halbleiterrelais oder Lastrelais bezeichnet), die sich u. a. für einfachere Anwendungen in der

Elektronik eignen, gibt es auch sehr viele große **Leistungsrelais**, die u. a. für das Schalten von Drehstrommotoren, Klima- und Heizanlagen ausgelegt sind. Diese Relais verfügen über mehrere Kontakte (z. B. 3 x UM, 4 x UM, 3 x EIN + 1 x UM usw.), die bei manchen robusteren Ausführungen teils als Hauptkontakte, teils als Hilfskontakte (Haltekontakte) ausgelegt sind.

Für das Schalten von Drehstrom stehen dem Elektroniker diverse handelsübliche *Dreiphasen-Halbleiterrelais* zur Verfügung. Sie können problemlos auch induktive und kapazitive Lasten schalten und verkraften zudem auch hohe Stromstöße, die z. B. beim Einschalten von Elektromotoren entstehen.

Der *Steuerkreis* dieser Lastrelais ist normalerweise voll identisch mit dem eines Einphasen-Relais (wie z. B. in *Abb. 16.11*). Nur der Leistungs-Schaltkreis ist für das Schalten aller drei Phasen des Drehstroms ausgelegt.

Eine Besonderheit muß bei größeren elektronischen Lastrelais im Auge behalten werden: Soweit sie höhere Leistungen schalten, entsteht in ihnen eine entsprechend höhere Verlustleistung, die sich als Wärme manifestiert. Daher benötigen besonders viele der Dreiphasen-Relais (aber auch manche Einphasen-Hochleistungsrelais) zusätzliche Kühlkörper. Diese sind üblicherweise als Relais-Zubehör erhältlich – insofern sie nicht direkt montiert am Relais mitgeliefert werden.

Unter den modernen Lastrelais gibt es auch solche, die nach Einschalten einen Elektromotor sanft anlaufen bzw. typenbezogen auch sanft auslaufen lassen. Sie werden oft als „*Softstart-Module*" angeboten, die sowohl für Einphasen-Motoren, als auch für Dreiphasen- (Drehstrom-) Motoren ausgelegt sind. Sie können jedoch auch zum „Softstart" von diversen anderen Verbrauchern – worunter Glühlampen – genutzt werden.

Bei Anwendung dieser Relais startet ein Elektromotor nicht ruckartig, sondern einstellbar sanft und außerdem entsteht im Netz kein Stromstoß, der evtl. zufolge hat, daß die Netzspannung andere Verbraucher stört.

Die Schaltung in *Abb. 16.13* bedient sich (der schnellen Übersicht wegen) wieder eines Funk-Schalters in Zwischenstecker-Ausführung – was jedoch funktionell nicht von Bedeutung ist.

Der Steuereingang des eingezeichneten Sanftanlauf-Relais ist für eine 230 V~Netzspannung ausgelegt und kann somit direkt mit dem Ausgang eines beliebigen Funk-Schalter-Empfängers verbunden werden, der die Netzspannung „durchschaltet". Sobald die Netzspannung an den Steuereingang

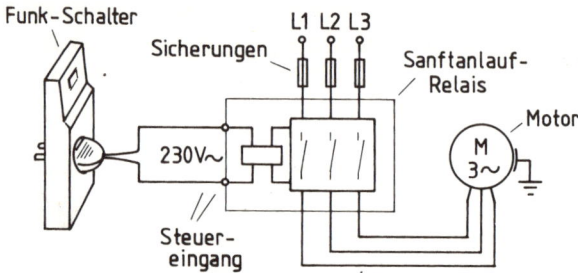

Abb. 16.13: Schaltplan und Ausführungsbeispiel eines der elektronischen Sanftan-
lauf/Sanftauslauf-Relais der Fa. E. Dold & Söhne , D-78114 Furtwangen

des Sanftanlauf-Relais durchgeschaltet wird, läuft der angeschlossene Elektromotor sanft an. Die im Schaltplan eingezeichneten Relaiskontakte haben
nur einen symbolischen Charakter, denn es handelt sich hier ja um ein *elektronisches* Relais, das mit Hilfe von Halbleitern schaltet.

Alternativ zu diesem Relais gibt es auch solche, die überhaupt keinen zusätzlichen Steuerkreis haben, sondern direkt nur beim Einschalten der drei
Phasen einfach sanft anlaufen. Ein solches Relais kann dann beispielsweise
zwischen zwei bestehende Schaltrelais (wie in Kap. 3 / *Abb. 3.8)* und den
Elektromotor angeschlossen werden. Die Relais **R1** oder **R2** *(in Abb. 3.8)*
fungieren dann nur als Hauptschalter, die gleichzeitig für die Drehrichtung
bestimmend sind, und das zusätzliche Sanftanlauf-Relais ist nur für den
Sanftanlauf zuständig. Da jedoch in diesem Fall beim Abschalten des Motors (mittels **R1** oder **R2**) das Sanftanlauf-Relais sofort stromlos ist, kann es
in diesem Fall nicht evtl. auch für ein sanftes Auslaufen verwendet werden.
Viele der Sanftanlauf-Relais sind jedoch ohnehin nicht automatisch für einen Sanftauslauf konzipiert. Zudem hat ein elektronisch unterstützter Sanftauslauf bei weitem nicht einen vergleichbaren Stellenwert wie der Sanftanlauf. Erstens kommt es hier zu keinem kritischen Stromstoß, zweitens läuft
ein Elektromotor ohnehin ziemlich sanft aus – was der Massenträgheit des
ganzen Antriebssystems zuzuschreiben ist.

16.4 Schaltende Halbleiter und ICs

Praktisch alle gängigen Halbleiter – worunter auch Dioden und Transistoren – können als „Schalter" verwendet werden. Normalerweise werden jedoch zum Schalten überwiegend solche Halbleiter bevorzugt, die für diese
Aufgabe speziell ausgelegt sind.

Zu den bekanntesten herkömmlichen Halbleitern, die speziell fürs Schalten und Regeln entwickelt wurden, gehören ***Thyristoren und Triacs***. Im Zusammenhang mit dem Selbstbau werden sie jedoch heutzutage überwiegend nur als „Bestandteile" von komplexeren elektronischen Schaltern angewendet und somit als Bausteine einer „Black-Box" betrachtet.

Im Vergleich zu anderen (moderneren) elektronischen Schaltern liegt hier ein gewisser Nachteil bei einem ziemlich hohen Leistungsbedarf am Steuerkreis. Daher werden gegenwärtig anstelle des Thyristors oft moderne Leistungstransistoren (Power-MOSFET) angewendet – sowohl als selbständige Komponente, als auch „eingebaut" in handelsüblichen elektronischen Gleichstromrelais.

Für den Selbstbau von Spezialschaltungen, die als Bestandteil von drahtlosen Schalten, Steuern und Regeln benötigt werden, eignen sich als „elektronische Schalter" bevorzugt viele der anwendungsfreundlichen integrierten Schaltungen (ICs). Sie lassen sich meistens leicht handhaben, ermöglichen auch aufwendigere Schaltvorgänge und manche von ihnen erfüllen noch zusätzliche Funktionen. So kann z. B. das Timer-IC Typ *NE 555 oder ICM 7555* den von ihm betriebenen Verbraucher bzw. Schaltkreis nur für eine vorgegebene Dauer einschalten und danach automatisch wieder abschalten. Dieses Timer-IC ist auch ein typischer Repräsentant von integrierten Schaltungen, die zwar nicht ausgesprochen nur als Schalter konzipiert wurden, aber trotzdem als solche genutzt werden können.

Wenn wir schon dieses Timer-IC angesprochen haben, dann sehen wir uns auch an, wozu sich so ein IC bei unseren „Buchthemenbezogenen Anwendungen" eignen könnte: Obwohl es sich um ein Timer-IC handelt, kann man es bedarfsbezogen auch zweckentfremdet verwenden (u. a. als Taktgeber, Blinker, Dämmerungsschalter usw.). Viele Schaltungsbeispiele in diesem Buch machen sich dieses IC zunutze, denn es ist sehr preiswert, sehr strapazierfähig und sein „Schaltausgang" kann einen Strom von bis zu 200 mA (bei den Typen „*NE 555*" oder „*555*") bzw. bis zu 100 mA *(bei dem Typ ICM 7555)* liefern.

Elektrisch verhält sich dieses IC bei dem eigentlichen Schalten wie ein Kippschalter, dert allerdings in diesem Fall nicht auf den mechanischen Druck auf seinen Hebel, sondern auf die Spannung an seinem „Schalteingang" reagiert (der Begriff „Schalteingang" ist zwar nur anwendungsbezogen zu gebrauchen, aber er erleichtert die Erklärung).

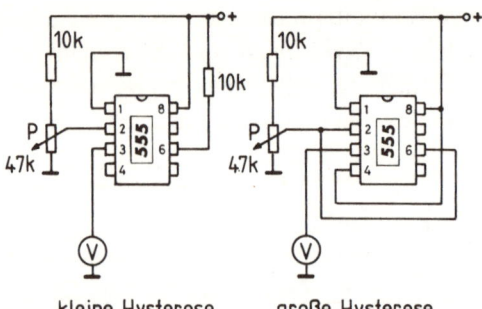

kleine Hysterese   große Hysterese

Abb. 16.14: Abhängig von der angewendeten Schaltung kann das
Timer IC *„555"* wahlweise mit einer kleineren oder einer größeren
Hysterese arbeiten

Wir sehen uns nun in *Abb. 16.14* an, wie der Hase läuft. In der Schaltung
links *(kleine Hysterese)* sind nur fünf von den acht *Pins (Füßchen)* angeschlossen. *Pin 8* hängt an der Versorgungsspannung, *Pin 1* an der Masse, *Pin
6* ist über einen 10 k-Widerstand ebenfalls an die Versorgungsspannung angeschlossen (was wir unter dem Motto „das wird wohl seine Richtigkeit haben" einfachheitshalber außer Acht lassen dürfen). Bleiben nur noch die *Pins
2* und *3* übrig. Das ist gut so, denn das vereinfacht die Übersicht. Ansonsten
ist es wie bei einem Krimi, in dem es so viele Personen und Namen gibt, daß
man letztendlich nicht weiß, wer wen erschlagen hat und jegliche Kontrolle
darüber verliert, ob auch alle Täter erwischt und eingelocht wurden.

Bei unserem IC reduziert sich der eigentliche „Tatvorgang" nur auf das
Drehen an dem Potentiometer **P**. Solange sein mittlerer Ausgang, der mit
Pin 2 verbunden ist, nur eine sehr niedrige Spannung hat, ist *Pin 3* positiv.
Der eingezeichnete Voltmeter zeigt hier annähernd die volle Versorgungs-
spannung an, an die das IC angeschlossen ist. Dreht man nun langsam den
Potentiometer „nach oben", steigt entsprechend die Spannung an *Pin 2*. So-
bald sie etwa die Hälfte der Versorgungsspannung erreicht, schaltet der
Schaltausgang ab und *Pin 3* ist spannungsfrei (hat annähernd eine Null-
Spannung).

Wenn man nun den Potentiometer wieder zurück „nach unten" dreht, kippt
auch das IC wieder zurück, sobald die Spannung unterhalb von ca. 50 %
der Versorgungsspannung gesunken ist (*Pin 3* ist wieder positiv). So kann
man an dem Potentiometer hin und her drehen und beobachten, wann ein
„Schaltvorgang" ausgelöst wird.

Wir haben im Zusammenhang mit der Spannung am *Pin 3* jeweils die For-
mulierung „annähernd" verwendet, wenn es sich um die volle Spannung
oder um „keine Spannung" handelte. Das hat seine Gründe: Der Schaltaus-

gang des ICs kann nicht die volle Versorgungsspannung durchschalten, weil diese durch Verluste in seinem „Inneren" einen Teil einbüßt. Dasselbe ist es beim „Abschalten" des *Pins 3:* Es bleibt hier (aus denselben Gründen) eine geringe Restspannung bestehen, also keine „echte" Nullspannung.

Diese Eigenheit weisen die meisten Schalt-ICs bzw. auch alle Digitaltechnik-ICs auf. Daher bedient man sich in der Fachterminologie der Begriffe „*HIGH*" und „*LOW*" – um nicht immer die Formulierungen „anähernd volle Spannung" bzw. annähernd Nullspannung" verwenden zu müssen.

Nun zu der Hysterese: Unter dem Begriff „*kleine Hysterese*" versteht sich, daß das IC sowohl bei der Spannungserhöhung „von unten nach oben" als auch bei der Spannungsverringerung „von oben nach unten" annähernd jeweils an derselben Schwelle kippt (triggert). Bei einer großen Hysterese – die durch eine geringfügige Änderung der Schaltung erzielbar ist – schaltet das IC beispielsweise mit einem größeren Spielraum zwischen den Ein- und Abschaltspannungen ein oder aus.

Eine große Hysterese ist u. a. bei einem Dämmerungsschalter (Abb. 17.2 auf S. 206) sehr wichtig, denn wenn dieser bei der Dämmerung einmal abschaltet, soll er nicht auf jede kleine weitere Lichtveränderung (vorbeiziehende Wolken) mit ständigem Hin- und Herschalten reagieren. Bei einer großen Hysterese ist in diesem Fall die „Abschaltspannung" wesentlich höher, als die ursprüngliche „Einschaltspannung" war, die hier ein beleuchteter Fotowiderstand oder Fototransistor dem *Pin 2* des ICs liefert.

Die Begriffe „Einschalten" oder „Abschalten" haben hier nur eine „schaltungsbezogene" Bedeutung, denn ob *Pin 3* gerade etwas ein- oder abschaltet, hängt nur davon ab, wie an ihm das „Etwas" angeschlossen ist. Wenn beispielsweise nach *Abb. 16.15* der „Schaltausgang" *(pin 3)* auf „*LOW*" steht, ist Relais **RS1** eingeschaltet und Relais **RS2** abgeschaltet. Kippt *Pin 3* auf „*HIGH*", springt wiederum Relais **RS2** an und Relais **RS1** fällt ab.

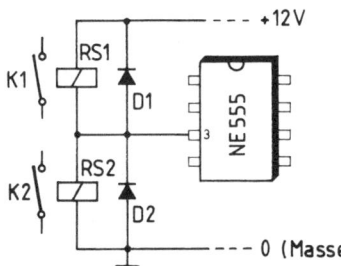

Abb. 16.15: Ob der „Schaltausgang" (Pin 3) des ICs NE 555 bei einem „H-Pegel" oder „L-Pegel" ein angeschlossenes Relais aktiviert, hängt davon ab, ob das Relais zwischen Pin 3 und die Versorgungsspannung (wie **RS1**) oder zwischen Pin 3 und die Masse (wie **RS2**) angeschlossen ist

Es gibt auch „echte" **Schalt-ICs**, die speziell nur als elektronische Schalter konzipiert sind und sowohl Digital- als auch Analog-Signale schalten können. Zu den bekanntesten Bausteinen dieser Art gehören die CMOS-Schalt-ICs der Typenreihe 4066 (bzw. 4016). Dieses IC wird von manchen Anbietern schlicht als *CMOS-IC 4066 – oder 4016 –* bezeichnet, von anderen mit einigem zusätzlichen firmeninternen „Drumherum" ausgeschmückt. Zu den etwas „ausgeschmückten" Typen gehört das Motorola-IC *„MC 14066 "*, das als voll kompatibel zu den „schlichten" ICs *4066* angesehen werden darf.

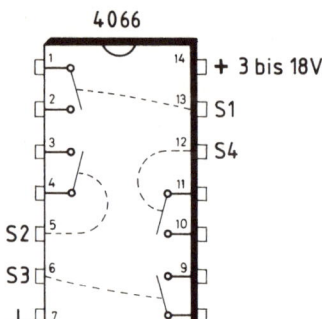

Abb. 16.16: Pin-Belegung des DIL 14-Schalt-ICs
Typ 4066 bzw. *MC 14066:* vier unabhängige
„Schalteinheiten", die über ihre Steuereingänge
S1 bis S4 elektronisch bedient werden können

Abb. 16.16 zeigt in vereinfachter Darstellung die Belegung der Anschlüsse dieses ICs, in dessem Gehäuse 4 voneinander völlig unabhängige elektronische „Schalter" integriert sind. Wie bei derartigen ICs üblich ist, sind auch hier die zwei Anschlüsse der Spannungsversorgung (Plus und Masse) für alle „Untermieter" gemeinsam. Sie werden in vielen Schaltungen gar nicht eingezeichnet, denn erstens erschwert es die Übersicht, zweitens sind die einzelnen Schalter (Schaltglieder) in den Schaltplänen oft an unterschiedlichen Stellen so eingezeichnet, als ob es sich nur um selbständige Bausteine handeln würde (siehe auch unsere weiteren Schaltbeispiele). Der Anwender muß dann selber daran denken, daß jedes der ICs zusätzlich auch noch an eine entsprechende Versorgungsspannung angeschlossen wird.

Zwei einfache Grundschaltungen dieses ICs gehen aus *Abb. 16.17* hervor. Im ersten Beispiel *(16.17 a)* ist einfachheitshalber ein mechanischer „Hauptschalter" *H* eingezeichnet, mit dem eine beliebig lange Reihe der einzelnen Schaltglieder geschaltet werden kann.

Wenn jedes der einzelnen Glieder separat geschaltet werden sollte, müßte jeweils sein Steuereingang (Pin 13, 5, 6 und 12) über einen eigenen 47 k-

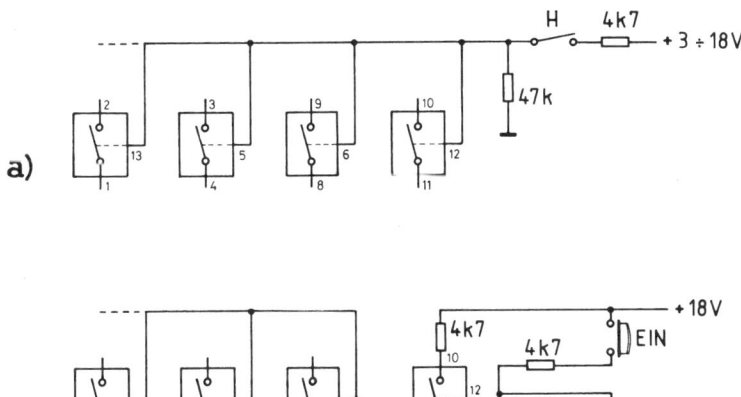

Abb. 16.17: Zwei Prinzip-Schaltbeispiele mit dem IC *4066*: a) sowohl ein mecha- ni-scher „Hauptschalter" *(H)*, als auch ein elektronischer positiver Schaltimpuls (Schaltsignal bzw. High-Pegel) können eine beliebig lange Reihe dieser *Schaltglieder* bedienen; b) bedarfsbezogen kann eines der Schaltglieder (hier das rechts eingezeichnete) als gemeinsamer „Haltekontakt" fungieren

Widerstand (bzw. auch über einen niedrigeren Widerstand ab ca. 6k8 aufwärts) mit der Masse verbunden werden.

In *Abb. 16.17 b* fungiert das rechts eingezeichnete Schaltglied als ein gemeinsamer Haltekontakt für die drei restlichen Schaltglieder. Beide Schaltbeispiele sind auch für eine rein elektronische Bedienung geeignet.

Jeder einzelne Schalter dieses ICs verhält sich in bezug auf den „Schaltbefehl" ähnlich wie das Timer-IC aus *Abb. 16.14 (links)*. Bei dem Timer IC fungiert als „Steuereingang" sein *Pin 2*, bei dem Schalt-IC sind das in *Abb. 16.17* die *Pins 13, 5, 6 und 12*. Wenn hier die Spannung an einem dieser Steuereingänge *(Control-Pins)* unterhalb von ca. 60 % der jeweiligen Versorgungsspannung liegt, bleibt das Schaltglied offen. Erhält der Steuereingang eine Gleichspannung, die höher als ca. 60 % der Speisespannung *(V_{DD})* ist, schaltet das Schaltglied ein.

Im Gegensatz zu dem erwähnten Timer-IC fungiert jedoch dieses Schaltglied (Gatter) in gewisser Hinsicht ähnlich, wie ein einpoliger mechanischer Schalter. Er kann *in beiden Richtungen* sowohl Spannungen als auch auch Analogsignale (bis zu einer Frequenz von 65 MHz) schalten – allerdings mit gewissen Vorbedingungen.

In Hinsicht auf seine vielseitigen Anwendungsmöglichkeiten verdient dieses IC eine etwas nähere Beschreibung seiner Eigenheiten. Da sich derartige Fachinformationen am besten den Hersteller-Datenblättern und Katalogen entnehmen lassen, sehen wir uns die Sache näher an.

Die meisten Datenblätter bzw. Kataloge sind bekannterweise nur in englischer Sprache erhältlich. Daher dürfte es der Aufklärung dienlich sein, wenn wir hier die englische Version (eines Motorola-Katalogs) übernehmen und übersetzen:

MAXIMUM RATINGS (GRENZDATEN) des ICs *MC 14066*:		
RATINGS (UNIT):	Symbol:	VALUE *(Wert)*:
(Daten pro Einheit)		
DC Supply Voltage		
(Versorgungs-Gleichspannung)	V_{DD}	– 0,5 to (bis) +18 $[V_{DC}]$
Input Voltage, all Inputs		
(Eingangsspannung, alle Eingänge)	V_{IN}	– 0,5 to VDD + 0,5 $[V_{DC}]$
DC Current Drain per Pin		
(Ausgangs-Gleichstrom pro Pin)	I	25 mA [DC]

Dies ist nur ein Teilauszug aus den technischen Daten, von denen uns vor allem der Hinweis auf die maximale Eingangsspannung und den max. Ausgangs-Gleichstrom interessiert, die das IC schalten kann. Aus den Angaben geht hier hervor, daß dieses IC nur eine Eingangsspannung schalten kann, die seine jeweilige Versorgungsspannung *(V_{DD})* maximal um ± 0,5 V über- bzw. unterschreitet. Wenn dieses IC beispielsweise an eine Versorgungsspannung von nur 6 V angeschlossen ist, eignet es sich bestenfalls zum Schalten von Gleichspannungen zwischen -0,5 V und +6,5 V.

Kurz rekapituliert:

* Es spielt keine Rolle, welche Seite der einzelnen „Schalter" man als Eingang und welche als Ausgang verwendet;
* Alle Ein-/Ausgänge sind mit einer Dioden-Schutzschaltung versehen (auch der Steuereingang „Control");
* Sowohl am Eingang, als auch am Ausgang ist jeweils ein ca. 10 Ω-Serienwiderstand im IC integriert. Das sind insgesamt 20 Ω pro IC, die sich bei einer Stromabnahme in der Nähe von den max. erlaubten 25 mA als

ein zusätzlicher Spannungsverlust von ca. 0,5 V auswirken (was insbesondere beim Schalten von niedrigen Spannungen einzukalkulieren ist);

● Alle Eingänge – auch die der Steuerspannung *(Control)* – sind komplementär ausgelegt;

● Der Steuereingang *(Control)* ist mit einem 1k5-Widerstand geschützt;

Dieses IC kann im Grunde genommen als ein „Mädchen für alles" angesehen werden. Es läßt sich für alle nur denkbaren Hilfsschaltungen, aber auch zum direkten Schalten bzw. zum ferngesteuerten Umschalten verwenden: Zum Umschalten von Audiosignalen, Lampensektionen, Video-Spielkassetten, Antrieben, Anlagenfunktionen, aber auch zum Schalten von LED-Feldern, Relais oder kleineren Glühlämpchen. Man muß dabei jedoch bereits im Planungsstadium die Leistungsfähigkeit dieses ICs richtig einschätzen, denn seine Leistungsgrenzen sind trotz vieler anderer Vorteile ziemlich bescheiden.

Abb. 16.18 zeigt drei Schaltbeispiele, aus denen hervorgeht, daß man dieses IC auch zum direkten Schalten von „Verbrauchern" verwenden kann – vorausgesetzt, die max. Stromabnahme dieser Verbraucher überschreitet nicht die vom Hersteller vorgegebenen 25 mA (für den Dauerbetrieb rechnen wir jedoch präventiv mit einem „schonenderen" Maximum von ca. 18 bis 19 mA – was jedoch eine reine Ermessensfrage ist).

In *Abb. 16.18 a* wurden die LEDs mit Lampen-Schaltsymbolen dargestellt, um anzudeuten, daß sich auf diese Weise auch größere Lichtfelder zusammenstellen lassen. Lowcurrent-LEDs haben – abhängig von der Farbe eine sehr bescheidene Stromabnahme von nur etwa 2 bis 4 mA pro LED, was in diesem Fall eine Stromabnahme von insgesamt 6 bis 12 mA ergibt. Man dürfte hier dem einzigen IC-Schaltglied sogar noch wesentlich mehr LEDs zumuten (bei roten Low-current-LEDs, die nur ca. 2 mA pro serieller Kette benötigen, könnten bis zu ca. 9 Reihen à 5 LEDs mit einem einzigen Schaltglied geschaltet werden). Aus mehreren solchen LED-Sektionen lassen sich Leuchtbuchstaben, kurze leuchtende Hinweise, Kaleidoskope, Mosaikdecken oder Party-Gags zuammenstellen.

Die Dioden **D1** bis **Dn** werden hier anstelle von einem Vorwiderstand benutzt, um die optimale Versorgungsspannung für die angeschlossenen LEDs auf das benötigte Niveau zu reduzieren.

In *Abb. 16.18 b* schaltet das Schaltglied des ICs *4066* ein elektromagnetisches Relais. Wir wissen inzwischen, daß auf dieselbe Weise ein elektroni-

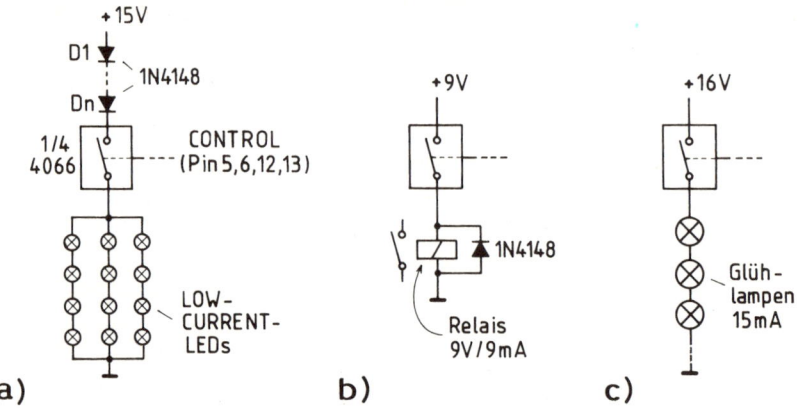

Abb. 16.18: Einfache Anwendungsbeispiele des ICs *4066:* a) Insofern die Stromab-nahme ca. 17 mA nicht überschreitet, kann das IC-Schaltglied Lämpchen oder LEDs direkt schalten; b) mit Hilfe eines elektromagnetischen Relais können auch Netz-spannungen geschaltet werden; c) bei einer Modell-Eisenbahn kann das Schaltglied auch Glühlämpchen schalten (es kommt – bis zu einer vernünftigen Grenze – auch mit dem Stromstoß zurecht, den die kalten Glühfäden beim Einschalten verursa-chen)

sches Lastrelais geschaltet werden kann. In *Abb. 16.18 c* schaltet das IC-Schaltglied drei 15 mA-Glühlampen.

Wir haben bei jedem der Schaltungsbeispiele eine andere Versorgungsspan-nung eingezeichnet, um anzudeuten, daß dies problemlos möglich ist. Da einige Hersteller dieses ICs nur eine max. Versorgungsspannung von 16 V erlauben, sollte man diesen Wert nicht unbedingt überschreiten.

Die einzelnen Schaltglieder dieses Schalt-ICs verkraften zwar laut techni-schen Daten einen Strom von bis zu 25 mA, aber man konzipiert auch hier die Schaltungen so, daß der Dauerstrom ca. 25 % bis 30 % unterhalb dieses Maximums liegt. Ansonsten wird das IC zu warm und von Wärme halten ja bekanntlich die meisten elektronischen Komponenten gar nichts. Zum Glück lassen sich die einzelnen Schaltglieder dieses ICs problemlos parallel schalten, womit man pro IC (mit 4 Schaltgliedern) einen Strom von ca. 75 mA im Dauerbetrieb schalten kann.

Manchmal verschaltet man zwei oder drei Schaltglieder dieses ICs auch nur deshalb zusammen, weil man für sie ohnehin keine andere Aufgabe hat. In dem Fall verteilt sich dann der Dauerstrom zwischen zwei oder mehrere Schaltglieder und damit verteilen sich auch entsprechend ausgewogener die

„Wärmequellen" im IC – was seiner Lebenserwartung zugute kommt. Ein konkretes Beispiel zeigt *Abb. 16.19:* Das Schalt-IC *4066* schaltet hier ein elektronisches Lastrelais. Der vom Lastrelais-Hersteller vorgegebene Strom des Steuerkreises kann mit dem Einstellpotentiometer **P** genau eingestellt werden. Wenn anstelle eines Lastrelais ein elektromagnetisches Relais über das Schalt-IC geschaltet werden sollte, dessen Magnetspule für einen etwas höheren Nennstrom ausgelegt ist, könnte an die Schaltglieder **S1**, **S2** auch noch das dritte (nicht eingezeichnete aber im IC vorhandene) Schaltglied parallel angeschlossen werden. Sollte es sich dabei um ein größeres elektromagnetisches Relais handeln, dessen Magnetspule für einen höheren Nennstrom als ca. 56 mA ausgelegt ist, könnten noch weitere Schaltglieder eines zweiten ICs desselben Typs parallel an die drei Glieder des ersten ICs angeschlossen werden.

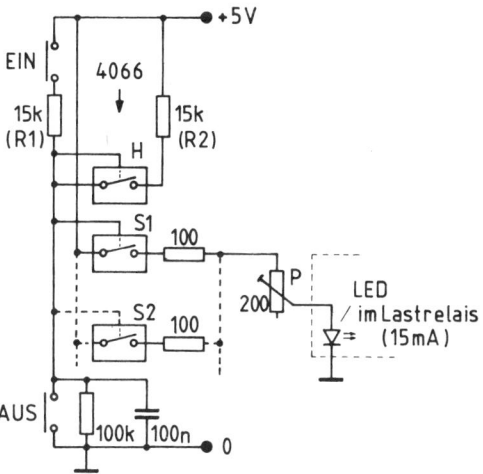

Abb. 16.19: Ein elektronisches Lastrelais wird über das IC *4066* betrieben: Das obere Schaltglied **H** wird als Haltekontakt genutzt, die zwei weiteren Glieder (**S1/S2**) können im Parallel-Betrieb den Steuerkreis eines elektronischen Lastrelais schalten. Die eingezeichneten EIN/AUS-Schalter können durch elektrische *LOW* und *HIGH-n*Spannungsimpulse ersetzt werden.

In *Abb. 16.20* werden drei Schaltglieder des ICs *4066* zum Schalten eines elektromagnetischen Relais genutzt. Wir haben hier einen interessanten Schaltplan einer Dreistrahlen-Lichtschranke aufgeführt, die sich gut für Selbstbauzwecke eignet: Es können hier beliebige IR-Sendedioden eingesetzt werden (für kleine Reichweiten u.a. die Typen *SFH 409,* für größere Reichweiten die *VX 301*). Der Ohmsche Wert des Vorwiderstandes R_x muß so gewählt werden, daß der Diodenstrom das laut Kenndaten vorgegebene Maximum nicht überschreitet. Bedarfsbezogen kann die Zahl der Sendedioden verdoppelt bzw. beliebig erhöht werden. Falls dann die Versorgungsspannung für eine einzige Reihenschaltung nicht ausreicht, können die Sendedioden in mehrere Reihen nebeneinander angeordnet werden.

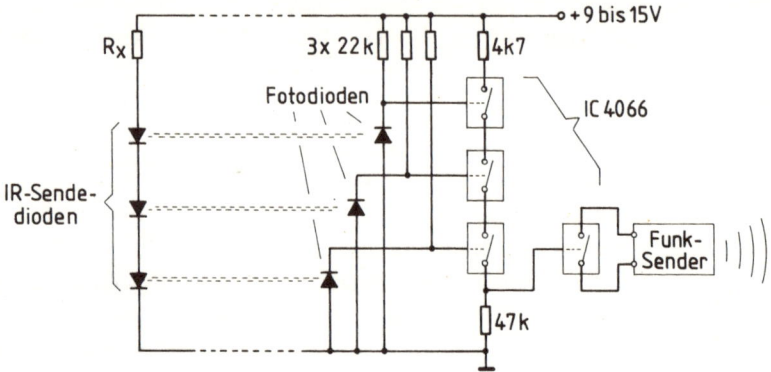

Abb. 16.20: Einfache Selbstbau-Schaltung einer IR-Dreistrahlen-Lichtschranke, die nur auf Menschen, aber nicht auf kleine Haustiere reagiert: Nur wenn alle drei Strahlen gleichzeitig unterbrochen werden, aktiviert das rechts eingezeichnete „Alarm-Schaltglied" des ICs 4066 den Funksender (siehe weiter im Text)

Als Fotodioden können einfach die preiswertesten Typen (worunter z. B. der Typ *BPW 43)* eingesetzt werden. Alternativ eignen sich zu diesem Zweck auch praktisch alle gängige Fototransistoren, wie *BPW 40, BP 103 B, LPT 85 A, SFH 309* u. a. (siehe hiervor auch Kap. 17).

Als Funk-Sender kann hier beispielsweise ein Funk-Magnetschalter verwendet werden, der für den Anschluß von externen Alarmkontakten ausgelegt ist. An seiner Stelle kann jedoch auch ein Timer (mit dem NE 555) angeschlossen werden, der direkt eine Alarmsirene aktiviert oder ein Relais betätigt.

Als ein sehr preiswerter Laserpointer-Schalter kann das IC *4066* nach *Abb. 16.21* angewendet werden: Wenn z. B. ein Laserpointerstrahl den Fotowiderstand (LDR) kurz beleuchtet, sinkt dessen Ohmscher Widerstand derartig tief, daß das Schaltglied des ICs *4066* einen positiven Spannungsimpuls erhält, „aktiviert" wird (anspringt) und das an ihn angeschlossene Relais **R** „selbsthaltend" einschaltet. Abgeschaltet werden kann hier das Relais nur mit Hilfe des Tasters „**aus**" (durch Unterbrechung der Versorgungsspannung). Mit dem 100 k-Einstellpotentiometer wird die erwünschte Empfindlichkeit des Fotowiderstandes eingestellt.

Wenn dieser optoelektronische Schalter unter variierenden Lichtverhältnissen arbeiten soll, muß der Fotowiderstand mit einem Röhrchen bzw. durch Einlassen in eine entsprechende Vertiefung gegen „zu viel" Einfluß von Fremdlicht geschützt werden. Dies beinhaltet, daß auch eine intensive

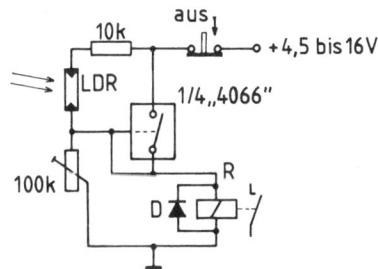

Abb. 16.21: Eine nachbauleichter lichtempfindlicher Schalter mit dem IC *4066:*
Wenn der Fotowiderstand **LDR** von einem
Lichtstrahl bzw. Lichtblitz beleuchtet wird,
sinkt sein Ohmscher Widerstand unterhalb
von ca. 1 kΩ, der Schalter des ICs *4066* erhält einen positiven Spannungsimpuls und
schaltet „selbsthaltend" das Relais **R** ein

Raumbeleuchtung den Fotowiderstand nicht derartig stark belichten darf,
daß er den IC-Schalter aktiviert. Die Versorgungsspannung des ICs wird bevorzugt an die benötigte Nennspannung der Relais-Magnetspule angepaßt.

16.5 Spezielle mechanische Schalter und Sensoren

Beim ferngesteuerten Schalten haben mechanische Schalter und Taster nur
eine Hilfsfunktion. Für so manches Anliegen können aber diverse speziellere Schalter und Sensoren verwendet werden, die oft auch ohne zusätzliche
Elektronik eine der automatischen Überwachungs- oder Steueraufgaben bewältigen.

Zu den bekanntesten Schaltern dieser Kategorie gehören *Mikroschalter,*
Thermoschalter, Neigungsschalter und *Schwimmerschalter.*

Mikroschalter werden als Einbauschalter überall dort angewendet, wo eine Positionsveränderung eines mechanischen Körpers einen Einschalt/
Ausschalt-Vorgang auslösen soll. Ein Mikroschalter schaltet z. B. einen
Elektromotor aus, wenn die von ihm betätigte mechanische Vorrichtung
ihre Endposition erreicht (wie z. B. bei einem ausfahrbaren PC-Bild-
schirm oder bei einer Höhenverstellung des Fernsehers). Er eignet sich
aber auch hervorragend als Einbruchsschutz-Alarmschalter und kann an
diverse Türen, Fenster und Tore als Alarmschalter montiert werden und in
Kombination mit einem Funksender mit der Heim-Alarmzentrale verbunden sein.

Die meisten handelsüblichen Mikroschalter sind entweder nur als einpolige
Schalter *(1 x EIN)* oder als einpolige Wechsler *(1 x UM)* ausgelegt.

Thermoschalter *(Thermostate)* werden u. a. in Elektro-Heizkörpern,
Öfen, Wasserkochern und ähnlichen Haushaltsgeräten verwendet, um die

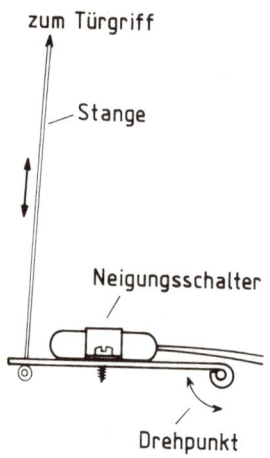

Abb. 16.22: Anwendungsbeispiel eines Quecksilber-Neigungsschalters: In einem Glasröhrchen fungiert ein großer „Quecksilber-Tropfen" als ein flüssiger Schalterkontakt. Wird so ein Schalter z. B. mit einem Garagen-Türgriff verbunden, kann er als Alarm-Auslöser angewendet werden, der über einen Funksender mit der Heim-Alarmzentrale verbunden ist

Stromversorgung abzuschalten, sobald die eingestellte Temperatur erreicht bzw. überschritten wurde. Handelsübliche Thermoschalter / Thermostate sind meistens entweder als regelbare oder als nicht regelbare Bimetallschalter ausgeführt. Sie können bei „Selbstbau-Projekten" mit einem Funksender kombiniert werden, um z. B. Frost oder zu hohe Temperaturen drahtlos zu melden.

Neigungsschalter sind vor allem in der Ausführung von gläsernen Quecksilberschaltern bekannt: Durch Veränderung der Schalterneigung fließt das Quecksilber entweder an die Seite seiner zwei Schalterkontakte oder an die gegenüberliegende Seite des Glasröhrchens (Neigungsschalter, sind wahlweise auch in quecksilberfreien Ausführungen erhältlich).

Abb. 16.22 zeigt ein praktisches Anwendungsbeispiel eines Neigungsschalters, der als Einbruchsschutz-Schalter über eine dünne Stange mit einem Garagen-Türgriff verbunden wird.

Schwimmerschalter *(Pegelschalter)* bestehen oft nur aus einem herkömmlichen Schalter (Mikroschalter, Neigungsschalter, Reed-Schalter), der von einem Schwimmer bedient wird. Für Selbstbau-Anliegen ist es oft vorteilhafter, wenn man sich so einen Schwimmerschalter selbst erstellt. Eine einfache Eigenbau-Konstruktion zeigt *Abb. 16.23*. Sie kann u. a. den Wasserstand im Keller-Wassertank überwachen und per Funk seinen kritischen Grenzwert melden.

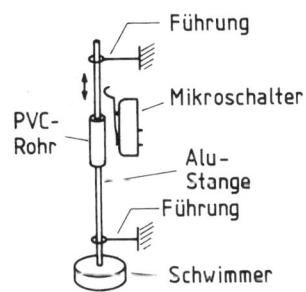

Abb. 16.23: Ein einfacher Schwimmerschalter „Marke Eigenbau" läßt sich mit einem handelsüblichen Mikroschalter leicht erstellen. Als Schwimmer kann evtl. auch nur eine Kunststoff-Flasche, ein Kunststoff-Schwimmtier usw. verwendet werden

Wichtig: Bei der Wahl eines passenden Schalters ist darauf zu achten, daß er auch tatsächlich für die vorgesehene Schaltleistung ausgelegt ist. Diese wird meist in der Form von z. B. „*Schaltleistung 250 V / 2A*" herstellerseits angegeben. Manchmal werden auch zwei Alternativen – wie z. B. „*Schaltleistung 250 V / 2A oder 125 V / 4 A* " – aufgeführt.

Zu beachten: Viele kleinere Schalter sind nur für niedrigere Spannungen vorgesehen. Wenn bei den technischen Daten eines Schalters steht, daß er z. B. für 0,5 A / 48 V max. geeignet ist, sollte er aus Sicherheitsgründen nicht für höhere Spannungen als die angegebenen 48 V angewendet werden.

Falls bei einem kleineren Schalter sowohl im Katalog, als auch evtl. an seinem Gehäuse keine Angaben bzgl. der Schaltspannung und des Schaltstromes auffindbar sind, sollte man ihm präventiv als einen „Spielzeugschalter" betrachten, dem man sicherheitshalber nur eine max. Spannung von ca. 24 V und einen Schaltstrom von ca. 0,2 A zumuten dürfte.

17 Schalten mit Licht

Zum „Schalten mit Licht" (worunter auch Infrarot-Licht) werden als „Empfänger" folgende optoelektronische (fotoempfindliche) Komponenten angewendet:

- Fotowiderstände
- Fotodioden
- Fototransistoren

Als Lichtquellen der Sender können zwar alle gängigen Lichtquellen (Glühlampen, Leuchtdioden, Sonne) genutzt werden, aber bei professionellen optoelektronischen Fernbedienungen werden überwiegend IR-Leuchtdioden, teilweise auch Laserstrahlen angewendet.

Jeder der optoelektronischen Komponenten hat andere Eigenheiten, denen vor allem dann ein gehobener Stellenwert eingeräumt wird, wenn ein Vorhaben im Selbstbau realisiert werden soll.

17.1 Fotowiderstände

Fotowiderstände gehören zu den ältesten optoelektronischen Komponenten. *Abb. 17.1* zeigt eine einfache Grundschaltung mit einem Fotowiderstand. Sie eignet sich als Experimentierschaltung, Testschaltung oder als ein Mini-Dämmerungsschalter und funktioniert mit jedem beliebigen Fotowiderstand. Die Schaltschwelle ist mit Potentiometer **P** einstellbar. Aus dieser Schaltung geht u. a. das Schaltzeichen eines Fotowiderstandes hervor.

In Schaltplänen wird oft neben dem Schaltzeichen auch die internationale Abkürzung *„LDR" (light dependent resistor)* angegeben – um hervorzuheben, daß es sich hier um einen Fotowiderstand handelt.

Fotowiderstände sind *polaritätsunabhängige* „Halbleiter-Bauelemente", deren Ohmscher Widerstand von der Beleuchtungsintensität ihrer belichteten Widerstandsschicht abhängt. Bei Lichteinfall nimmt der Widerstand ab

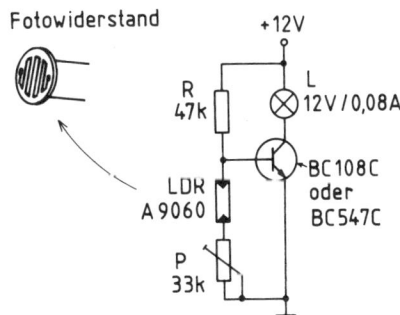

Abb. 17.1: Einfache Testschaltung mit einem Fotowiderstand, die im Prinzip einen kleinen Dämmerungsschalter darstellt: Lämpchen **L** leuchtet auf, wenn der Fotowiderstand (**LDR**) abgedunkelt wird

und sinkt bis auf einige hundert Ohm herab, bei Verdunkelung steigt der Widerstand bis in den Megaohm-Bereich auf.

Gegenüber den moderneren Fotohalbleitern (Fotodioden und Fototransistoren) reagieren Fotowiderstände auf Lichtveränderungen ziemlich träge – besonders in den Grenzgebieten.

Dies ist folgendermaßen zu verstehen: Wenn die volle Ausleuchtung eines Fotowiderstandes abgeschaltet wird, reagiert er darauf zwar relativ schnell mit einer Erhöhung seines Ohmschen Widerstandes, aber man muß ihm etwas Zeit geben, bevor er gleitend den Megaohm-Bereich erreicht. Dieselbe Trägheit weist der Fotowiderstand ebenfalls in der Gegenrichtung auf: Er braucht einige Sekunden, bevor er auf den Lichteinfall mit Senkung des „Hellwiderstands-Wertes" in die Nähe des „endgültigen" Minimums herabsinkt.

Diese Trägheit des Fotowiderstandes disqualifiziert ihn für optoelektronische Anwendungen, bei denen eine blitzschnelle Reaktion auf den Lichteinfall erwünscht ist. Anderseits ist bei einfachen „Haus- und Garten-Schaltbefehlen" nicht unbedingt von Bedeutung, wieviel Zeit ein Fotowiderstand per Saldo braucht, um von einem seiner Grenzwerte zum anderen Grenzwert „hinzuschweben". Die optoelektronische Schaltung kann ja so ausgelegt sein, daß sie bereits auf die Verdoppelung oder Halbierung des Widerstandes des Fotoelementes reagiert. Und eine Änderung in derartig bescheidenen Grenzen gewährleistet auch ein sehr preiswerter Fotowiderstand relativ schnell.

Abb. 17.2 zeigt zwei einfache automatisch arbeitende lichtempfindliche Schalter mit Fotowiderständen.

Der erste „optoelektronische" Schalter *(Abb. 17.2 a)* eignet sich nur für das Schalten von einem kleinen Lämpchen, dessen Stromabnahme (laut techni-

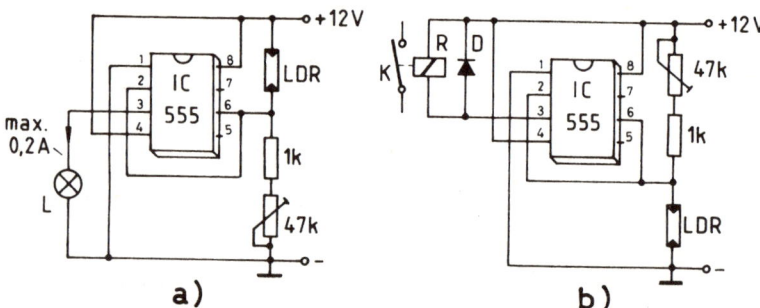

Abb. 17.2: Zwei nachbauleichte (und sehr preiswerte) „lichtempfindliche" Schalter mit einem Fotowiderstand (**LDR**): a) Hier reagiert der Schalter mit Aufleuchten des Lämpchens **L**, wenn z. B. ein Lichtstrahl unterbrochen wird, der den Fotowiderstand beleuchtet; b) Die Leistungsfähigkeit des ICs „555" kann mittels eines zusätzlichen elektromagnetischen Relais **R** fast unbegrenzt erhöht werden. Diese beiden Schalter können so wie sie sind ebenfalls als Dämmerungsschalter verwendet werden; die eingezeichneten 47 k-Potentiometer dienen zum Einstellen der dämmerungsabhängigen bzw. lichtstrahlabhängigen Ein/Ausschaltschwelle

schen Daten des ICs *555 bzw. des alternativen Typs NE 555*) die eingezeichneten 0,2 A nicht überschreiten darf. Sie sollte jedoch in der Praxis bevorzugt möglichst unterhalb von ca. 0.15 A gehalten werden, damit sich das IC nicht zu sehr aufheizt. Falls anstelle dieses ICs das elektronisch „kompatible" CMOS-IC *Typ ICM 7555* eingesetzt wird, muß die max. zulässige Stromabnahme halbiert werden. In beiden Fällen können jedoch statt des Lämpchens auch mehrere seriell/parallel verschaltete LEDs angewendet werden.

Wenn dieser lichtempfindliche Schalter als Alarmgeber einer Lichtschranke verwendet wird, können anstelle des Lämpchens **L** eine kleinere Sirene oder ein elektronischer Piepser angeschlossen werden (es gibt kleinere Sirenen, die bei einer Stromabnahme unterhalb von ca. 150 mA einen ganz schön kräftigen Alarmton bzw. ein kräftiges Hundebellen erzeugen).

Nun zu der Funktion dieser Schaltung: Als „Steuereingang" des ICs *555 (NE 555)* sind in diesem Fall seine Pins (Füßchen) *Nr. 2 und Nr. 6* zu betrachten, als „Schaltausgang" fungiert sein Pin *Nr. 3*.

Solange die *Pins 2/6* eine positive Spannung erhalten, hat der Schaltausgang *(Pin 3)* keine Spannung *(steht auf „LOW")* und das Lämpchen **L** leuchtet nicht. Sinkt die Spannung an den *Pins 2/6* etwas unterhalb der Hälfte der Versorgungsspannung *(in diesem Fall unterhalb von ca. 6 V)*, kippt der Schaltausgang *(Pin 3)* von „*LOW*" auf „*HIGH*" *(auf die fast vollen 12 V)* und das Lämpchen leuchtet auf.

Wenn der Fotowiderstand **LDR** von dem Strahl einer Lichtschranke (eines Laserpointers) beleuchtet wird, liegt sein Ohmscher Wert unterhalb von ca. 1 kΩ. Ist der untere 47 k-Einstellpotentiometer beispielsweise auf ca. 30 kΩ eingestellt, bekommt der Steuereingang *(Pin 2/6)* über den niedrigen Widerstand des LDRs eine fast volle Plus-Spannung (der Schaltausgang *Pin 3* steht also auf „*LOW*"). Wird jedoch der Strahl der Lichtschranke unterbrochen, steigt der Widerstand des LDRs abrupt auf ca. 1 MΩ, die Spannung am Steuereingang springt dadurch tief unterhalb von 6 V, was zufolge hat, daß der Schaltausgang auf „*HIGH*" kippt. Dieser „Trigger-Vorgang" wiederholt sich (hysteresengerecht) auch in umgekehrter Richtung.

Wird der Fotowiderstand nicht von einem Lichtschranken-Lichtstrahl, sondern einfach nur vom Tageslicht beleuchtet, funktioniert diese Schaltung als Dämmerungsschalter (und zwar sehr zuverlässig und völlig problemlos). Genau genommen setzt die Inbetriebnahme dieses Dämmerungschalters überhaupt keine Voreinstellungen oder andere Vorsorgemaßnahmen voraus (er funktioniert auf Anhieb). Mit dem 47k-Einstellpotentiometer wird nur die optimale „Dämmerungsstufe" eingestellt, bei der das Lämpchen oder das Relais einschalten soll.

Bei der Anwendung als Lichtschranke ist es dadurch etwas kritischer, daß der Fotowiderstand gegen Fremdlicht (bzw. Tageslicht) geschützt werden muß. Das läßt sich zwar mit einem ca. 5 bis 8 cm langen, innen schwarzen Röhrchen bewerkstelligen, das man an den Fotowiderstand experimentell erst mit einem Kaugummi wie ein „Kanonenrohr" anklebt. Hier kommt es jedoch auch noch auf die optimale Einstellung und die Lichtintensität des verwendeten Laserpointers an. Dies setzt wohl etwas Experimentierfreudigkeit voraus.

Im Grunde genommen sind die beide Schaltungen aus *Abb. 17.2* nur für einen Dauereinsatz als Dämmerungsschalter zu empfehlen, denn für effiziente Lichtschranken eignen sich Fototransitoren viel besser, als Fotowiderstände. Für die ersten Experimente eignen sie sich jedoch sehr gut und haben zudem den Vorteil, daß sie polaritätsunabhängig arbeiten (das erleichtert den Aufbau).

Der leistungsfähigere Schalter nach *Abb. 17.2 b* kann über das eingezeichnete elektromagnetische Relais **R** beliebige Verbraucher (Alarmanlagen, Funk-Sender-Sektionen, 230 V~ Außenbeleuchtung usw.) schalten.

Wir haben absichtlich in jedem dieser Schaltbeispiele den Fotowiderstand
(**LDR**) woanders angebracht, denn bei dieser zweiten Alternative wird ein
„Trick" angewendet, dessen Sinn nicht gerade allgemein bekannt ist: Wenn
das Relais **R** zwischen *Pin 3* und der Versorgungsspannung angeschlossen
wird, erwärmt sich das IC beim Dauerbetrieb weniger, als wenn das Relais
gegen die Masse – wie das Lämpchen in *Abb. 17.2 a* – betrieben wird.

Der Grund liegt darin, daß das Innenleben dieses ICs so konzipiert ist, daß
es die Plus-Spannung *(HIGH-Spannung)* an seinen Schaltausgang über wesentlich mehrere „Umwege" führt, als die *LOW-Spannung*. Diese zwei
Schaltungsvarianten zeigen gleichzeitig, daß man bei diesem IC (bzw. auch
bei anderen kompatiblen ICs dieser „Gattung") immer die Wahl hat, wie
man die Schaltung auslegt.

Wer dem bisher gedanklich folgen konnte, der wird sich auch noch eine
weitere Alternative vorstellen können: Wenn in der Schaltung nach *Abb.
17.2 b* das Relais nun zwischen den Schaltausgang und die Masse angeschlossen wird, ohne an der Anordnung der restlichen Komponente etwas
zu ändern, wird das Ganze „invertiert" funktionieren. Das Relais springt an
(schaltet), wenn der Lichtstrahl vorhanden ist und schaltet ab, wenn der
Lichtstrahl unterbrochen wird. Das kann bei so mancher kreativen Anwendung begrüßenswert sein.

Wir haben bereits des öfteren darauf hingewiesen, daß man anstelle eines
elektromagnetischen Relais auch ein Lastrelais (Halbleiter-Relais) verwen-

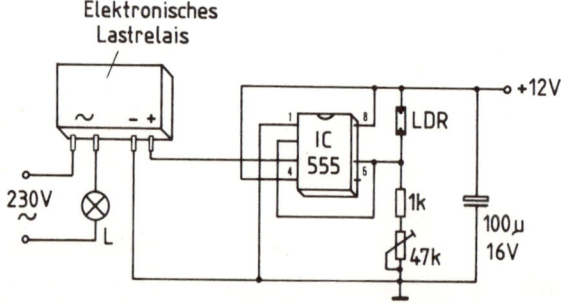

Abb. 17.3: Der „lichtempfindliche" Schalter aus den vorhergehenden Schaltbeispielen kann problemlos auch ein elektronisches Lastrelais betreiben, dessen Steuerkreis laut Kenndaten für eine 12 Volt-Gleichspannung ausgelegt ist; Anstelle des vorhergehenden ICs Typ *„555"* kann alternativ sein „kompatibles" CMOS-Brüderchen
(ICM 7555) eingesetzt werden. Es arbeitet energiesparender, hat einen kleineren
Standby-Verbrauch und kann immerhin problemlos den geringen Strom für den Steuerkreis eines Lastrelais aufbringen

den kann. Wie sich so etwas konkret bei dieser Schaltung bewerkstelligen läßt, zeigt *Abb. 17.3:* Es handelt sich hier um dieselbe Schaltung, wie in *Abb. 17.2 a*, aber anstelle des Lämpchens **L** wurde an den IC-Schaltausgang *(Pin 3)* der Steuerkreis des Lastrelais angeschlossen. Der rechts eingezeichnete Elektrolyt-Kondensator (100 µF) dürfte eigentlich im Prinzip als Baustein der Gleichstromversorgung bei allen derartigen Schaltungen nicht fehlen. Er hat allerdings nichts mit der eigentlichen Funktion der Schaltung zu tun und ist normalerweise ohnehin im Netzteil vorhanden (am Ausgang des Spannungsreglers o. ä.).

Das Schalten mit „normalem" (sichtbarem) Licht – zu dem auch das Schalten mit einem Laserpointer gehört – eignet sich für evtl. Selbstbau-Experimente am besten, denn viele der Vorgänge sind optisch nachvollziehbar (was ja bei Infrarot-Licht oder bei Funk nicht mehr so einfach ist).

Der „Empfänger-Baustein" (Fotowiderstand, Fotodiode oder Fototransistor) muß jedoch gegen die Fremdeinwirkung von Tageslicht oder von der Zimmerbeleuchtung geschützt sein.

Dieses Problem entfällt bei der Anwendung von Infrarot-Licht. Abhängig von den Betriebsbedingungen muß dann jedoch unter Umständen der IR-Empfänger (in diesem Fall der Fotowiderstand) mit einem Tageslicht-Filter versehen werden, der nur Infrarotlicht durchläßt. Manchmal genügt es, wenn der Fotowiderstand ausreichend „lichtgeschützt" vertieft montiert oder mit dem bereits anderweitig angesprochenen Röhrchen gegen Fremdlicht geschützt wird.

Eine Infrarot-Diode (IR-LED) kann dann nach *Abb. 17.4* als Sender einer Lichtschranke dienen, deren Relais in unserem Schaltbeispiel eine Piezo-

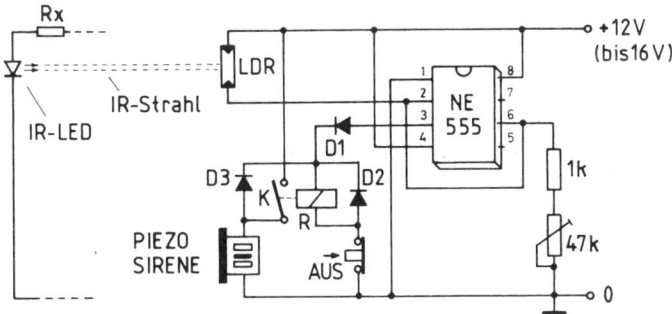

Abb. 17.4: Bei einer IR-Lichtschranke ist der IR-Schutzstrahl unsichtbar und ein „Unbefugter" (ohne eine Spezialausrüstung) kann ihm somit nicht einfach ausweichen; D1 bis D3: Siliziumdioden *1 N 4148* (siehe weiter Text)

Sirene betätigt. Die Grundschaltung dieses IR-Empfängers ist vollidentisch mit dem Schaltbeispiel aus *Abb. 17.2 a*. Der Fotowiderstand ist hier zwar – der leichteren Übersicht wegen – links statt rechts eingezeichnet, aber an denselben Pins des ICs *NE 555* angeschlossen (anstelle des hier eingezeichneten *NE 555* können auch hier die ICs Typ *„555"* oder *ICM 7555* eingesetzt werden).

Auch bei dieser Schaltung kann die optimale Lichtempfindlichkeit des Fotowiderstandes *(LDR)* mit dem rechts eingezeichneten 47 k-Einstellpotentiometer so eingestellt werden, daß eventuelles „Fremdlicht" die eigentliche Funktion der Lichtschranke nicht stört (vorausgesetzt, der Fotowiderstand ist mit einem Röhrchen-Lichtschutz versehen oder vertieft in einen Schlitz eingelassen).

Das Spezielle an dieser Schaltung ist die „Selbsthalte-Funktion" des Relais. Sobald das Relais einmal anspringt – wozu eine sehr kurze Unterbrechung des IR-Strahles ausreicht, bleibt es so lange eingeschaltet, bis es durch manuelle Betätigung des Tasters „AUS" abgeschaltet wird.

Das „Selbsthalte-Prinzip" ist leicht nachvollziehbar: Die Diode **D2** dürfen wir dabei völlig negieren, denn sie fungiert nur als der bereits erklärte Schutz des elektromagnetischen Relais **R** und hat auf die Funktion der Schaltung keinen weiteren Einfluß. Für die eigentliche Selbsthalte-Funktion ist hier nur die Diode **D3** zuständig. Sobald der Relaiskontakt „anspringt", erhält die Relaisspule über die Diode **D3** eine positive Spannung (gleichzeitig mit der Piezo-Sirene). Pin 3 des ICs kippt jedoch jeweils nur vorübergehend (während der Unterbrechung des IR-Strahles) von *LOW* auf *HIGH,* um danach wieder auf *LOW* zurückzukehren. Würde hier die Diode **D1** fehlen, käme es dabei zu einem Kurzschluß (der obere Anschluß der Relaisspule ist ja über den Kontakt **K** und Diode **D3** an die positive Versorgungsspannung angeschlossen).

Daß anstelle der eingezeichneten Piezo-Sirene beliebige andere Geräte angeschlossen werden können, dürfte klar sein. Und falls ein Relais mit mehreren Schaltkontakten (z. B. „2 x EIN") zur Verfügung steht, können auch Geräte betrieben werden, die für eine 230 Volt-Netzspannung ausgelegt sind. Der eingezeichnete Kontakt **K** dürfte dann nur als ein Selbsthalte-Hilfskontakt benutzt werden.

Eine solche Lösung eignet sich natürlich nur für Alarm- oder Warnanlagen, die unter Aufsicht betrieben werden (sie sollen ja nicht in einem Wohngebiet drei Wochen lang heulen, bis der Hausherr aus dem Urlaub in der Karibik zurückkehrt). Zudem ist eine solche Schaltung vor allem für Anwendungen gedacht, bei denen eine evtl. Störung durch andere IR-Fernbedienungen nicht droht. Dazu kommt noch das Problem, daß nicht jeder Fotowiderstand auf Infrarot-Licht reagiert.

Die spektrale Empfindlichkeit eines Fotowiderstandes hängt von der Art seiner fotoempfindlichen Schicht ab. Bei den gängigsten Produkten werden folgende Materialien angewendet:

- Cadmiumsulfid (CdS) – geeignet für sichtbares Licht (Tageslicht)
- Cadmiumselenoid (CdSe) – geeignet sowohl für sichtbares Licht als auch für Infrarotlicht
- Bleisulfid (PbS) – geeignet für Infrarotlicht A + B (bis zu 3000 nm)
- Bleiselenoid (PbSe) – geeignet für Infrarotlicht A + B (bis zu 7000 nm)

Als „handelsüblich" werden vor allem die zwei ersten Ausführungen gehandhabt, aber es ist nicht immer so einfach dahinterzukommen, welche spektrale Eigenheiten der eine oder der andere Fotowiderstand tatsächlich bietet, der in einem Katalog angeboten wird.

Soweit man von dem Fotowiderstand erwartet, daß er nur (oder auch) auf sichtbares Licht reagiert, wird es mit allen gängigen Fotowiderständen klappen. Bei Anwendung von IR-Licht sollte man sich bei den Anbietern unbedingt darüber erkundigen, inwieweit der eine oder andere angebotene Typ auch tatsächlich „IR-tauglich" ist.

Für Infrarotlicht eignen sich als „Empfänger" Fotodioden oder Fototransistoren – der Empfindlichkeit wegen – wesentlich besser, als Fotowiderstände (was anschließend näher erläutert wird). Aber wie schon an anderer Stelle erwähnt: Der Fotowiderstand ist ein sehr „umgangsfreundlicher" Baustein.

Aufmerksamkeit verdient auch der Aspekt, daß Fotowiderstände – im Gegensatz zu Fotodioden und Fototransistoren – sowohl mit Gleichstrom, als auch mit Wechselstrom arbeiten können. Somit lassen sich mit diesen Fotoelementen auch sehr einfache „Empfänger" nach *Abb. 17.5* erstellen, die direkt vom Wechselstrom-Hausnetz (230 V~) betrieben werden können.

Abb. 17.5: Ein einfacher lichtgesteuerter Empfänger, bei dem ein Fotowiderstand direkt ein Wechselstrom-Relais antreibt

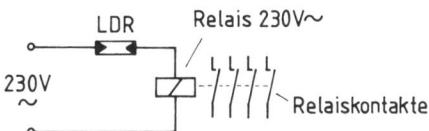

Hier ist jedoch darauf zu achten, daß sie typenbezogen nur eine vom Hersteller vorgegebene *Maximumspannung* und *max. Belastung* verkraften (die üblicherweise in den Katalogen der Anbieter angegeben wird, bzw. dem Lieferanten oder dem Fachverkäufer bekannt ist).

Wie alle anderen elektronischen Komponenten, sind auch Fotowiderstände nur für eine typenbezogene *Maximumbelastung* ausgelegt, die als „*P max.*" *(in W oder mW)* in den technischen Daten auffindbar ist. Rein rechnerisch handelt es sich bei der Dimensionierung um denselben Vorgang, wie bei normalen Widerständen: $P = U \times I$. Spannung „*U*" stellt den Spannungsabfall am Fotowiderstand dar und „*I*" ist der Strom, der durch den Fotowiderstand unter „ungünstigsten Bedingungen" fließt (also bei maximaler Beleuchtung, die bei dem Einsatz in Frage kommen kann).

Mit Hilfe eines jeden Ohmmeters – dessen Meßstifte man direkt an die Füß- chen des Fotowiderstandes (mit Kroko-Klemmen) anschließt – läßt sich leicht ermitteln, wie sich der Ohmsche Wert eines Fotowiderstandes in Abhängigkeit von seiner Beleuchtung ändert. Auf die Weise können auch experimentell die Grenzwerte festgestellt werden, die der Fotowiderstand bei der vorgesehenen Anwendung (z. B. bei der Beleuchtung mit einem Laserpointer-Strahl) ungefähr erreicht.

17.2 Fotodioden

Fotodioden sind im Gegensatz zu den Fotowiderständen polaritätsabhängige (stromrichtungsorientierte) Bauelemente. Sie werden (ähnlich wie Zenerdioden) in Sperrichtung *(nach Abb. 17.6)* betrieben.

Die Funktion der Fotodioden beruht darauf, daß sich der Dioden-Sperrstrom beim Auftreffen von Photonen sprunghaft erhöht. Das Endergebnis kommt auf dasselbe hin, wie wenn der Ohmsche Wert eines Fotowiderstan-

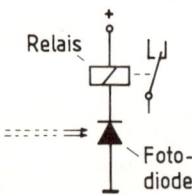

Abb. 17.6: Funktionsprinzip einer Fotodiode: Wenn sie durch Lichteinfall leitend wird, kann sie direkt ein kleineres Relais schalten

des durch Lichteinfall sinkt – was ebenfalls eine Erhöhung des durch ihn fließenden Stroms zufolge hat.

Fotodioden reagieren auf Lichtveränderung nicht nur viel schneller, als Fotowiderstände, sondern auch schneller als Fototransistoren. Zudem weisen sie auch eine bessere Linearität der Lichtübertragung auf, als Fototransistoren. Daher werden sie bei Signalübertragung präferiert. Für extrem kurze Schaltzeiten – bzw. für Übertragungen von höheren Frequenzen – eignen sich bevorzugt die speziellen *„PIN-Fotodioden"* (sie erreichen Ansprech-/Schaltzeiten von 1,5 bis 5 ns und sind sehr rauscharm).

Manche Fotodioden haben an ihrer Lichteintritts-Öffnung eine optische Linse, einige sind mit einem im Gehäuse eingebauten Tageslicht-Filter versehen, wodurch sie nur aufs IR-Licht reagieren (derartige spezielle Konstruktionen sind jeweils bei den Kenndaten der Anbieter aufgeführt).

In *Abb. 17.7* sind zwei nachbauleichte Schaltungen mit Fotodioden aufgeführt , die vielseitig genutzt werden können. Bei dieser Anordnung der Fotodioden steht bei ihrer Beleuchtung der Ausgang des ICs *ICM 7555* auf *„HIGH"*, der Ausgang des ICs *FCL 101* auf *„LOW"*. Beide ICs können ein angemessen kleines Relais betreiben oder beliebige weitere elektronische Schaltungen ansteuern. Das IC *ICM 7555* hat einerseits den Vorteil, daß es sich bedarfsbezogen auch als Timer verschalten läßt,

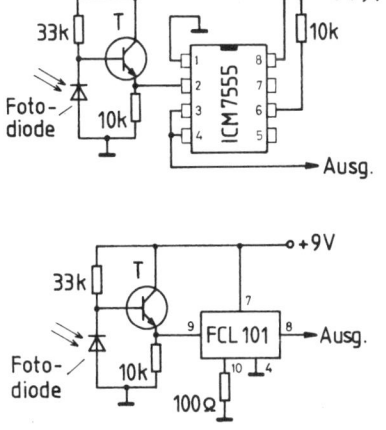

Abb. 17.7: Zwei einfache Schaltbeispiele mit Fotodioden: Die Schaltung oben macht sich das bekannte Timer-IC ICM 7555 zunutze, die Schaltung unten wendet einen speziellen integrierten Schwellwertschalter (Schmitt-Trigger) *Type FCL 101* an. Fotodioden: *CQY-99, SFH 205 F,LD 271 o. ä.;* Transistor *T: BC 170 C, BC 547 C, BC 107 B o. ä.*

anderseits, daß es „überall" erhältlich ist (was auf das andere ICs nicht unbedingt zutrifft).

Wenn nur eine kleinere Reichweite des IR-Strahles vorgesehen ist – was z. B. beim IR-Schutz einer Wohnungstür der Fall sein dürfte – kann anstelle des Fototransistors auch eine Fotodiode als Empfänger verwendet werden. Dafür gibt es einen praktischen Grund: Einige der handelsüblichen Fotodioden sind mit einem Tageslichtfilter erhältlich, Fototransistoren nur relativ selten.

17.3 Fototransistoren

Fototransistoren sind eigentlich nichts anderes als Fotodioden mit nachgeschaltetem Transistor (in einem Gehäuse). Diese Symbiose hat den Vorteil, daß hier der Fotostrom im Transistor etwa hundert- bis tausendmal verstärkt wird und als Kollektorstrom auftritt. Somit sind Fototransistoren sehr empfindlich und benötigen nur noch wenig zusätzliche Verstärkung. Im Vergleich zu Fotodioden arbeiten sie jedoch durch die *Unlinearität der Stromverstärkung* weniger linear. Durch den sogenannten *Miller-Effekt,* der hier der zu groß-flächigen Kollektor-Basis-Diode zuzuschreiben ist, sind sie auch langsamer. Anderseits sind sie ca. 100 mal bis ca. 700 mal empfindlicher, als Fotodioden.

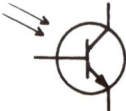

Abb. 17.8: Schaltzeichen eines Fototransistors

Das „wahre Innenleben" eines Fototransistors erscheint jedoch nicht in seinem Schaltzeichen – wie aus *Abb.17.8* hervorgeht. Es gibt aber auch *Darlington-Fototransistoren* und bei denen wird diese Eigenheit im Schaltzeichen ausgeführt – wie der *Abb. 17.9* zu entnehmen ist. Hier hat der Fototransistor in seinem Gehäuse noch einen zusätzlichen Transistor im „Huckepack". Auf diese Weise wird die Empfindlichkeit des Fototransistors erhöht. Selbstverständlich kann auch an jeden normalen Fototransistor ein zusätzlicher Transistor auf dieselbe Weise angelötet werden, wenn eine höhere Empfindlichkeit erwünscht ist.

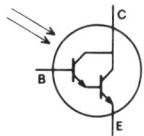

Abb. 17.9: Schaltzeichen eines Darlington-Fototransistors

Fototransistoren werden sowohl mit, als auch ohne angeschlossene Basis hergestellt bzw. angewendet. Mit anderen Worten: Wenn ein Fototransistor nur zwei Füßchen hat, handelt es sich nicht unbedingt um eincn Ausschuß, sondern höchstwahrscheinlich um einen völlig intakten Baustein, bei dem der Basisanschluß nicht ausgeführt wurde – siehe Schaltungen in *Abb. 17.10 und 17.11.*

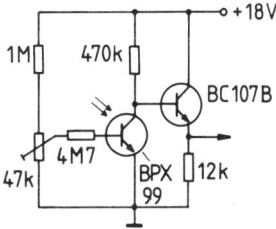

Abb. 17.10: Schaltung eines Fototransistors mit angeschlossener Basis, der z. B. als IR- Empfänger verwendet werden kann

Abb. 17.11: Schaltung eines Lichtschranken-Empfängers, der mit einem Fototransistor arbeitet, dessen Basis nicht angeschlossen ist (alternativ kann anstelle des Fototransistors eine Fotodiode verwendet werden)

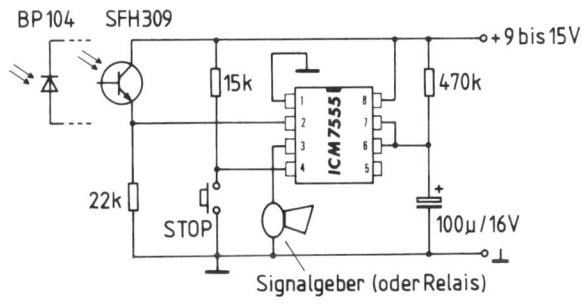

Auch bei einem Fototransistor mit „drei Füßchen" (also mit einer anschlußfähigen Basis) braucht jedoch die Basis nicht angeschlossen zu werden, wenn man den Kompromiß zwischen den darausfolgenden Vor- und Nachteilen in Kauf nehmen will. Mit dem Kompromiß sieht es folgendermaßen aus: Ein Fototransistor mit angeschlossener Basis – wie z. B. in *Abb. 17.10* dargestellt ist – weist eine höhere Stabilität des Arbeitspunktes (eine erhöhte Unempfindlichkeit gegenüber Temperaturschwankungen) auf, als ein Fototransistor mit offener Basis. Eine Schaltung mit offener Basis bietet wiederum eine wesentlich höhere Empfindlichkeit (Verstärkung). Allerdings sinkt hier die obere Grenzfrequenz.

Einen ausgesprochenen Grund für schöpferische Depressionen beim Entwurf einer eigenen Schaltung müssen diese Gegensätze aber nicht darstellen: In der Praxis werden die meisten Fototransistoren mit offener Basis betrieben. Nur wenn der Fototransistor bei gravierenden Temperaturschwankungen zuverlässig arbeiten soll, ist die Alternative mit angeschlossener Basis vorteilhafter.

Bei dem „nachbaufreundlichen" Schaltbeispiel in *Abb. 17.11* ist die Basis des Fototransistors nicht angeschlossen. Diese Schaltung kann sehr vielseitig angewendet werden: Zum Überwachen von Vorgängen, Positionen, zum Zählen von Produkten – und natürlich auch als Einbruchsschutz. Die Schaltung arbeitet als Timer, dessen Einschaltdauer von der Kapazität des *100 µF-Kondensators* (am Pin 6/7) und des daneben angeschlossenen *Widerstandes 470 k* bestimmt wird. In diesem Fall beträgt sie ca. 10 Minuten und kann durch Ersetzen des 470 k-Widerstandes durch einen ca. 220 k-Widerstand etwa halbiert werden bzw. durch Einsetzen eines 1 M-Widerstandes verdoppelt werden usw. Die STOP-Taste ermöglicht das manuelle Abstellen des Timers (bzw. des Alarms).

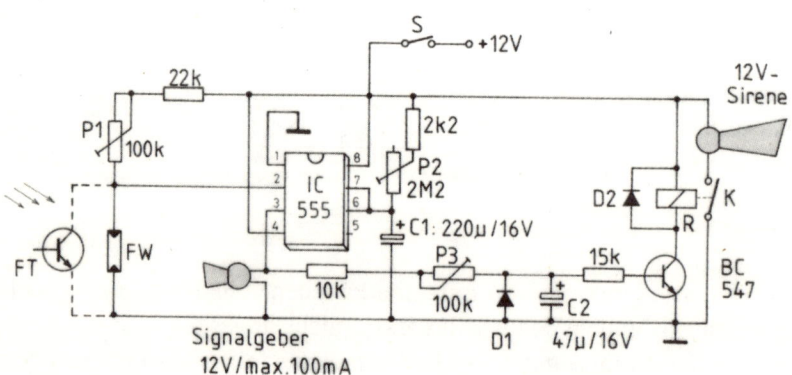

Abb. 17.12: Schaltung einer Alarmanlage mit zwei zeitverschobenen Alarmstufen: die erste Alarmstufe dient als leise Vorwarnung, für die zweite Alarmstufe kann eine laute Sirene verwendet werden; D1, D2: Siliziumdioden *1 N 4148* (siehe weiter im Text)

Wird der Fototransistor, Fotowiderstand oder die Fotodiode nicht zwischen *Pin 2* des Timer-ICs und die Versorgungsspannung, sondern – wie in der Schaltung in *Abb. 17.12* – zwischen *Pin 2* und die Masse angeschlossen, verhält sich die Arbeitsweise invertiert: Bei der Beleuchtung des Fototransistors bzw. Fotowiderstandes geht der Alarm los (für eine Dauer, die mit dem Potentiometer **P2** eingestellt wurde). Das kann sich in manchen Fällen „projektbezogen" als vorteilhaft erweisen.

Wir haben in dieser Schaltung zwei Alarmgeber: Der kleine Signalgeber (links) hat eine „vorwarnende" Funktion. Er dient z. B. dazu, daß der „Befugte" seine Alarmanlage abstellen kann, bevor die große Sirene loslegt (mit **P3** läßt sich der erwünschte Zeitabstand einstellen).

Bedarfsbezogen kann der leise Signalgeber ganz weggelassen werden. Die Zeitverzögerung zwischen dem Auslösen und dem Erklingen des Alarms (der rechts eingezeichneten Sirene) hat den Vorteil, daß z. B. ein Einbrecher nicht genau erkennen kann, wann und wodurch er den Alarm genau ausgelöst hat. Das kann z. B. bei einer Garagen-Alarmanlage von großen Vorteil sein, denn es stimuliert nicht zu einer evtl. Tatwiederholung, bei der ein Einbrecher „das nächste Mal" seine Fehler vermeiden kann.

Diese Schaltung läßt sich auch für diverse Steuer- und Regelaufgaben verwenden, bei denen ein zeitverzögerter Ablauf zwischen zwei Schaltbefehlen erwünscht ist. Wenn auf *Pin 3* des ICs *NE 555 (in Abb. 17.12)* anstelle der einen eingezeichneten „Verzögerungskette" (mit dem Transistor *BC 547*) zwei oder drei solche Ketten nebeneinander angeschlossen werden, können mehrere zeitverschobene Schaltvorgänge ausgelöst werden.

Eine andere Lösung ziegt *Abb. 17.13:* Sobald der Fototransistor des ersten Timers durch Beleuchten aktiviert wird, schaltet sein *Pin 3* den angeschlossenen leisen Signalgeber für die (an dem 1 M-Potentiometer) eingestellte Dauer ein. In dem Moment, in dem dieser Timer abschaltet, schaltet Timer 2 ein und löst in diesem Fall eine kräftigere Sirene aus. Beim Abschalten gibt dann Timer 2 über den Kondensator 10 nF einen „Einschalt-Impuls" an *Pin 2* des dritten Timers und dieser schaltet nun das eingezeichnete Relais ein.

Auch diese Schaltung findet einen vielseitigen Einsatz bei verschiedensten Steuer- und Regelaufgaben, denn den Timer ICs ist es im Prinzip egal, was sie über ihre *Pin 3* schalten. Wenn der Schaltstrom unterhalb von ca. 75 bis 80 mA liegt, können hier anstelle der eingezeichneten „strapazierfähigen" *NE 555*, die MOS ICs *Typ ICM 7555* eingesetzt werden. Und selbstver-

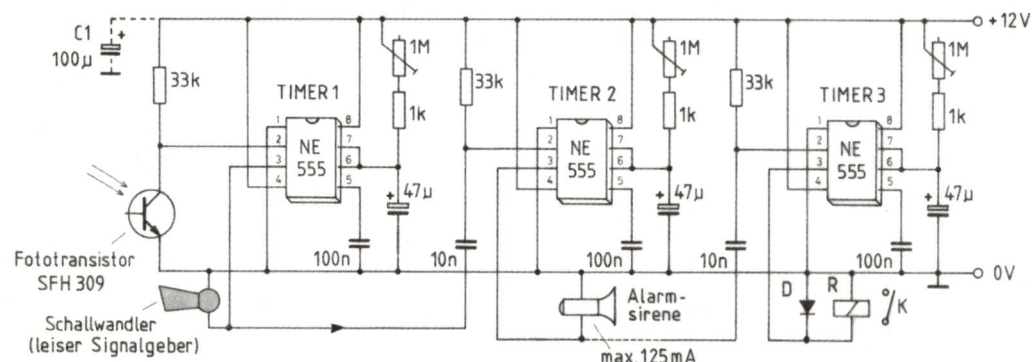

Abb. 17.13: Schaltung einer Alarmanlage mit drei zeitverschobenen Alarmstufen: Die Grundschaltungen der Timer sind uns inzwischen bekannt; neu ist hier nur die Übertragung der Einschalt-Impulse von *Pin 3* des einen Timers zu *Pin 2* des nächsten Timers über die eingezeichneten 10 nF-Kondensatoren; D = *1 N4148*

ständlich kann auch hier der Fototransistor seinen Platz mit dem oben eingezeichneten 33 k-Widerstand tauschen, wenn erwünscht ist, daß eine Unterbrechung der Beleuchtung (bzw. eines Lichtschranken-Strahls) die Schaltung aktiviert (Alarm auslöst).

17.4 Infrarot-Sendedioden

Infrarot-Dioden werden vor allem als Sendedioden für Fernbedienungen oder für Signalübertragung verwendet. Sie sehen oft wie normale LEDs aus und werden – wenn sie nur ein kontinuierliches Licht und nicht codierte oder modulierte Signale ausstrahlen sollen – auf dieselbe Weise geschaltet. Auch hier ist auf die Einhaltung des max. Stromes (I_F) zu achten. Dieser liegt bei manchen IR-Dioden (insbesondere bei Hochleistungs-IR-Dioden) typenbezogen wesentlich höher, als bei normalen LEDs üblich ist.

Bei der Wahl einer IR-Sendediode ist vor allem auf die Reichweite zu achten, die sich aus der Strahlungsintensität (Strahlstärke) ergibt, die in „mW/sr" angegeben wird. Kleine IR-Sendedioden, die vor allem für Miniatur-Lichtschranken bestimmt sind, haben eine Strahlungsintensität von bescheidenen 2 bis 4 mW/sr. Moderne Hochleistungs-IR-Sendedioden weisen dagegen eine Strahlungsintensität von bis zu etwa 400 mW/sr bei einer Stromabnahme von ca. 250 mA auf.

Ähnlich, wie bei allen normalen LEDs ist auch hier auf den Abstrahlwinkel zu achten. Wenn z. B. nur ein schmaler Lichtstrahl erforderlich ist und keine zusätzliche Optik für die Sendediode zur Verfügung steht, sollte der Abstrahl- winkel verständlicherweise so klein, wie nur möglich sein.

Von Vorteil ist, wenn die Reichweite des IR-Lichtstrahles mittels einer Vorsatzlinse (L) nach *Abb. 17.14* erhöht wird, die das IR-Licht zu einem möglichst dünnen Strahl bündelt.

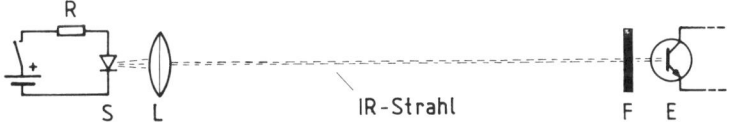

Abb. 17.14: Die Reichweite eines IR-Lichtstrahles kann durch die Bündelung des IR-Lichtstrahles mittels einer Linse **L** enorm erhöht werden (**S** = IR-Sendediode; E = Empfänger-Fototransistor; F = Tageslicht-Filter)

Wir Menschen können Infrarot-Licht nicht sehen (was ja bei so manchen Ein- bruchsschutz-Lichtschranken von Vorteil ist). Daher kann sich ein einfaches Selbstbau-Testgerät nach *Abb. 17.15* als sehr nützlich erweisen. Alternativ zu so einer Selbstbau-Lösung gibt es jedoch (z. B. bei Conrad Electronic) *Infrarot-Indikatoren.* Sie sehen wie Telefonkarten aus und bei Bestrahlung durch IR-Licht leuchtet auf ihnen eine kleine aktive Fläche auf.

Abb. 17.15: Schaltbeispiel eines einfachen Selbstbau Testgerätes, bei dem eine LOW-CURRENT- LED die Anwesenheit von IR-Licht anzeigt (wird eine „normale" LED verwendet, sollte der Einstellpotentiometer nur einen Ohmschen Wert von ca. 470 Ω haben); als Fotodiode eignet sich bevorzugt ein Typ, der mit einem Tageslicht-Filter vorgesehen ist – z. B. der *Typ SFH 205 F (Anbieter Conrad Electronic)*

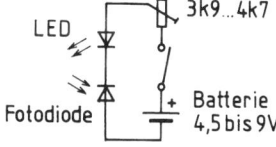

17.5 Optokoppler und Reflex-Lichtschranken

Wie aus dem Namen dieses Bausteines hervorgeht, ist er für „Kopplungsaufgaben" bestimmt. Er benötigt jedoch eingangsseits ziemlich wenig Energie (für die Aktivierung seiner LED im „Steuerkreis"), um ausgangsseits dennoch eine Schaltleistung zu bieten, die für viele Vorhaben ausreicht. Daher kann man „anwendungsbezogen" einen Optokoppler quasi als ein „Halbleiter-Relais" betrachten bzw. einsetzen.

Optokoppler sind Fertigbausteine, die in der Grundausführung aus einer Leuchtdiode – kurz LED (als Abkürzung für *„lightemmitingdiode"*) als „Sender" und einem *Fototransistor* als „Empfänger" (Lastkreis-Schalter) bestehen.

Abb. 17.16 zeigt das Innenleben einiger der gängigsten Optokoppler. Alle hier eingezeichneten Optokoppler sind in einem DIL-Gehäuse integriert und sehen aus wie normale ICs (wir mußten sie teilweise etwas überproportional breit zeichnen, um das Innenleben schematisch übersichtlich darstellen zu können).

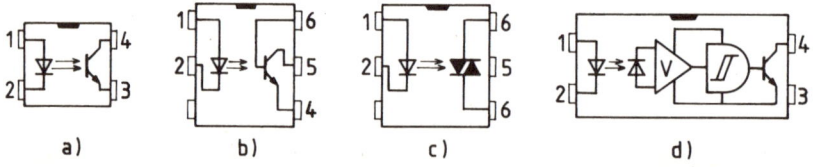

Abb. 17.16: Einige Beispiele der gängigsten Optokoppler: a) eine LED im Steuerkreis schaltet bei Aufleuchten einen Fototransistor im „Lastkreis"; b) wie vorher, aber hier hat der Fototransistor einen Basisanschluß, der eine optimale Stabilisierung der Schaltung ermöglicht; d) wie vorher, aber mit einem Triac-Ausgang; c) Ein Optokoppler mit einem integrierten Schmitt-Trigger

In diesen Bausteinen wird zwar intern „drahtlos" geschaltet, aber aus dieser Sicht wäre es fraglich, ob ihnen anwendungsbezogen als Bausteine für drahtloses Schalten Beachtung zukommt. Dies kann jedoch aus dem Grund bejaht werden, daß man einen Optokoppler einfach als einen preiswerten elektronischen Schalter (elektronisches Relais) vielseitig nutzen kann. Der Fototransistor ist hier typenabhängig sowohl ohne einen Basisanschluß *(Abb. 17.16 a)* als auch mit einem Basisanschluß *(Abb. 17.16. b)* ausgelegt. Der Optokoppler nach *Abb. 17.6 c* ist mit einem Triac-Ausgang konzipiert und kann somit auch Wechselspannungen schalten.

Zu den wichtigsten Kenndaten eines Optokopplers gehören sein *maximaler Ausgangsstrom [mA]* seine *maximale Ausgangsspannung [V]*, seine *Isolationsspannung [V]* und der *Betriebsstrom der Leuchtdiode* am Steuereingang (der allerdings oft bei den technischen Grundangaben in Katalogen fehlt).

Wie so etwas in der Praxis konkret aussieht, läßt sich am besten einer Katalog-Tabelle (Conrad Electronic) entnehmen:

Optokoppler Typ:	Ausgangs-strom [mA]	Ausgangs-spannung [V]:	Isolations-spannung [V]:
IL74 = PC817 = PC703	20	100	1500
4 N 35 = PC 4N35	30	100	3550
SFH 61	50	70	2800
PC 817	50	35	5000
CNY 17 = PC 702	70	100	4000
SFH 601	100	70	5300
MCT2 = PC613 = PC713	150	200	2300

Aus dieser Tabelle ist ersichtlich, daß die aufgeführten Optokoppler einen Strom schalten können, der zwischen 20 mA und 150 mA liegt. Mit den leistungsfähigeren Typen lassen sich u. a. nicht nur Relais, sondern auch diverse *kleinere Sirenen* oder Schaltungsteile direkt schalten. Die max. zulässige *Ausgangsspannung* ist hier – ähnlich wie z. B. bei allen Transistoren – immer zu beachten.

Die *Isolationsspannung* spielt nur dann eine wichtige Rolle, wenn aus irgendeinem Schaltungsteil eine „entsprechende Bedrohung" kommen könnte, oder wenn aus anderen Gründen ein Schaltungsteil gegen eine zu hohe Spannung geschützt werden muß. Bei den meisten gängigen Schaltungen kann dieser technische Parameter außer Acht gelassen werden – auch wenn gerade diese Eigenheit den Hauptvorteil eines Optokopplers darstellt. Da aber Optokoppler sehr preiswert sind, wendet man sie oft auch dort an, wo eine galvanische Trennung nicht funktionsbedingt ist.

Der Optokoppler nach *Abb. 17.16 d* arbeitet – wie aus dem vereinfachten Schema seiner Innenverschaltung hervorgeht – mit einem Fotodioden-Empfänger, an dem ein Vorverstärker **V** und danach ein Schmitt-Trigger angeschlossen ist. Bei Erreichen der Triggerschwelle kippt sein Ausgangspegel von *„HIGH"* auf *„LOW"*. Dieser Optokoppler ist für CMOS- und TTL-Schaltungen vorgesehen und gehört zu den etwas spezielleren Typen, von denen es viele Ausführungs-Varianten gibt.

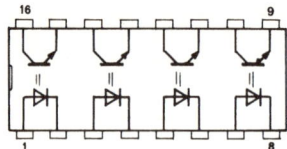

Abb. 17.17: Ausführungsbeispiel eines 4 fachen Optokopplers *Typ PC 847* (Anbieter Conrad Electronic)

Optokoppler mit Transistor-Ausgang sind auch als zwei, drei oder vier unabhängige Einheiten *(Abb. 17.17)* in einem Gehäuse erhältlich.

Eine modifizierte Art der Optokoppler stellen die bekannten *Reflex-Lichtschranken* nach *Abb. 17.18* dar. Sie bestehen aus einer Sendediode und einem Fototransistor als Empfänger. Aus dieser Abbildung geht sowohl das Ausführungsbeispiel als auch die Funktionsweise des Bausteines hervor. Die Sendediode ist in den meisten Fällen als IR-Diode ausgelegt. Den Empfänger bildet meistens ein einfacher Fototransistor, der nur bei einigen speziellen Reflex-Kopplern mit einem zusätzlichen Tageslicht-Filter versehen ist.

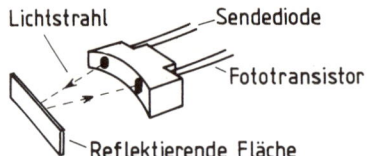

Abb. 17.18: Ausführungsbeispiel und Funktionsweise einer Reflex-Lichtschranke

Einige der modernen Lichtschranken sind auch als SMD-Miniatur-Bausteine ausgelegt und in einem nur 2 mm hohen (flachen) Chip-Gehäuse untergebracht.

Die meisten Reflex-Lichtschranken sind höchstens für einen Abstand von ca. 1 mm bis ca. 30 mm zu der Reflektionsfläche vorgesehen. Sie eignen sich daher nur zum Abtasten von Reflektionsflächen auf kurze Entfernung – wie z. B. zur Positionswahrnehmung (als Positionsindikator, Endschalter), zum Zählen von Produkten usw. Auf dem Hobbysektor werden sie u. a. gerne als fotoelektrische Sensoren bei der Modelleisenbahn verwendet. Beim drahtlosen Schalten und Steuern finden sie ihren Einsatz vor allem als „Hilfsbausteine", die gewisse Funktionen oder Positionsänderungen zu überwachen und zu melden haben.

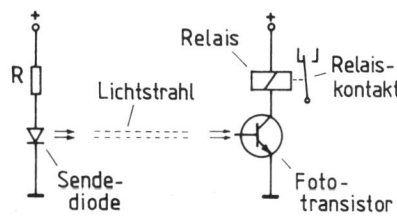

Abb. 17.19: Einfaches Anwendungsbeispiel einer Lichtschranke, deren Fototransistor direkt ein elektromagnetisches Relais (bzw. Zungenrelais) betreibt

Der Lichtschranken-Fototransistor kann z. B. in Schaltungen nach *Abb.*
17.11 bis 17.13 eingesetzt werden. Für einfachere Aufgaben (z. B. bei der
Modell-Eisenbahn) kann der Fototransistor auch direkt ein kleines Relais
nach *Abb. 17.19* schalten. Auch hier ist bei der Wahl des entspechenden
Relais darauf zu achten, daß die Relais-Magnetspule den Lichtschranken-
Fototransistor nicht überstrapaziert:

Beispiel: Die Kenndaten der Reflex-Lichtschranke Typ HOA 2498-2 lau-
ten: U_{CE} = 50 V, I_{CE} = 30 mA, I_{LED} = 50 mA

Für den Fototransistor (und somit auch für die Relaisspule) ist eine 12 V-
Speisespannung vorgesehen. Der Maximumstrom im Fototransistor darf
30 mA (=0,03 A) nicht überschreiten.

Sehen wir uns nun an, welchen minimalen Spulenwiderstand das ange-
wendete Relais haben müßte:

12 V : 0,03 A = 400 Ω

Im Katalog fanden wir mehrere 12 V-Kleinrelais, deren Spulenwider-
stand zwischen 720 Ω und 1028 Ω liegt. In dem Fall wäre der Transistor
in beiden Fällen nur ungefähr zur Hälfte des erlaubten Maximums bela-
stet. Damit kann man sich zufriedengeben.

*Als nächstes ist die Frage des Vorwiderstandes **R** für die Sendediode zu*
klären. Da es unter den Kenndaten keinen Hinweis auf die Durchlaß-
spannung gibt, bildet der LED-Strom den einzigen Anhaltspunkt. Der op-
*timale Wert des Vorwiderstandes **R** läßt sich am einfachsten (und ge-*
nauesten) mit Hilfe eines Einstellpotiometers austesten, an dem in
Serie ein Amperemeter angeschlossen wird. Als Testspannung kann hier
z. B. die bereits vorgesehene 12 V-Gleichspannung genutzt werden. Aus-
gehend von dem 50 mA-LED-Strom (I_{LED}) wäre der max. Ohmsche Wert
des Vorwiderstandes wie folgt:

12 V : 0,05 A = 240 Ω .

*In Hinsicht darauf, daß die LED sowieso eine „gewisse" Durchlaßspan-
nung (Verlustspannung) hat, kann hier ein 220 Ω – Einstellpotentiometer
für das Einstellen des optimalen LED-Stroms ausreichen. Es sei denn, es
stellt sich bei dem Experiment heraus, daß die Sendediode bereits bei einem Strom von z. B. 15 mA hervorragend ihre Aufgabe erfüllt. Dies läßt
sich am einfachsten improvisierend mit einem am Fototransistor angeschlossenen Relais austesten.*

*Soweit die Funktions-Zuverlässigkeit erwiesen ist, darf (bzw. sollte) der
Sendedioden-Strom prinzipiell möglichst niedrig eingestellt und gehalten
werden. Anstelle des am Einstellpotentiometer „gefundenen" optimalen
Ohmschen Wertes wird (bzw. kann) letztendlich ein fester Vorwiderstand
an die Sendediode angeschlossen werden.*

18 Motorantriebe im Selbstbau

Als „Fertigbausteine" kommen für den Selbstbau vor allem diverse elektrische Hebesysteme in Frage, die zum Herausfahren von Fernsehgeräten, Tischplatten, PCs und ihrer Randapparatur ausgelegt und für den Einbau in diverse Möbel vorgesehen sind.

Die einfacheren Fertigprodukte dieser Art sind als Einsäulen-, Doppelsäulen oder Parallel-Hebesysteme (Tischplatten-Hebesysteme) erhältlich. Die aufwendigeren „Einbau-Möbel-Hebebühnen" arbeiten mit dem Prinzip einer einfachen oder doppelten Scherenmechanik und werden vor allem für das Heben und Senken von schwereren Lasten (z. B. von größeren Fernsehgeräten oder Monitoren) eingesetzt. Fast alle dieser Vorrichtungen sind mit Fernbedienungen erhältlich.

Zu den bekanntesten Anwendungen derartiger Hebesysteme gehören die TV- Schränke, aus denen „auf Abruf" ein Fernseher herausfährt. So eine Vorrichtung ergibt beispielsweise dann einen praktischen Sinn, wenn man im Schlafzimmer am Fußende des Bettes einen Fernseher haben möchte, der beim „Bettenmachen" nicht störend im Wege stehen soll.

Was alles ansonsten im Heim oder im Garten ferngesteuert elektrisch angetrieben werden sollte – oder könnte – wurde teilweise bereits in diversen vorhergehenden Kapiteln beschrieben oder zumindest angesprochen. Ein kreativer Tüftler findet für Elektroantriebe noch viele andere Anwendungen, die oft nur für den individuellen Bedarf von Bedeutung sein könnten oder einfach Spaß machen würden.

In vielen Wohnungen steht beispielsweise der Fernseher nicht ausgesprochen dort, wo man ihn am liebsten haben möchte, sondern dort, wo er gerade noch hinpaßt. In so einem Fall kann ein relativ einfacher zusätzlicher Elektroantrieb den Fernseher bedarfsbezogen fernbedient schwenkbar herausfahren und nach „Programmende" wieder einfahren. Dasselbe gilt für diverse andere Geräte oder Einrichtungsgegenstände, die nur gelegentlich benötigt werden: Das Bett fährt in der Einzimmer-Wohnung elektrisch in ein Podium hinein, die Mikrowelle fährt aus dem Wandschrank herunter, das Fenster der Küchen-Durchreiche öffnet sich sprachgesteuert elektrisch, wenn man beide Hände voll hat, im Hobbyraum gibt es auch vieles, was elektrisch höhenverstellt oder weggefahren werden könnte und die Kinderwiege kann ja auch fernbedient elektrisch geschaukelt werden...

Die meisten Vorrichtungen für derartige Spezialanwendungen sind natürlich nicht als Fertigbausätze erhältlich. Sie müssen individuell entworfen und eigenhändig erstellt werden. Das ist nicht jedermanns Sache, aber dennoch eine Art, um ein Stück Individualität und Knowhow in die Tat umzusetzen.

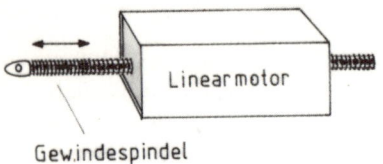

Abb. 18.1: Ausführungsprinzip eines Linearmotors: Die Gewindespindel fährt hier linear (axial) aus dem Elektromotor heraus und kann somit eine beliebig lange lineare Bewegung bewerkstelligen

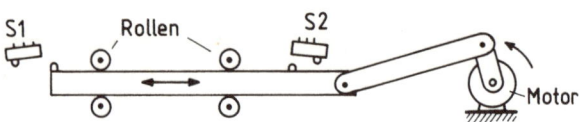

Abb. 18.2: Durch zusätzliche mechanische Umsetzung kann auch eine rotierende Bewegung der Motorwelle in eine (kürzere) lineare Bewegung verändert werden; Endschalter **S1/S2** dienen zur Einstellung der Bahnlänge

Wer sich für motorbetriebene Vorrichtungen begeistern kann, dem stehen sehr viele preiswerte Elektromotoren zur Verfügung. Am einfachsten lassen sich als Antriebe diverse Akkuschrauber, Auto-Fensterheber, Auto-Verriegelungen und verschiedene andere Autotechnik- oder Modellbau-Bausteine verwenden. Für Linearantriebe eignen sich auch diverse Fensterheber-Linearmotoren nach *Abb. 18.1*. Kürzere lineare Antriebe können nach *Abb. 18.2* auch mit einem „normalen" Motor (bzw. Getriebemotor) mit dem altbekannten „Dampfmaschinen-Antriebsprinzip" bewältigt werden. Mit Endschaltern **S1/S2** läßt sich evtl. die Bahnlänge einstellen (siehe hierzu auch Kap. 3.2 bis 3.5).

Für diverse kleinere Antriebe bietet der Modellbau- und Elektronik-Versandhandel diverse Zahnräder, Schneckenräder, Zahnriemen, Zahnriemen-

Scheiben, Kugellager und Getriebe an, mit denen sich viel machen läßt. Ansonsten muß sich der Tüftler meistens selber behelfen können, denn kleinere Werkstätten, in denen man individuelle Anfertigungen bestellen könnte, sind in unserem Lande inzwischen fast „ausgestorben". Anderseits kann sich heutzutage ein kreativer Heimwerker sehr kostengünstig eine vielseitig ausgestattete Hobbywerkstatt einrichten und eigenhändig verblüffend originelle „Erzeugnisse" zustandebringen.

Lieferanten-Hinweis (auch für Kataloganforderung):

Conrad Electronic, Klaus-Conrad-Straße 1, D-92240 Hirschau

Telefon 0180/53 21 11, Telefax 0180/53 12 10

Internet: www.conrad.de

Sachverzeichnis

A

Abschaltautomatik 75
Abstimmtaste 27
Abstimmvorgang 28
Abstrahlwinkel 219
Akku-Ladestation 67
Akustische Schaltbefehle 20
Alarmanlage mit drei
  zeitverschobenen Alarmstufen
  218
– mit zwei Alarmstufen 216
Alarmmelder 108
Amorphe Dünnschicht-Module 147
Annäherungsschalter 165
Ansteckmikrofonen 76
Auflösung 82
Aufnahmeleistung 38
Ausbaufähigkeit 30
Ausgabeplatine 158
Außensirene 113
automatische „Spannungs-
  Selbstkontrolle" 109

B

Babyruf-Anlagen 101
Bassbox 70
Basswiedergabe 69
Betriebsdauer 66
Bewegungsmelder 111, 165
Bewegungsschalter 21
Bildqualität 81

Bildübertragung 78
bipolarer Elektrolyt-Kondensator 43
– Motorkondensator 42
bistabile Relais 176, 177
Bügelmikrofonen 76
Bündelung des IR-Lichtstrahles 219

C

Codespeicher 28
codierte Sendefrequenz 26
Codierungs-System 136

D

Dämmerungsmodule 54
Darlington-Fototransistoren 214
– -Fototransistors 215
Datenübertragung 22
Decken-Anschluß 25
Deckenlampen-Anschluß 24
– -Baldachin 28
Deckenlaufschienen 134
Deckenventilator 38, 50
Decodierer 159
Digital-Codierung 102
Dimmen 23
Drahtlose Datenübertragung 94
Drehrichtung 48
Drehrichtung des Motors 48
Drehstrommotoren 44
Dreiphasen-Halbleiterrelais 189
Dreistrahlen-Lichtschranke 200

E

Eigenbau-Netzteil 40
Einbau-Möbel-Hebebühnen 225
Einbruchsschutz 107
Einphasen-Wechselstrommotoren 43
Einschaltautomatik 102
Einschaltleistung 35, 38
Einschalt-Stromstoß 35, 38
Elektromagnetische Finger 171
elektromagnetisches Relais 24
Elektromotor 38
Elektronische Relais 184
elektronischen Lastrelais 39
elektronisches Lastrelais 40
Empfangscode 26
Endschalter 42, 44, 222
Energieverbrauch 67
Energie-Zwischenspeicher 62
Erweiterungsmodule 86

F

Fadenzug-Absicherung 128
Fenster-Rollos 42
Fernbedienungsverlängerung 96
Fernschalten per Telefon 105
Fernsteuerung per Funk 61
Fotodiode 122, 212
fotoelektrische Bedienungstasten 155
fotoelektrische Sensoren 222
Fotohalbleiter 33
Fototransistor 122, 213, 214, 223
Fotowiderstände 204
Fremdeinwirkung 34
Funk- Temperatur- und Feuchtigkeitsfühler 99
Funk/Infrarot-Fernbedienungen 96
Funk-Babysitter 101
– -Empfänger 24, 86
– -Fernbedienungen 33
– -Fernschalter 24
– -Interkom 105
– kopfhörer 64
– -Magnetsensoren 12
– -Maus 95
– -Mikrofone 75
– -Regenmesser 99, 100
– -Schalter 23
– sender 26, 86
– steuerungen 20
– -Türglocken 103
– -Türgong 12
– übertragungen 20
– -Video-Überwachungssets 79
– -Wetterstationen 97
– -Windmesser 99

G

Garageneinbruchschutz 130
Garageneinfahrts-Tor 152
Garagen-Flügeltore (Drehtore) 139
Garagentore 133
Gardinen mit Motorantrieb 52
– -Antrieb 55
Gegensprechverbindung 80
Gehäuse-Resonanzen 74
Geräuschmelder 112
Getriebemotoren 53
Glasbruchmelder 112
Glättungs-Kondensator 46
Gleichrichter 46
Gleichstrommotor 42, 47
gurtbetriebene Rolladen 53

H

Halbleiter-Relais 220
Halogenlampen 21

Handmikrofonen 76
Handsender 27, 96
Hausalarm-Anlage 114
– -Systeme 108
Haus-Bildtelefon 83
Hebesysteme 225
Hochleistungs-IR-Dioden 218
höhenverstellbare Fernseher 49
hörbare Klangspektrum 69
Hörbereich 70
Hysterese 192

I

induktive Verbraucher 22
Infrarot-Fernbedienungs-
  Verlängerung 86
Infrarot-Licht 20
Infrarot-Scheinwerfer 79
Infrarot-Schutzstrahlen 115
Infrarot-Sendedioden 218
IR-Datenverbindung 95
– -Fernbedienungen 33
– -Kopfhörer 64
– -Lichtschranke 122
– -Maus 95
– -Schalter 23
– -Sendedioden 122
– -Tonübertragung 66

J

Jalousien 49, 52

K

Kabellose Klangübertragung 64
– Kopfhörer 65
– Lautsprecherboxen 68
– Überwachungskamera 78
Kamera-Module 88

klanggesteuerte Schalter 161
Klatschschalter 20
Kondensator-Wechselstrommotor
  42
Kontaktbelastbarkeiten 21
Kontroll-Monitore 79
kristallinen Solarzellen 147

L

Ladegerät 56
Laderegler 141, 150, 151
Ladeverhalten der Bleiakkus 145
Langzeit-Videorekorder 80
– -Videorekorder 82
Laserpointer 50, 170
Laser-Pointer-Lichtstrahl 121
Laserpointer-Schalter 171, 200
Laserpointer-Strahl 31
Laser-Schalter 30, 31
Laserschalter 30
Lautsprecherboxen 69
LEDs 218, 219
Leistungsrelais 189
Lichtdimmer 35
lichtempfindlicher Schalter 201
Lichtschranke 50, 126, 127, 218,
  223
Lichtschranken-Empfänger 31, 215
– -Empfängerbausatz 32
Linearantriebe 226
LOW-CURRENT-LEDs 159
Luftdruck-/Temperatur-/Feuchtig-
  keitssensoren für innen 99

M

Magnet-Sensoren 110
Magnetspule 43
Markisen 42, 49, 52, 55

maximale Schaltspannung 179
maximaler Schaltstrom 179
Mikroschalter 44, 125, 130, 201
Miller-Effekt 214
Monitor 79
Monostabile Relais 176
Motorsteuerung 50
Multivibratoren 120
Musikleistung 69, 74

N

Neigungsschalter 202
Nennleistung 38
Netzgerät 68
Netztransformator 46
netzunabhängige Solarstrom-
  Versorgung 63
NiCd-Akkus 57
Notruf-Funksender 13
Notruf-Systeme 108, 113
Notstromversorgung 110
Nulleiter 24, 25
Nullspannungsschalter 187, 188

O

Ohmsche Verbraucher 22
Optische Fernbedienungen 20
Optokoppler 219, 220, 221

P

parallele Druckerschnittstelle 157
parallele Schnittstelle 157
passive Sensoren 21
Photonen 212
PIN-Fotodioden 213
PIR-Annäherungssensoren 13
– -Bewegungsmelder 13, 166

Positionsindikator 222
Projektions-Leinwände 49

Q

Qualitäts-Lautsprecherboxen 72

R

Reed-Relais 20, 174, 183
Reflex-Lichtschranke 123, 222
Reichweite 22, 85
Relais 43, 45, 173
Relaisinterface-Platinen 156
Relais-Schutzdiode 182, 184
Relais-Steuerkreis 187
Rohrmotoren 53
Rollos 49, 52
Rolltor-Antriebe 140

S

Sanftanlauf/Sanftauslauf-Relais 190
Scart-Anschluß 80
Schalten 23
– & Dimmen von Lampen 21
– mit einem PC 155
Schaltende Halbleiter 190
Schalter-Set 27
Schalt-ICs 194
Schaltleistung 21, 35
Scherenmechanik 225
Schmitt-Trigger 221
Schottky-Diode 56
Schuko-Steckdose 36
Schutzleiter 24
Schwimmerschalter 202
Schwingtor-Antriebe 134
Schwingtore 133
Sektionaltor-Antriebe 139
Selbstentladung einer Batterie 146

Sendecode 28
Sinusleistung 74
Sinus-Nennleistung 69
Softstart-Module 39, 189
solarelektrische Stromversorgung 144
Solarenergie-Speicher 144
Solargenerator 56
Solarstromnutzung 141
Solarzellen 55, 147
Solarzellenleerlaufspannung 148
Solarzellen-Modul 56, 58, 141
Solarzellen-Wirkungsgrad 149
Sonnen-Module 54
Spracherkennungs-Systeme 162
sprachgesteuerte Schalter 161
Springbrunnenpumpe 62
Spulen-Nennspannung 180
Spulenwiderstand 180
Standby 79
Standby-Stromverbrauch 58
Steckdosen-Empfänger 27
Strahlstärke 218
Strahlungsintensität 218
Stromstoßrelais 176, 178
Stromversorgung 55
Subkontra-Oktave 69
Surround-Anlagen 70
Synchronisierung 27

T

technischen Parametern 75
Telefon-Fernschalter 105
– -Wähleinrichtung 113
– -Wählgerät 13
Thermoschalter 201
Tiefentladeschutz 141
Timer 116, 122
trafolose Spannungsversorgung 40

Triggerschwelle 221
„Tür/Fensarsensor" 111
Tür-Gong 103
Türöffnungs-Sensoren 110
Türsprechanlagen 83
TV-Tuner 88

U

Übergardinen 49
– -Antrieb 55
Übertragungsbereich 69, 70, 71
Übertragungs-Charakteristiken 72
Übertragungs-Klangqualität 102
Überwachen am PC 87
Überwachung von Kinderzimmern 78
Überwachungskameras 20
Überwachungssysteme 85
UHF-Modulator 80, 91
Ultraschall-Fernbedienungen 20
Umlaufpumpe 62
unausgewogene Klangwiedergabe 71

V

Verlängerungskabel 36
Versorgungs-Gleichspannung 84
Verteiler-Wanddose 29
Verzerrung des Klangbild 73
Video/UHF-Weichen 91
Video-Funkset 85
Videokamera 79
Video-Türsprechanlagen 78
Vorwiderstandes 123

W

Wandlampen-Anschluß 25
Wandschalter-Empfänger 28

Wechselstrom-Motoren 41, 42
Weiher-Springbrunnenpumpe 49
Wiedergabequalität 73
Wirkungsgrad 67

Z

Zenerdiode 57, 60
Zenerspannung 57
Zungenrelais 20, 174, 183

RPB- Jubiläumsband

H. Bruß/L. Sabrowsky/J. Reithofer

Das große Sender-
und
Empfänger-Baubuch

Alles über den Selbstbau von
Fernsteuersendern und -empfängern
Sprechfunksendern und -empfängern

RPB
electronic-
taschen-
bücher

Reprint
Band 104/319/109/174

Franzis'

Sind Sie immer noch neugierig? Trotz Scanner-Tastenfeldern und High-Tech? Dann sollten Sie auf dieses Buch zurückgreifen. Hier findet der Funkinteressent und Hobbybastler ein spannendes Radio-Praktikerbuch. Viele Selbstbauvorschläge bieten einen interessanten Einblick in die Grundlagen des Sender- und Empfängerselbstbaus. Die Bauvorschläge sind so gestaltet, daß selbst mit bescheidenem Budget, geringen Fachkenntnissen und wenig Meßtechnik tolle Erfolge erzielt werden können.

Das große Sender- und Empfänger-Baubuch 1-4

Bruß/Sabrowsky/Reithofer; 1998; 640 S., Reprint
ISBN 3-7723-**2591-2**
Euro 25,05/DM **49,-**

Bo Hanus

Der leichte Einstieg
in die
Elektronik

2. Auflage

Ein leicht verständlicher Grundkurs mit vielen praktischen Bauanleitungen

Franzis'

Technik-Lust statt Theorie-Frust! Dies ist der völlig neue Weg für Sie, um mit Spaß in die Elektronik einzusteigen.
- Was Elektronik-Bausteine machen
- Was Sie wo, wann und wie messen
- Wie Sie einfache und nützliche Schaltungen selbst bauen
- Entwicklung eigener Schaltungen
- Kleine Schaltungen für Ihren PC
- Über 150 Bauanleitungen

Der leichte Einstieg in die Elektronik

Hanus, Bo; 1999; 300 S.
ISBN 3-7723-**5544-7**
Euro 25,05/DM **49,-**

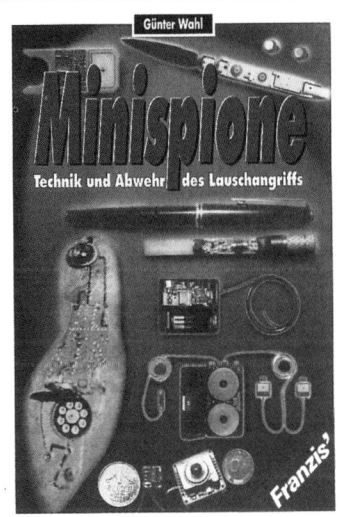

Sie müssen nicht unbedingt ein Maulwurf des KGB-Nachfolgers sein, um versehentlich ins Visier der Ermittler zu geraten. Seit 1998 ist das Abhören per Gesetzesregelung durch die staatlichen Organe leichter denn je. In diesem Band lesen Sie:
• Minispiontechnik seit 1969
• Technische Aspekte
• Gerätetechnische Abhörmöglichkeiten
• Wie werden Lauschgeräte getarnt?
• Welche Gegenmaßnahmen gibt es?

Minispione – Technik und Abwehr, Teil 1-8

Wahl, Günter; 1999; 940 S.; Reprint
ISBN 3-7723-**4933-1**
Euro 50,11/DM **98,-**

Ein spanneder Blick hinter die Kulissen der professionellen Funküberwachung! Wie werden Schwarzsender gefunden? Wie ortet man 'Wanzen'? Ein ehemaliger Mitarbeiter der deutschen Funküberwachungsstelle verrät die Tricks: • Organisation der Funküberwachung • Funkkontrollmeßdienst • Funktechnische Ausstattung • Die Aufgaben: Aufklärung von Funkstörungen, Ermittlung von Piratensendern • Funkschutzaufgaben bei Staatsbesuchen • Polizei-Unterstützung (Dagobert!)

Fünf vier ruft Monitor

Schüler, Wolfgang; 1999; 150 S.
ISBN 3-7723-**5814-4**
Euro 20,35/DM **39,80**